Thierry BERTRAND

OUTILS MATHÉMATIQUES de GESTION

BTS Comptabilité et Gestion
1ère année

Éditions BERTRAND-LACOSTE
36 rue Saint-Germain l'Auxerrois - 75001 PARIS

ISBN 2-7352-**0811**-7

SOMMAIRE

MATHÉMATIQUES FINANCIÈRES

CADRE DU RAISONNEMENT

1 - Méthodologie du raisonnement **9**

1. Analyse et schématisation des données 10
   - 1.1 Signification d'une somme
   - 1.2 Schématisation
2. Comparaison des données 11
   - 2.1 Date de référence D_r
   - 2.2 Relations d'équivalence entre couples
   - 2.3 Valeur acquise V_{+n}
   - 2.4 Valeur actuelle V_{-n}
   - 2.5 Utilisation des équivalences
3. Méthodologie 14
   - 3.1 Présentation
   - 3.2 Exemple de mise en oeuvre

Points clefs 17

Exercices 18

2 - Présentation des différents procédés **21**

1. Principes de base 22
   - 1.1 Modalités de calcul des intérêts
   - 1.2 Modalités de paiement
2. Étude des procédés usuels 23
   - 2.1 Intérêts composés
   - 2.2 Intérêts simples
   - 2.3 Intérêts simples précomptés
3. Comparaison des valeurs acquises suivant les procédés 29
   - 3.1 Comparaison sur longues périodes
   - 3.2 Comparaison sur courtes périodes
4. Domaines d'utilisation 30
   - 4.1 Phénomènes économiques et procédés
   - 4.2 Simplicité d'usage et procédés

Points clefs 32

Exercices 33

OPÉRATIONS FINANCIÈRES À COURT TERME

3 - Utilisation des intérêts simples **37**

1. Prise en compte de la notion de temps 38
   - 1.1 Décompte du temps
   - 1.2 Évaluation du temps en fonction du taux
   - 1.3 Jours de valeur
2. Gestion d'un compte courant - Découvert 41
   - 2.1 Nature d'un découvert
   - 2.2 Nature des rémunérations
   - 2.3 Modalités de calcul des commissions
3. Facilités de paiement 43
   - 3.1 Principe
   - 3.2 Versements constants
   - 3.3 Exemples
   - 3.4 Complément : interpolation linéaire

Points clefs 47

Exercices 48

4 - Utilisation des intérêts simples précomptés **53**

1. Notion d'escompte 54
   - 1.1 Pourquoi l'escompte ?
   - 1.2 Principe de l'escompte
2. Coût de l'escompte 55
   - 2.1 Commissions bancaires
   - 2.2 Décompte du temps
   - 2.3 Coût réel
3. Équivalence entre effets 59
   - 3.1 Conditions d'équivalence de deux effets à une date
   - 3.2 Rercherche d'une date d'équivalence
4. Application au remplacement et renouvellement d'effets 62
   - 4.1 Remplacement d'effets
   - 4.2 Renouvellement d'effets à l'échéance
   - 4.3 Remplacement de plusieurs effets

Points clefs 65

Exercices 66

5 - Compléments sur la gestion de trésorerie **69**

1. Trésorerie non gérée 70
2. Gestion des soldes débiteurs 70
   - 2.1 Outils
   - 2.2 Conséquences sur la gestion des débits

3. Gestion des soldes créditeurs ... 72
4. Aides à la décision ... 72
5. Exemple corrigé ... 72
5.1 Trésorerie non gérée
5.2 Utilisation de l'escompte
Exercices ... 77

OPÉRATIONS FINANCIÈRES À LONG TERME

6 - Intérêts composés : Approfondissements **81**
1. Modalités d'utilisation ... 82
1.1 Rappel du procédé
1.2 Modalités pratiques
2. Équivalence à intérêts composés ... 85
2.1 Calcul d'une valeur acquise
2.2 Conséquence sur la relation d'équivalence
2.3 Problèmes pratiques d'équivalence
3. Taux équivalents et taux proportionnels ... 89
3.1 Taux équivalents
3.2 Comparaison avec les taux proportionnels
3.3 Recherche d'un taux
Points clefs ... 91
Exercices ... 92

7 - Annuités à intérêts composés **95**
1. Notion d'annuités ... 96
1.1 définition
1.2 Utilisation
1.3 Éléments constitutifs d'une suite d'annuités
2. Valeurs acquises et actuelle d'une suite d'annuités ... 97
2.1 Annuités quelconques
2.2 Annuités constantes
2.3 Annuités variant suivant une loi
3. Problèmes pratiques sur les annuités ... 104
3.1 Calcul de l'annuité
3.2 Calcul du taux
Points clefs ... 106
Exercices ... 107

8 - Emprunts indivis **111**
1. relations de base dans un emprunt ... 112
1.1 Capital emprunté et versements

1.2 Composition d'un versement
1.3 Évolution du capital à rembourser
2. Emprunts à annuités constantes 113
2.1 Calcul de l'annuité
2.2 Construction du tableau d'amortissement (ou de remboursement)
2.3 Amortissement d'une période
3. Emprunt à amortissements constants 117
3.1 Caractéristiques
3.2 Tableau d'amortissement
4. Autres formes d'emprunts 118
4.1 Points communs
4.2 Remboursement in fine (en bloc à la fin)
4.3 Emprunts dégressifs
4.4 Emprunts progressifs
5. Taux effectif global d'un emprunt : TEG 121
5.1 Définition
5.2 Exemple
Points clefs 123
Exercices 124

9 - Emprunts obligataires **131**
1. Caractéristiques générales 132
1.1 Principes généraux
1.2 Valeurs attachées à une obligation
2. Conception du tableau de remboursement d'un emprunt au pair 133
2.1 Principes généraux
2.2 Exemple de mise en oeuvre pour un remboursement à annuités constantes
3. Cas d'une émission ou d'un remboursement différent du pair 136
3.1 Analyse du problème
3.2 Exemple
3.3 Prime d'émission
4. Taux de revient et taux de rendement 138
4.1 Taux de revient
4.2 Taux de rendement
5. Évolution de la valeur d'une obligation 142
5.1 Constat
5.2 Explication
5.3 Exemple
5.4 Généralisation
Points clefs 144
Exercices 145

STATISTIQUES ET PRÉVISION

PRÉSENTATION ET REPRÉSENTATION DES DONNÉES

10 - Démarche statistique et apport à la gestion **151**

1. La statistique : des données à l'information 152
   1.1 Notion d'information
   1.2 Rôle de la statistique
2. Apports de la statistique au gestionnaire 154

11 - Tableaux et représentations graphiques **155**

1. Organisation des données : les tableaux 156
   1.1 Classification : vocabulaire
   1.2 Tableaux à une variable (ou un caractère)
   1.3 Tableaux à deux variables ou plus
2. Graphiques descriptifs 160
   2.1 Variables discrètes
   2.2 Variables continues
   2.3 Échelles logarithmiques

Points clefs 173

Exercice 174

12 - Caractéristiques de position et de dispersion **179**

1. Caractéristiques de position 180
   1.1 Mode : Mo
   1.2 Médiane : Me
   1.3 Quantiles
   1.4 Moyenne arithmétique
   1.5 Moyenne géométrique
   1.6 Moyenne harmonique
2. Caractéristiques de dispersion 191
   2.1 Étendue
   2.2 Écarts interquantiles
   2.3 Écart moyen : E_M
   2.4 Variance V(x) et écart type σ(x)

Points clefs 198

Exercices 199

13 - Les indices statistiques **205**

1. Indices simples 206
   1.1 Notion d'indice
   1.2 Propriétés d'un indice simple

2. Indices synthétiques 208
2.1 Composition d'un indice synthétique
2.2 Indice de Laspeyres
2.3 Indice Paasche
2.4 Remarques
Points clefs 214
Exercices 215

ANALYSE ET PRÉVISION

14 - Ajustements et prévision **219**
1. Ajustements 220
1.1 Notion d'ajustement
1.2 Ajustement linéaire par les moindres carrés
2. Régression - corrélation 227
2.1 Régression
2.2 Corrélation
3. Prévisions 233
3.1 Principe
3.2 Conditions de validité et limites
Points clefs 236
Exercices 237

15 - Étude des séries chronologiques **247**
1. Analyse et méthode 248
1.1 Étude des composantes
1.2 Méthodologie
2. Diagnostic du caractère saisonnier 250
2.1 Objectif
2.2 Méthodes
3. Détermination de la tendance 252
3.1 Désaisonnalisation par les moyennes mobiles
3.2 Ajustement : modélisation de la tendance
4. Calcul des coefficients saisonniers 255
4.1 Principes de la méthode des rapports à la tendance
4.2 Mise en oeuvre sur l'exemple
5. Évaluation du modèle 256
5.1 Valeurs calculées d'après le modèle
5.2 Comparaison
5.3 Utilisation
6. Prévision 257
Points clefs 259
Exercices 260

16 - Analyse factorielle des correspondances **263**
1. Place et objectif de l'AFC 264
2. Présentation de la méthode 264
   2.1 Exemple
   2.2 Technique d'élaboration du graphe
3. Interprétation d'un graphe d'AFC 268
   3.1 Interprétation des axes factoriels
   3.2 Position des points
4. Élargissement et exemples 273
   4.1 Élargissement : ACM
   4.2 Exemples d'interprétation

OPTIMISATION EN AVENIR CERTAIN - THÉORIE DES GRAPHES

17 - Éléments de la théorie des graphes **277**
1. Notion de graphe 278
   1.1 Exemple
   1.2 Définitions
   1.3 Domaine d'utilisation
   1.4 Objectif
2. Représentations d'un graphe 279
   2.1 Représentation sagittale
   2.2 Tableaux et matrices
   2.3 Dictionnaires
3. Chemins d'un graphe 282
   3.1 Définition
   3.2 Chemins particuliers
4. Niveaux d'un graphe (sans circuit) 283
   4.1 Définition
   4.2 Procédure (à partir du dictionnaire des précédents)
   4.3 Exemple
5. détermination d'un chemin optimal 284
   5.1 Notion de chemin optimal
   5.2 Chemin le plus long par marquage
   5.3 Chemin le plus court

18 - Problèmes d'ordonnancement **287**
1. Nature de l'ordonnancement 288
   1.1 exemple
   1.2 Objet d'un problème d'ordonnancement

1.3 Méthodes de résolution
2. Méthode MPM (Méthode des Potentiels Metra) ... 289
2.1 Principes de la représentation
2.2 Calendriers et chemin optimal
2.3 Marges
3. Amélioration du projet ... 294
3.1 Principes généraux
3.2 Optimisation à longueur constante du chemin critique
3.3 Optimisation par modification de la durée du projet
4. Méthode PERT (Program Evaluation Research Task) ... 299
4.1 Principe de base
4.2 Éléments particuliers : tâches fictives
4.3 Comparaison MPM et PERT
Points clefs ... 301
Exercices ... 302

1

CADRE DU RAISONNEMENT

Méthodologie du raisonnement

1. Analyse et schématisation des données

1.1 Signification d'une somme

1.2 Schématisation

2. Comparaison des données

2.1 Date de référence D_r

2.2 Relations d'équivalences entre couples

2.3 Valeur acquise V_{+n}

2.4 Valeur actuelle V_{-n}

2.5 Utilisation des équivalences

3. Méthodologie

3.1 Présentation

3.2 Exemple de mise en œuvre

1. Analyse et schématisation des données

1.1 Signification d'une somme

Si l'on pose la question suivante : « Préférez-vous 50 000 F ou 70 000 F ? », la réponse sera sans doute 70 000 F.

Pourtant la question est ambiguë car si on la précise ainsi : « 50 000 F aujourd'hui ou 70 000 F dans 5 ans ? », la réponse sera peut-être différente.

La personne qui croyait répondre à la première formulation avait en fait répondu à celle-ci : « Préférez-vous 50 000 F aujourd'hui ou 70 000 F aujourd'hui ? ».

Elle avait spontanément associé une date à chaque somme pour pouvoir comparer des couples (somme, date).

La notation en couples étant assez lourde, il est préférable de schématiser les problèmes et leurs données sur une échelle de temps.

> Une somme seule n'a pas de signification, seul un couple (somme, date) en a une.
> La résolution des problèmes en mathématiques financières nécessite, en premier lieu, la détermination des couples (somme, date) à comparer.

1.2 Schématisation

1.2.1 Le repère

Tout repère nécessite :

- une origine qui sera la date initialisant le temps et qui sera notée D_0,
- une unité de mesure du temps qu'il faut préciser.

Exemple :

Unité de temps = an

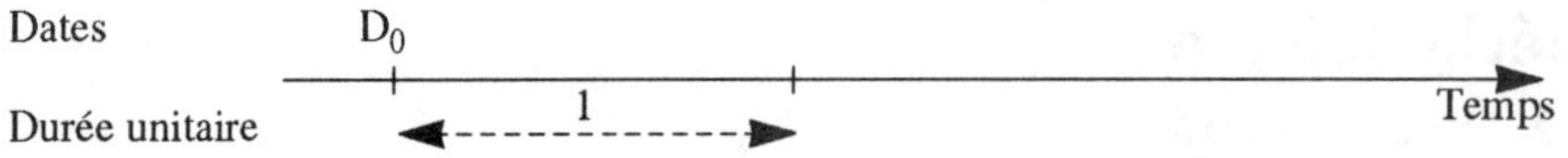

1.2.2 Durée - Période

Une période représente le laps de temps séparant deux dates.

La durée de la période doit être exprimée, à partir de l'unité de temps choisie pour le repère.

Exemple :

On pourra ainsi schématiser les périodes séparant les dates suivantes : 12/1/n ; 12/7/n ; 12/7/n+1.

Unité de temps = an

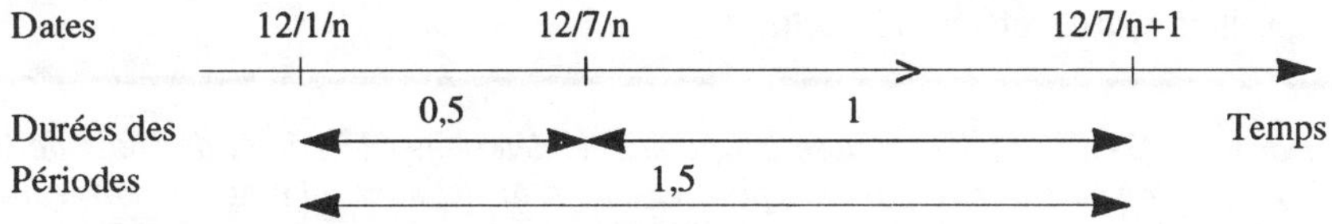

1.2.3 Dates

Les dates seront repérées et notées, à partir de la durée de la période les séparant de D_0 et de leur position par rapport à D_0 : + pour les dates postérieures, - pour les dates antérieures.

Exemple :

À partir de l'exemple précédent, et si le temps est initialisé le 12/7/n, on a la représentation suivante :

Unité de temps = an

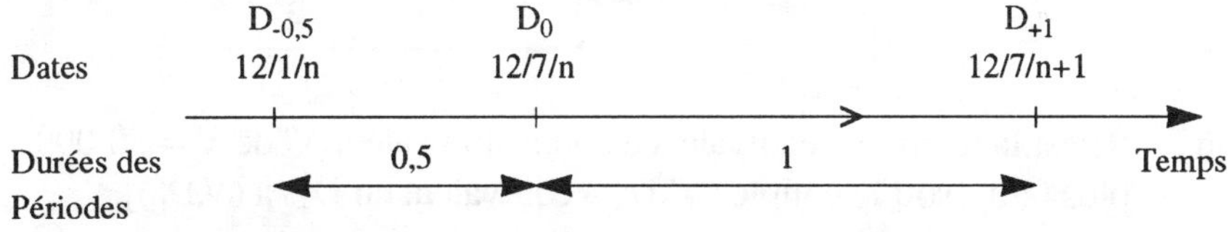

1.2.4 Couples (Somme, Date)

Les couples sont repérés par l'association de la somme à la date correspondante sur l'échelle de temps.

Exemple :

En initialisant le temps à la date d'aujourd'hui, les couples de l'exemple seront ainsi schématisés :

Unité de temps = an

2. Comparaison des données

2.1 Date de référence D_r

La réponse à la question posée pourra être différente suivant la date à laquelle on a l'usage de l'argent. Il est probable, par exemple, que les 50 000 F seront plus attractifs si l'on veut disposer de l'argent immédiatement que si l'on n'en a pas besoin avant cinq ans.

> Il faut définir la date à laquelle on raisonne avant d'effectuer toute comparaison. On appellera date de référence D_r cette date.

***Remarque** : C'est le problème posé qui permet de déterminer le critère de choix de la date de référence. Ce pourrait être par exemple : la date à laquelle on a l'usage de l'argent, la date à laquelle on cherche à optimiser un portefeuille financier (ou un compte bancaire), la date à laquelle on procède à l'échange de valeurs financières.*

Exemple :

On destine l'argent à l'acquisition d'un véhicule dans deux ans. La date de référence sera alors D_{+2}, et c'est à cette date que l'on doit comparer les deux couples :

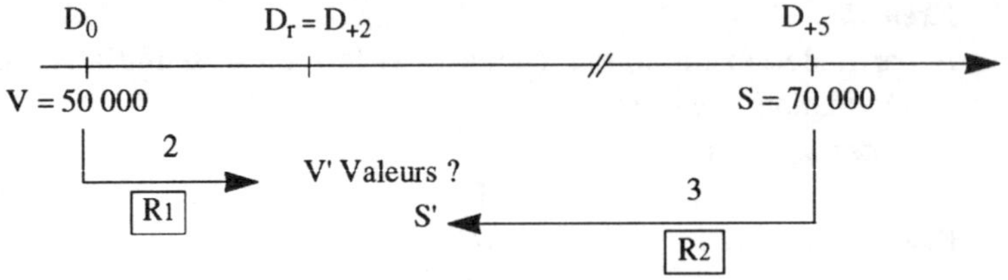

où – [R1] est la relation d'équivalence donnant la valeur V' de V = 50 000, deux ans plus tard, [soit le couple (V',D_{+2}) équivalent en D_{+2} à (V,D_0)].

– [R2] est la relation d'équivalence donnant la valeur S' de S = 70 000, trois ans plus tôt, [soit le couple (S',D_{+2}) équivalent en D_{+2} à (S,D_{+5})].

2.2 Relations d'équivalence entre couples

Dans le premier cas on dispose de 50 000 F deux ans avant d'en avoir l'usage. On est prêt alors à louer cet usage pendant deux ans.

Dans le deuxième cas, au contraire, on a l'usage de l'argent trois ans avant d'en disposer. On est alors à la recherche d'une location d'argent pendant ces trois ans.

Le marché financier assure la rencontre de ces deux besoins complémentaires en permettant les opérations de prêts et d'emprunts. Celles-ci ne sont que des noms particuliers pour désigner la location de sommes d'argent, le loyer étant lui-même dénommé intérêt.

Ce sont ces relations qui permettent de définir des couples équivalents à la date de référence sous les termes de :

– Valeur acquise lorsque l'on déroule le temps V ⟶ Valeur acquise
– Valeur actuelle lorsque l'on remonte le temps Valeur actuelle ⟵ V

2.3 Valeur acquise V_{+n}

Exemple :

Disposant de 50 000 F en D_0, on peut prêter cet argent jusqu'en $D_r = D_{+2}$. Si par exemple l'intérêt perçu pour ce prêt est de 8 000 F, on disposera alors de 58 000 F en D_{+2}.

Ces 58 000 F représentent la valeur acquise de ces 50 000 F, deux ans plus tard, par cette opération.

Ce qui peut s'écrire : (58 000, D_{+2}) $\Leftrightarrow$ (50 000,D_0) en D_{+2} et se schématiser :

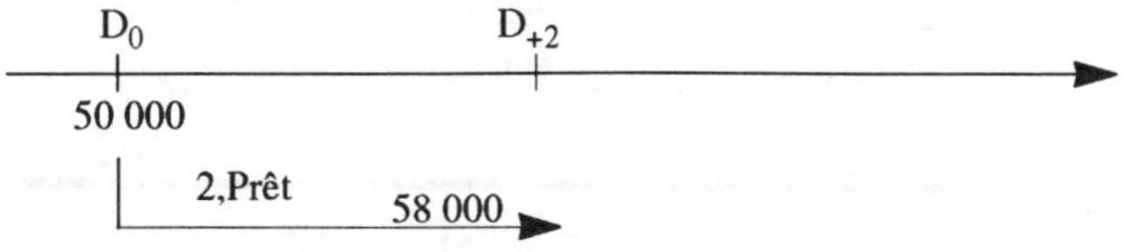

On notera V_{+n}, la valeur acquise d'un prêt V accordé pour une durée de n unité de temps.

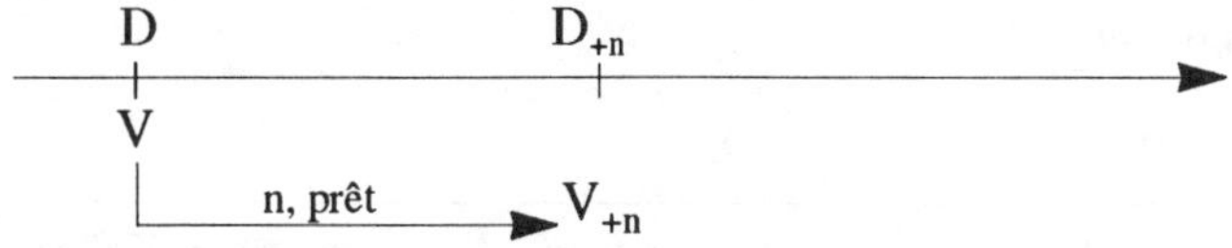

Remarque : *On peut de la même manière définir la valeur acquise à une date d'une dette. Il suffit pour cela de constater que les opérations d'emprunt et de prêt sont réciproques.*

Imaginons, par exemple, que l'argent soit prêté en D_0 à un emprunteur qui le destine à rembourser à cette date une dette de 50 000 F. Par cette opération : il rembourse et annule sa dette en D_0, en contrepartie il a une nouvelle dette de 58 000 F en D_{+2}.

En notant les dettes par des valeurs négatives, on aura :

Unité de temps =an

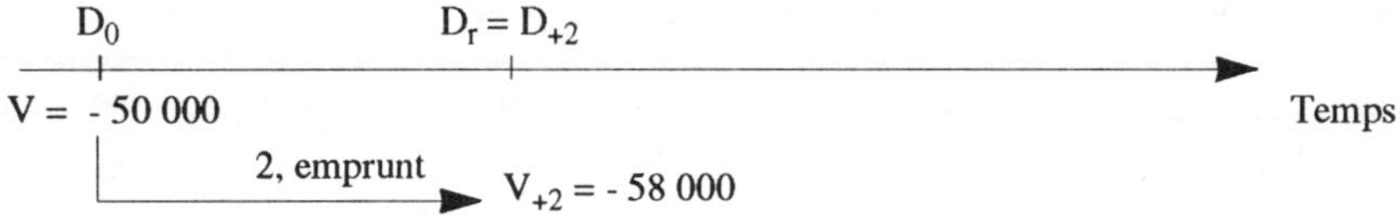

2.4 Valeur actuelle V_{-n}

Reprenons l'exemple précédent. Si l'on choisit la dernière option, on ne disposera des 70 000 F qu'en D_{+5}, il faut alors louer l'argent pendant trois ans.

Si, par exemple, une somme de 55 000 F empruntée en D_{+2} est remboursable (capital + intérêts) 70 000 F en D_{+5}, ces 55 000 F représentent la valeur actuelle des 70 000 F, trois ans plus tôt par cette opération d'emprunt.

On peut alors écrire (55 000, D_{+2}) $\Leftrightarrow$ (70 000, D_{+5}) en D_{+2}

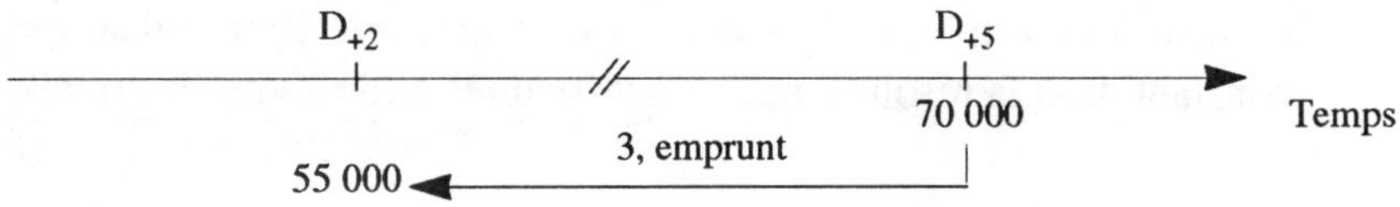

On notera V_{-n} la valeur actuelle d'une somme que l'on peut emprunter pendant n unité de temps contre un remboursement (intérêts compris) de V.

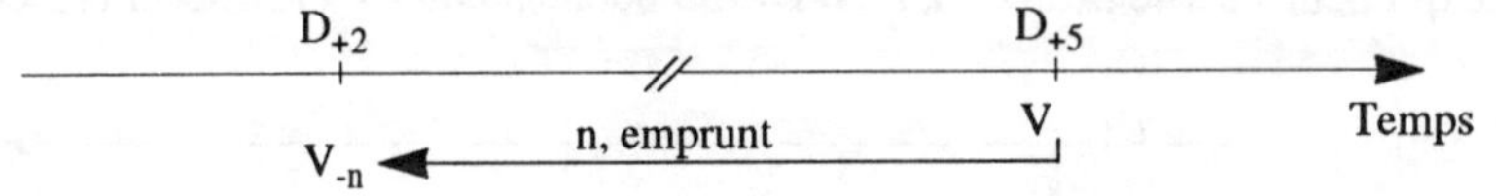

2.5 Utilisation des équivalences

Dans le cas de notre exemple, le problème initial se trouve ainsi schématisé :

Unité de temps = an

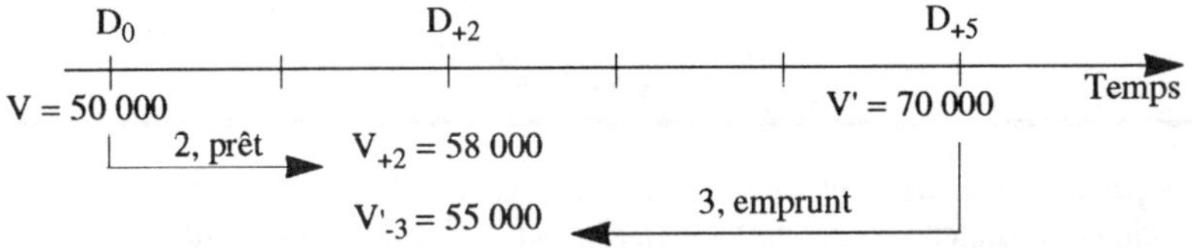

Le choix entre les couples initiaux peut alors se faire par comparaison directe de leurs couples équivalents à cette date.

La comparaison de couples (somme, date) à une date s'effectue grâce à leurs couples équivalents composés de leurs valeurs acquises ou actuelles.

***Remarque** : Les valeurs acquises et actuelles sont définies à **une date**, pour une opération de **prêt** ou **d'emprunt**.*

3. Méthodologie

3.1 Présentation

3.1.1 Pourquoi une méthodologie ?

Les éléments des problèmes de mathématiques financières étant pratiquement toujours les mêmes, cela permet d'élaborer des méthodologies pouvant s'appliquer à la quasi totalité des cas.

L'adoption d'une méthodologie permet de décomposer le problème pour le réduire à des difficultés faciles à résoudre une à une, d'adopter un ordre constant dans la résolution de ces difficultés afin d'éviter les oublis.

3.1.2 Méthodologie proposée

1-Détermination des couples (somme, date) à comparer et schématisation de ces couples sur une échelle de temps.

1.1 Définition du repère

- date initiale,
- unité de temps dans laquelle tout sera exprimé.

1.2 Positionnement des couples à partir des durées des périodes.

2-Détermination de la date de référence à laquelle on raisonne.

3-Définition des valeurs acquises et actuelles à cette date.

3.1 Définition des relations.

3.2 Détermination des durées sur lesquelles portent les intérêts.

4-Comparaison directe des valeurs acquises et actuelles à la date de référence.

3.2 Exemple de mise en œuvre

En vue de s'y retirer dans deux ans, au moment de sa retraite, une personne envisage l'acquisition d'un appartement à la mer.

Elle dispose actuellement d'une somme de 450 000 F et est titulaire d'un contrat d'épargne qui arrivera à échéance dans cinq ans. À cette date, elle recevra 100 000 F, mais elle peut solder par anticipation et recevoir à la place 65 000 F aujourd'hui ou 80 000 F dans deux ans.

L'appartement convoité coûte 500 000 F et coûtera probablement 550 000 F dans deux ans.

Sachant que 100 F placés en D_0 rapporteront 110 F deux ans plus tard et que toutes possibilités d'emprunt et de location sont écartées, est-il plus intéressant d'anticiper l'achat ou d'attendre deux ans ?

3.2.1 Étape 1 : Détermination des couples à comparer

Le problème posé est celui de la date d'acquisition. Deux options sont possibles :

– *Option 1 : Achat immédiat*

Unité de temps = an

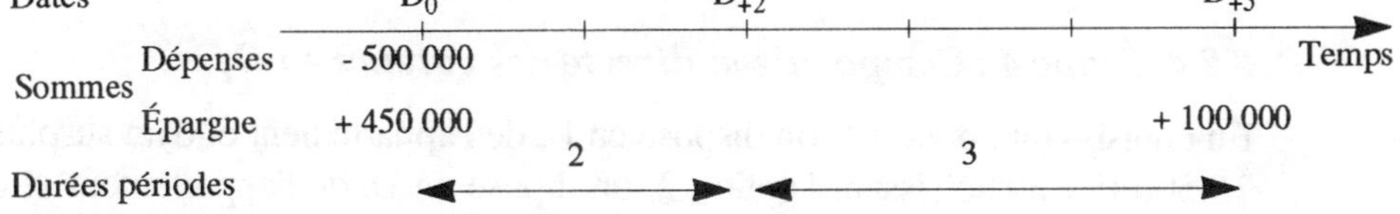

– *Option 2 : Achat dans deux ans*

Unité de temps =an

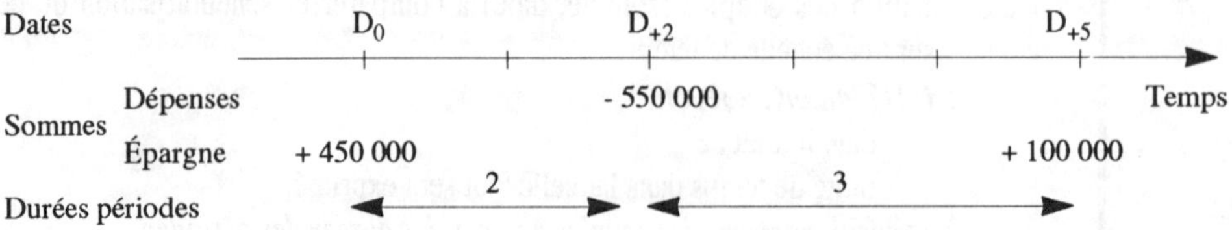

3.2.2 Étape 2 : Recherche de la date de référence

C'est à la date D_{+2} que la personne aura l'usage de l'appartement. C'est donc à cette date qu'elle cherche à disposer de l'appartement dans les meilleures conditions financières $D_r = D_{+2}$.

3.2.3 Étape 3 : Définition des valeurs acquises et actuelles

– *Option 1 : Achat immédiat*

Unité de temps = an

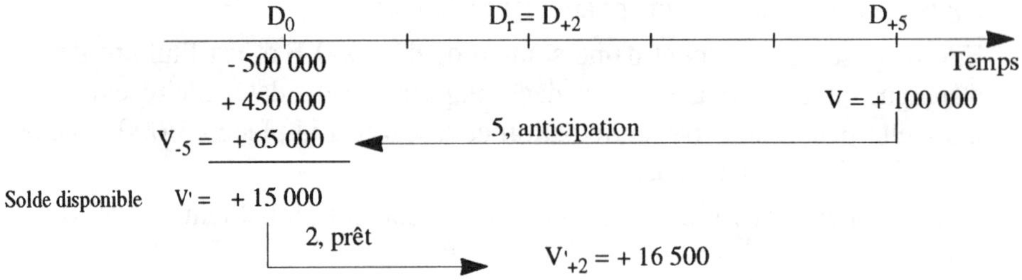

– *Option 2 : Achat dans deux ans*

Unité de temps = an

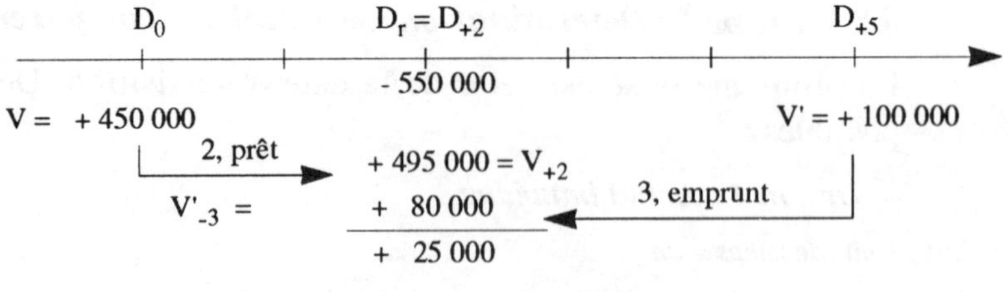

3.2.4 Étape 4 : Comparaison directe des valeurs en D_r

En choisissant l'option 1, on dispose en D_r de l'appartement et d'un surplus de 16 500 F. En choisissant l'option 2, on dipose en D_r de l'appartement et d'un surplus de 25 000 F.

Dans les conditions proposées, l'achat dans deux ans est donc plus intéressant.

Points clefs

- Une somme est toujours associée à une date. On ne doit donc raisonner qu'à partir de couples (somme, date).

- Les opérations de prêt d'argent et d'emprunt permettent :
  - de faire fructifier un capital V en l'augmentant d'intérêts ce qui définit la valeur acquise V_{+n} de V au bout de n unité de temps.

  - de disposer à l'avance d'une somme contre un remboursement ultérieur de V, cette somme V_{-n} est la valeur actuelle à cette date de V.

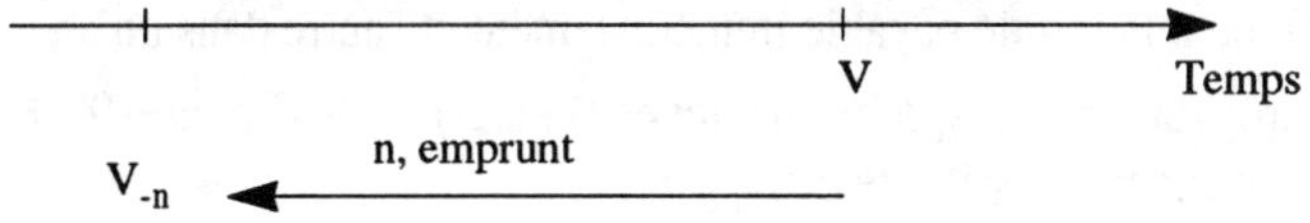

- Ces valeurs acquises et actuelles sont définies
  - pour une somme V,
  - à une date précise définissant l'indice de durée n,
  - pour une opération donnée.

- L'essentiel des erreurs en mathématiques financières est dû à une absence de rigueur dans la prise en compte de la notion de temps. Le but de la méthodologie proposée est notamment d'assurer la nécessaire rigueur dans ce domaine.

1 M. DEFONT a une dette D=10 000 F envers Mme MARGAL payable le 1/6/n. Le 1/5/n, prévoyant des difficultés de trésorerie, il propose de lui verser à la place P=10 280 F le 1/9/n.

Mme MARGAL peut emprunter du 1/6/n au 1/9/n contre un loyer de 3 F pour 100 F et placer pendant cette même période en percevant un intérêt de 2,3 F pour 100 F.

A partir d'une schématisation du problème, déterminer si Mme MARGAL a intérêt à accepter dans les cas suivants :

a) Elle a besoin de l'argent dès le 1/6/n.

b) Elle n'en aura pas l'usage avant le 1/9/n.

c) Elle aura besoin de 5 000 F le 1/6/n et n'aura pas besoin du reste avant le 1/9/n.

2 Une personne envisage l'acquisition d'un chalet à la montagne dont elle n'aura l'usage que dans un an. Celui-ci coûte 300 000 F actuellement et coûtera 310 000 F dans un an. Si l'achat a lieu immédiatement, le chalet sera loué, les loyers correspondront exactement aux dépenses engagées pour le maintenir dans son état initial.

Pour financer cet achat, la personne dispose d'un terrain. Deux acheteurs se sont présentés, l'un propose un prix de 310 000 F payable immédiatement, l'autre 320 000 F dont la moitié payable immédiatement et l'autre dans un an.

Un prêt sur un an rapporte un loyer (intérêt) de 8 F pour 100 F de capital et il n'existe aucune possibilité d'emprunt.

a) Définir les trois stratégies possibles.

b) Les schématiser et les étudier.

c) Qu'en serait-il si le loyer de l'argent était de 5 F pour 100 F ?

d) Déterminer l'ordre d'intérêt des stratégies suivant le loyer de l'argent (une étude graphique est conseillée).

3 En l'absence de décision éventuelle que l'on vous demande d'étudier, la trésorerie prévisionnelle de l'entreprise GESTE découlerait des opérations suivantes pour le premier trimestre de l'année n :

- Solde initial au 1/1 : 6 000 F.
- Paiement d'un loyer le 1/2 : 17 000 F.

- Encaissement d'une redevance le 1/3 : 15 000 F.
- Encaissement d'une créance sur l'entreprise ESCOM le 31/3 : 10 000 F.

L'entreprise ESCOM propose de régler le 1/1 sa créance contre un escompte (réduction) de X F.

Les possibilités bancaires sont les suivantes :

- **Découvert** (solde débiteur) bancaire autorisé pour un montant Y. La banque décompte alors à la fin de chaque mois 1,5 F d'intérêts pour 100 F de découvert.
- **Placement** possible du solde créditeur pendant un mois avec les conditions suivantes :
  - Montant minimum 10 000 F ;
  - Placement d'un multiple de 1 000 F ;
  - Intérêt mensuel (crédité à la fin du mois) de 10 F pour 1 000 F placés.

Étudier l'opportunité de l'escompte pour l'entreprise dans les cas suivants :
a) X = 500 F, Y = 15 000 F
b) X = 500 F, Y = 10 000 F
c) X = 300 F, Y = 15 000 F
d) Si Y = 15 000 F, quel est le montant maximum de l'escompte X pour que la proposition soit intéressante ?

4

Pour financer l'acquisition de meubles, une personne dispose de 4 200 F et d'une capacité mensuelle de remboursement (ou d'épargne) de 1 000 F. Le mobilier coûte 11 000 F comptant et le vendeur propose les facilités de paiement suivantes : 5 700 F comptant suivi de onze mensualités de 500 F.

Auprès des organismes financiers, il est possible :

- d'emprunter 5 000 F remboursables 5 500 F dans un an ;
- d'emprunter 10 000 F remboursables 10 900 F dans un an ;
- de placer aujourd'hui un capital remboursé dans un an sur la base d'un loyer annuel de 80 F pour 1 000 F placés. Le placement doit être un multiple de 1 000 F et être au minimum de 5 000 F ;
- de placer mensuellement une somme fixe : 12 versements multiples de 100 F, dont le premier intervient dès aujourd'hui. Un versement de 100 F par mois rapporte un capital de 1 260 F dans un an.

Cette personne n'a pas d'autre usage de son argent avant un an.

Définir les stratégies possibles et les étudier.

5 La trésorerie prévisionnelle d'une entreprise indique que son compte sera constamment débiteur de 100 000 F pour le trimestre à venir. Chaque mois l'entreprise paie à sa banque 1 F d'intérêt pour 100 F de découvert, ces intérêts sont alors débités du compte (ce qui augmente le découvert du mois suivant).

Cette entreprise réalise une vente de 50 000 F payable dans deux mois. L'acheteur propose un paiement comptant contre un escompte (une réduction) de 1 000 F.

a) L'entreprise doit-elle accepter cette proposition ?

b) Aurait-elle intérêt à proposer un escompte de 900 F ?

c) Quel montant X maximum d'escompte peut-elle proposer ?

2

CADRE DU RAISONNEMENT

Présentation des différents procédés

1. Principes de base

1.1 Modalités de calcul des intérêts

1.2 Modalités de paiement

2. Étude des procédés usuels

2.1 Intérêts composés

2.2 Intérêts simples

2.3 Intérêts simples précomptés

3. Comparaison des valeurs acquises

3.1 Comparaison sur longues périodes

3.2 Comparaison sur courtes périodes

4. Domaines d'utilisation

4.1 Phénomènes économiques et procédés

4.2 Simplicité d'usage et procédés

Sous réserve du respect de la loi, les modalités de calcul des intérêts se définissent librement entre prêteurs et emprunteurs. Néanmoins, la quasi totalité des contrats reposent sur des procédés mathématiques standards qui sont comparés dans ce chapitre.

1. Principes de base

Les différents procédés se différencient par le mode de calcul des intérêts et la date de paiement des intérêts.

1.1 Modalités de calcul des intérêts

1.1.1 Capitalisation des intérêts : intérêts composés

Un taux définit une périodicité ; par exemple un taux de 10 % l'an définit une périodicité d'un an.

La capitalisation des intérêts consiste à intégrer les intérêts à la fin de chaque période pour le calcul des intérêts de la période suivante.

Dans un tel procédé, appelé **intérêts composés,** les intérêts d'une période sont donc proportionnels à la somme prêtée, augmentée des intérêts des périodes précédentes.

Exemple :
Soit un capital V = 10 000 F placé le 1/1/n au taux t de 10 % l'an pendant n années.

I_1 = Intérêt de la première année

Il est calculé sur le capital prêté : $I_1 = Vt = 10\,000 \times 10\,\% = 1\,000$ F

Cet intérêt est capitalisé à la fin de l'année 1 et rentre dans le calcul des intérêts suivants.

I_2 = Intérêt de la deuxième année

Il est calculé sur la base du capital et de I_1 : $I_2 = (V+I_1)\,t = (10\,000 + 1\,000) \times 0{,}1 = 1\,100$ F

Il est capitalisé à la fin de l'année 2.

En généralisant, I_n *= Intérêt de la* n^{ieme} *année.*

Il est calculé sur la base du capital et des intérêts des années précédentes :

$$I_n = (V + I_1 + I_2 + \ldots + I_{n-1}) \times t = \left[V + \sum_{i=1}^{n-1} I_i\right] t$$

1.1.2 Non capitalisation des intérêts : intérêts simples

Dans le procédé des **intérêts simples,** les intérêts d'une période sont proportionnels au seul capital prêté. Ils sont donc indépendants des intérêts déjà acquis.

Exemple :

En reprenant les données précédentes mais à intérêts simples :

$I_1 = I_2 = \ldots = I_n = V \times t$ soit $I_i = 1\ 000$ F quel que soit i

1.2 Modalités de paiement

Normalement, les intérêts sont payables à la fin de l'opération, lors du remboursement, mais dans certains cas, ils le sont dès le début de l'opération. Les intérêts sont alors décomptés de la somme prêtée, on dit qu'ils sont **précomptés**.

Lorsque tel est le cas, on doit le préciser. À défaut, on considère que les intérêts sont payables à la fin de l'opération.

Exemple :

Soit un prêt N de 5 000 F sur 6 mois justifiant des intérêts de 200 F.

Nous noterons :

M = *le montant réellement mis à la disposition de l'emprunteur*

R = *le montant remboursé par l'emprunteur à la fin de l'opération*

I = *l'intérêt*

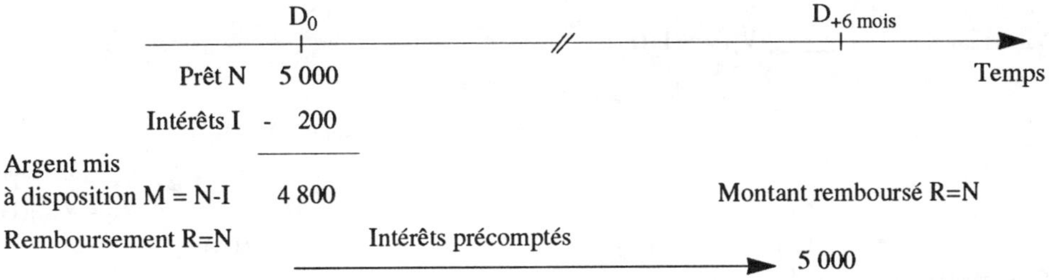

Remarque : *L'opération équivaut à un prêt de 4 800 F à intérêts simples non précomptés, portant 200 F d'intérêts.*

2. Étude des procédés usuels

2.1 Intérêts composés

2.1.1 Valeur acquise

La valeur acquise d'un capital à une date est égale à ce capital augmenté des intérêts acquis.

On a donc : $V_{+n} = V + I_1 + I_2 + \ldots + I_{n-1} + I_n$

Or à intérêts composés $I_n = [V + I_i + \ldots + I_{n-1}]\ t$

On a donc : $V_{+n} = [V + I_1 + I_2 + ... + I_{n-1}] + \overbrace{[V + I_1 + I_2 + ... + I_{n-1}]t}^{I_n}$

Par définition : $V + I_1 + I_2 + ... + I_{n-1} = V_{+n-1}$

Donc : $V_{+n} = V_{+n-1} + V_{+n-1}t = V_{+n-1}(1+t)$

Les valeurs acquises successives en fin de période sont en **progression géométrique de raison (1+t)**. Partant de V on peut en déduire :
$V_{+n} = V\,(1+t)^n$
Cette formule peut être généralisée à un nombre *n* décimal.

> À intérêts composés, la valeur acquise d'un capital V après *n* périodes au taux *t* est égale à :
>
> $V_{+n} = V(1+t)^n$ quel que soit *n* réel positif.

Unité de temps = celle du taux t

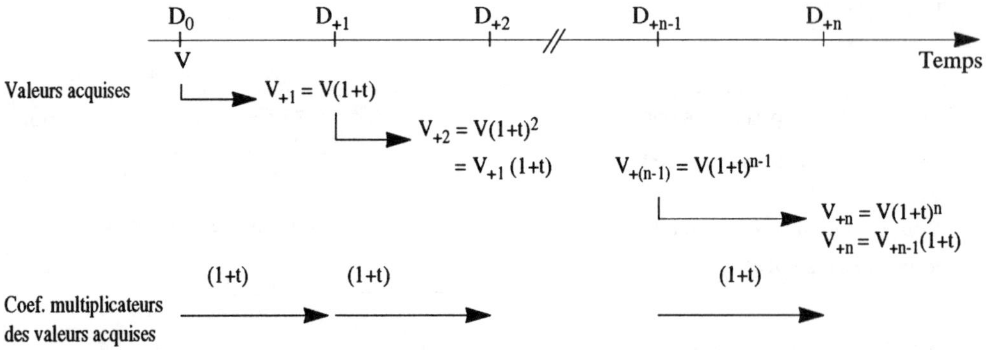

2.1.2 Intérêts d'une période unitaire (égale à une unité de temps)

On a précédemment directement défini le mode de calcul des intérêts. On peut également définir l'intérêt d'une période à partir des valeurs acquises :

> L'intérêt d'une période *n* est égal à la différence des valeurs acquises en fin et en début de période : $I_n = V_{+n} - V_{+n-1}$

Or $V_{+n} = V_{+n-1}\,(1+t)$ *soit* $I_n = V_{+n-1}(1+t) - V_{+n-1}$

$$\boxed{I_n = V_{+n-1} \times t}$$

L'intérêt d'une période est calculé sur la base de la valeur acquise au début de la période.

Remarque : *La valeur acquise au début de la période comprenant les intérêts précédents, on retrouve le phénomène de capitalisation.*

Exemple :

En reprenant l'exemple précédent : V = 10 000, t = 10% l'an, n = 3 ans.

Années	Valeurs en début d'année	Intérêts de l'année	Valeurs en fin d'année
1	$V = 10\,000$	$Vt = 1\,000$	$V_{+1} = 11\,000$
2	$V_{+1} = 11\,000$	$V_{+1} \times t = 1\,100$	$V_{+2} = 12\,100$
3	$V_{+2} = 12\,100$	$V_{+2} \times t = 1\,210$	$V_{+3} = 13\,310$
4			
.	....	....	
.	....	....	
n	V_{+n-1}	$V_{+n-1}t$	$V_{+n} = V_{+n-1}(1+t)$

2.1.3 Valeur actuelle

Les positions de l'emprunteur et du prêteur étant symétriques, pour un même procédé la relation donnant la valeur actuelle est la réciproque de celle donnant la valeur acquise.

Conséquence : $V' = V_{+n} = V(1+t)^n$ *soit* $V = V'/(1+t)^n = V'\,(1+t)^{-n}$

or $V' = V_{+n} \Rightarrow V = V'_{-n}$

> À intérêts composés, la valeur actuelle d'une somme V, *n* périodes plus tôt, au taux *t* est égale à :
>
> $V_{-n} = V(1+t)^{-n}$ quel que soit *n* réel positif.

Remarque : *Valeurs acquises et actuelles se déduisent de la même formule, n étant positif ou négatif :* $V_{+n} = V(1+t)^n$ *quel que soit n.*

2.2 Intérêts simples

2.2.1 Intérêt

♦ Intérêt d'une période unitaire

L'intérêt n'est fonction que du taux et du capital initial donc :

$$I_n = V \times t$$

♦ Intérêt d'une période de durée quelconque

> L'intérêt d'une période de durée *p* quelconque est égal à :
>
> $I = V \times p \times t$ quel que soit *p* réel positif

2.2.2 Valeur acquise

À chaque période la valeur acquise augmente donc d'une quantité constante *Vt*. Les valeurs acquises successives en fin de périodes unitaires sont donc en **progression arithmétique** de raison *Vt*.

On a $V_{+n} = V + \underbrace{Vt + \ldots + Vt}_{\text{n fois}}$ ou $V_{+n} = V + nVt$

Ceci étant également vrai lorsque *n* est décimal, on a :

> À intérêts simples, la valeur acquise d'un capital après *n* périodes au taux *t* est égale à :
> $V_{+n} = V(1+nt)$ quel que soit *n* réel positif

Unité de temps =celle du taux t

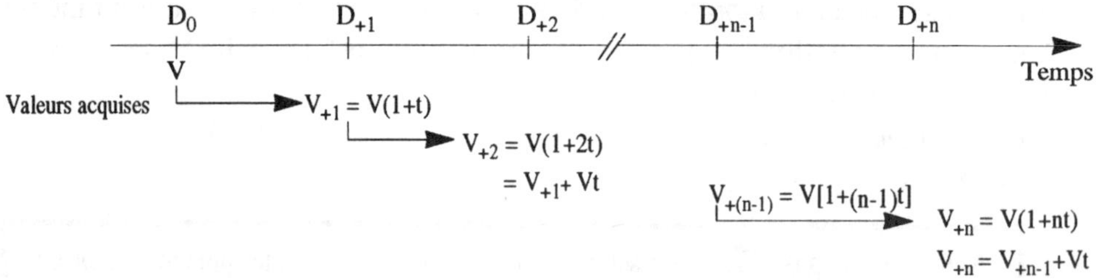

Exemple :

En reprenant l'exemple précédent à intérêts simples :

Années	Valeurs en début d'année	Intérêts de l'année	Valeurs en fin d'année
1	$V = 10\,000$	$Vt = 1\,000$	$V_{+1} = 11\,000$
2	$V_{+1} = 11\,000$	$Vt = 1\,000$	$V_{+2} = 12\,000$
3	$V_{+2} = 12\,100$	$Vt = 1\,000$	$V_{+3} = 13\,000$
4			
.	....	....	
.	....	....	
n	V_{+n-1}	$Vt = 1\,000$	$V_{+n} = V\,(1+nt)$

2.2.3 Valeur actuelle

$V' = V_{+n} = V(1+nt) \Rightarrow V = V'/(1+nt)$

> À intérêts simples, la valeur actuelle d'une somme V au taux *t*, *n* périodes plus tôt, est égale à : $V_{-n} = V/(1+nt)$ quel que soit *n* réel positif

Remarque : *La valeur actuelle découlant du procédé des intérêts simples non précomptés est parfois dénommée valeur actuelle rationnelle.*

2.3 Intérêts simples précomptés

Le procédé de base se scinde en deux, suivant les modalités de calcul des intérêts.

2.3.1 Procédé commercial

◆ Intérêts

Par ce procédé, les intérêts sont calculés sur le montant du prêt que l'on appelle **nominal**.

Exemple :

Soit un prêt de nominal 5 000 F sur 6 mois au taux de 8% l'an.

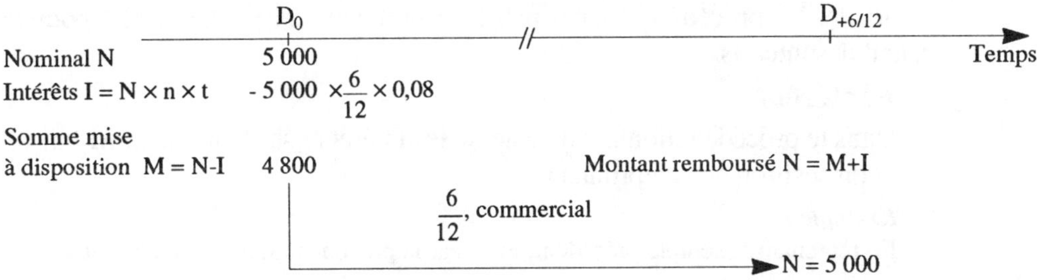

$I = N \times n \times t$ N étant le Nominal du prêt

◆ Valeur acquise

La notion de valeur acquise n'a de sens ici que si l'on part de la somme M mise à disposition. Cette valeur acquise de M, *n* périodes plus tard, sera la somme V qui sera remboursée.

Or $V = M + I$

avec $I = n \times V \times t$

$V = M + nVt$

ou $V(1\text{-}nt) = M$

soit $V = M/(1\text{-}nt)$ pour nt différent de 1

À intérêts simples précomptés, la valeur acquise M_{+n}, *n* périodes plus tard, de la somme M mise à disposition de l'emprunteur est égale à : $M_{+n} = M/(1\text{-}nt)$ avec nt différent de 1

◆ Valeur actuelle

La relation réciproque est celle qui lie M à V, soit $M = V(1\text{-}nt)$.

À intérêts simples précomptés, la valeur actuelle $M = V_{-n}$, *n* périodes plus tôt, de la somme V qui sera remboursée est égale à : $V_{-n} = V(1\text{-}nt)$

La valeur actuelle découlant de l'utilisation des intérêts simples précomptés est parfois appelée valeur actuelle commerciale.

2.3.2 Procédé rationnel

Dans le système précédent, les intérêts étaient calculés sur le nominal N

$$I = N \times nt$$

or $N = M + I$

soit $I = (M + I) \times nt = M \times nt + I \times nt$

ce qui revient à compter des intérêts sur les intérêts.

Si le procédé est simple dans sa mise en œuvre, il aboutit à un résultat peu équitable. Le procédé rationnel pallie ce problème en partant de M pour le calcul des intérêts.

♦ Intérêts

Dans le procédé rationnel, on calcule les intérêts I sur le montant M mis à la disposition de l'emprunteur.

Exemple :

En reprenant l'exemple précédent, mais par le procédé rationnel, on obtient :

	D_0	$D_{+6/12}$ → Temps
Nominal N	5 000	
Intérêt $M \times n \times t$	$I = M \times \frac{6}{12} \times 0{,}08$	
Somme mise à disposition $M = N\text{-}I$	$M = N\text{-}I$	Montant remboursé $N = M+I$

$M = N\text{-}I$ —— 6/12 ——→ N

soit $I = M \times nt = (N\text{-}I) \times nt$

$I\,(1+nt) = Nnt$

$$\boxed{I = \frac{N \times n \times t}{1 + nt}} \text{ soit } \frac{5\,000 \times 6/12 \times 0{,}08}{1 + 6/12 \times 0{,}08} \approx 192{,}31 \text{ F}$$

♦ Valeur acquise

N est alors la valeur acquise de M en D_{+n} : $N = M + I$ *ou* $N = M\,(1+nt)$

♦ Valeur actuelle

M représente la valeur actuelle de N en D_0

$$M = N - I \textit{ soit } M = N - M \quad n \quad t = N/(1+nt)$$

Remarque : *On rejoint alors le procédé des intérêts simples non précomptés en considérant que le montant réel est, non pas le nominal N, mais la somme mise à disposition M = N - I*

3. Comparaison des valeurs acquises suivant les procédés

3.1 Comparaison sur longues périodes

Comparaison des valeurs acquises au taux de 10% l'an du couple (10 000, D_0).

Tableau de comparaison des valeurs acquises

Procédés \ Dates	D_{+1}	D_{+2}	D_{+5}	D_{+10}	D_{+100}
Intérêts composés	11 000	12 100	16 105	25 937	138×10^6
Intérêts simples	11 000	12 000	15 000	20 000	11×10^4
Intérêts simples précomptés	11 111	12 500	20 000	Non définies	
Procédé commercial					

Courbes de comparaisons

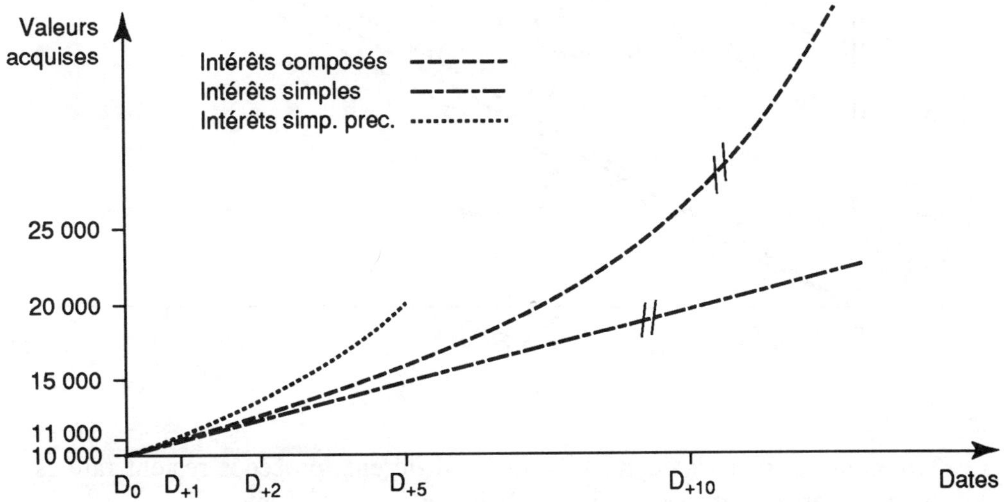

3.2 Comparaison sur courtes périodes

Tableau de comparaison

Procédés \ Dates	$D_{+1/12}$	$D_{+2/12}$	$D_{+6/12}$	$D_{+11/12}$	D_{+1}
Intérêts composés	10 080	10 160	10 488	10 913	11 000
Intérêts simples	11 083	10 167	10 500	10 917	11 000
Intérêts simples précomptés	10 084	10 169	10 526	11 009	11 111
Procédé commercial					

Courbes de comparaisons

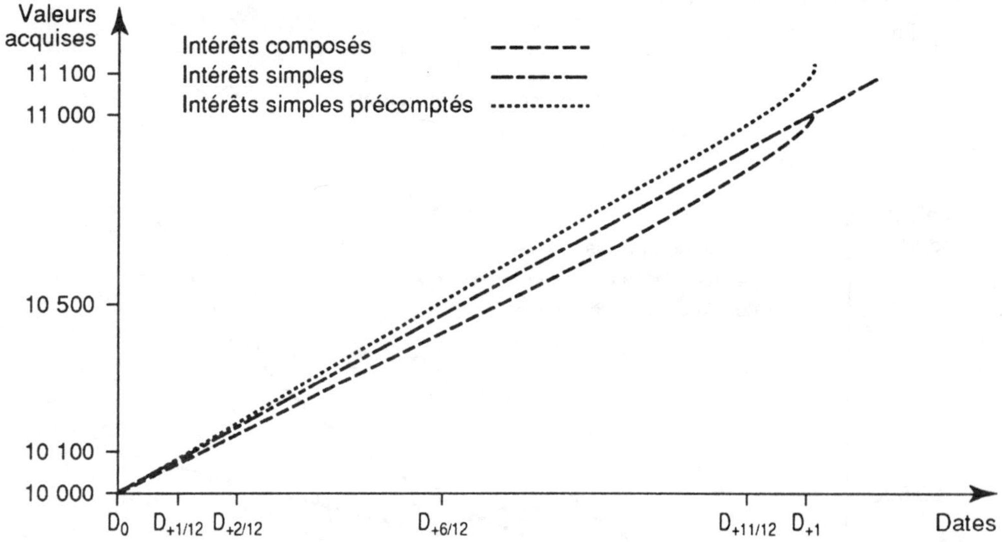

On constate que les écarts suivant les différents procédés restent faibles sur courtes périodes, mais deviennent très importants par la suite.

4. Domaines d'utilisation

4.1 Phénomènes économiques et procédés

La valeur d'une somme d'argent dépend du pouvoir d'achat qu'elle confère. L'évolution de ce pouvoir d'achat résulte de la hausse des prix. Or les phénomènes inflationnistes sont cumulatifs et correspondent au procédé des intérêts composés.

Exemple :

Si un produit coûte 100 F en D_0, et que les augmentations de prix qu'il subit sont de 10% tous les ans, son prix évoluera ainsi :

D_0	100 F		
D_{+1}	$100 + 10\% \times 100$	soit $100(1+0,1)^1$	soit 110 F
D_{+2}	$110 + 0,1 \times 110$	soit $100(1+0,1)^2$	soit 121 F
D_{+3}	$121 + 0,1 \times 121$	soit $100(1+0,1)^3$	soit 133,1 F
D_{+n}		prix initial $\times$ $(1+0,1)^n$	soit $100\,(1+0,1)^n$

Le procédé correspondant le mieux aux phénomènes économiques est celui des intérêts composés. C'est en quelque sorte le procédé "naturel" des mathématiques financières.

4.2 Simplicité d'usage et procédés

Le procédé des intérêts composés amène à travailler sur des puissances. Celles-ci sont lourdes à manipuler en l'absence de calculatrice. Or on constate que sur courtes périodes, la différence générée par l'utilisation des intérêts simples est faible. C'est pourquoi l'usage a substitué ce procédé pour les utilisations sur courtes périodes.

En intérêts simples précomptés, c'est normalement la valeur V qui est déduite de sa valeur acquise. Ce procédé s'avère donc pratique lorsque l'on connaît la valeur à terme et que l'on cherche à déterminer la valeur aujourd'hui ; ce qui est le cas de l'escompte des effets de commerce.

Remarque : *On peut également constater que dans tous les cas le procédé utilisé est celui qui est le plus favorable au prêteur, ce qui peut s'expliquer par le fait qu'il est généralement en position de force.*

Points clefs

- Les procédés de détermination des intérêts se distinguent par :
  1. le **mode de calcul**, suivant que les intérêts d'une période sont proportionnels :
     - au seul capital initial → **intérêts simples**
     - au capital augmenté des intérêts des périodes précédentes → **intérêts composés**
  2. la **modalité de paiement**, suivant que les intérêts sont :
     - payables à la fin de l'opération
     - déduits de la somme prêtée → **intérêts précomptés**

- Les valeurs acquises V_{+n} après *n* unités de temps au taux *t* sont :
  - intérêts simples : $V_{+n} = V(1+nt)$
  - intérêts composés : $V_{+n} = V(1+t)^n$

Résumé des domaines d'utilisation habituels

Long terme :		intérêts composés
Court terme :		
	Escompte :	intérêts simples précomptés
	Autres usages :	intérêts simples

1 Calculer le montant remboursé (intérêt et capital) dans les cas suivants :

a) Placement de N = 150 000 F pendant 5 ans à intérêts composés au taux de 8 % l'an.

b) Placement pendant 8 mois d'un capital N = 50 000 F à intérêts simples au taux de 12 % l'an.

Un prêt sur 6 mois est consenti au taux de 12 % l'an à intérêts simples précomptés. La somme mise à disposition de l'emprunteur (Prêt – intérêts) est de 56 400 F.

c) Calculer le montant N de ce prêt.

2 Déterminer le taux pratiqué, dans les cas suivants :

a) Un emprunt N de 80 000 F à intérêts composés est remboursable (capital + intérêts) 134 168 F, 6 ans plus tard.

b) Un emprunt N' de 60 000 F à intérêts simples est remboursable 62 700 F, 6 mois plus tard.

c) Utilisant le procédé des intérêts simples, un banquier met une somme de 39 100 F à disposition de son client pendant 3 mois, cette somme tient compte des intérêts précomptés de 900 F. Déterminer le taux pour les deux procédés (commercial et rationnel).

3 Déterminer la durée des emprunts dans les cas suivants :

a) L'emprunt N de 40 000 F à intérêts simples au taux de 10,5 % l'an est remboursable 41 750 F à la fin de l'opération.

b) L'emprunt N' de 70 000 F à intérêts composés au taux de 7 % l'an est remboursable 98 178,62 F à la fin de l'opération.

c) Précomptant des intérêts simples au taux de 6 % l'an sur un montant N de 60 000 F, la banque met une somme M de 58 800 F à disposition de son client (procédé commercial).

4

Calculer le montant prêté N dans les cas suivants :

a) **Le montant M mis à disposition de son client par le banquier est de 19 400 F pour une durée de 3 mois à intérêts simples précomptés au taux de 12 % l'an (procédé commercial).**

b) **Le montant remboursé R au bout de 6 mois au taux de 16 % l'an à intérêts simples est de 59 400 F.**

c) **Le montant remboursé R' au bout de 7 ans au taux de 8 % l'an à intérêts composés est de 171 382,43 F.**

5

Calculer le montant à rembourser dans un an pour un emprunt N de 10 000 F contracté dans les conditions suivantes :

a) **À intérêts composés.**

1. taux : 12 % l'an,

2. taux : 1 % le mois,

3. taux : 0,9488793 % le mois.

b) **À intérêts simples avec les mêmes taux qu'à la question a).**

6

La banque X accorde un prêt N de 100 000 F remboursable en totalité (intérêts + capital) au bout de 4 ans et 6 mois au taux de 12 % l'an.

Calculer le montant à rembourser dans les cas suivants :

a) **Intérêts simples.**

b) **Intérêts composés : les intérêts sont capitalisés à la fin de chaque année. Pour la dernière période de 6 mois, on calcule les intérêts suivant le procédé des intérêts simples.**

c) **Intérêts composés : le calcul des intérêts s'effectue suivant ce procédé sur toute la durée de l'emprunt.**

d) **Expliquer les différences entre a et b d'une part ; b et c d'autre part.**

7

Hors opérations financières, les mouvements prévisionnels de trésorerie de l'entreprise DYMAC se présentent ainsi pour le trimestre à venir :

1/1 solde initial	– 15 000
1/2 encaissement créance A	+ 23 000
1/3 décaissement	– 27 000
31/3 encaissement d'une créance B	+ 30 000

Les possibilités bancaires sont les suivantes :

– Découvert taux mensuel 2 %, décompte des intérêts à la fin de chaque mois.

– Possibilité de financement à intérêts simples précomptés à concurrence des créances à encaisser. Pour 1 mois : 1,5 % de la créance ; pour 3 mois : 3,5 % de la créance.

– Prêt à intérêts simples par tranche de 10 000 F, durée minimum 3 mois à 16 % l'an.

– Placement possible sur 1 mois par tranche de 1 000 F à intérêts simples aux taux de 12 % l'an (montant minimum 100 000 F).

L'objectif de l'entreprise est de maximiser son solde au 31/3.

Étudier les stratégies de financement suivantes et déterminer la meilleure, compte tenu des possibilités de placement :

a) Recours au seul découvert.

b) Recours au financement de créance :

- **les deux créances sur 1 mois,**
- **la créance B sur 3 mois.**

c) Recours à un emprunt

- **de 10 000 F,**
- **de 20 000 F.**

3

OPÉRATIONS FINANCIÈRES À COURT TERME

Utilisation des intérêts simples

1. Prise en compte de la notion de temps

1.1 Décompte du temps
1.2 Évaluation du temps en fonction du taux
1.3 Jours de valeur

2. Gestion d'un compte courant - Découvert

2.1 Nature d'un découvert
2.2 Nature des rémunérations
2.3 Modalités de calcul des commissions

3. Facilités de paiement

3.1 Principe
3.2 Versements constants
3.3 Exemples
3.4 Complément : interpolation linéaire

Au delà des spécificités de chacun des produits financiers, la difficulté essentielle qui préside à leur utilisation est une prise en compte rigoureuse de la notion de temps.

1. Prise en compte de la notion de temps

Deux éléments interviennent dans l'évaluation des durées :
- les procédures usuelles de décompte du temps en matière financière,
- l'expression du temps en fonction du taux,

et un troisième dont il faut tenir compte dans la gestion d'un compte :
- les jours de valeur.

1.1 Décompte du temps

Ce décompte comporte deux aspects : l'année est réputée comporter 360 jours ; la durée d'un placement ou d'un prêt est généralement décomptée au nombre de jours exact (en incluant le premier et en excluant le dernier).

Exemple :

M. DURET emprunte 10 000 F le 13 mai au taux de 12% l'an et rembourse cette somme le 11 août.

Nombre de jours :			
Mai	(31-12)	:	19 jours
Juin		:	30 jours
Juillet		:	31 jours
Août	(10)	:	10 jours
Durée de l'emprunt		:	90 jours soit 90/360 ^{ème} d'année

Remarque : *La recherche de simplicité qui préside à l'évaluation en jours d'une année ne s'étend pas au décompte de la durée de l'emprunt. On peut remarquer que ce décompte est favorable au prêteur puisqu'il majore la durée en terme de fraction d'année.*

1.2 Évaluation du temps en fonction du taux

L'application des formules de calcul nécessite impérativement que la durée soit exprimée dans l'unité de temps contenue dans le taux.

Pourtant, sur courtes périodes, il est plus naturel d'exprimer le temps en jours ou en mois alors que les taux sont souvent annuels. Deux procédés sont alors possibles pour assurer néanmoins la cohérence :

- effectuer la conversion du temps dans les formules,
- modifier l'expression du taux.

1.2.1 Conversion du temps

Si l'on choisit d'exprimer le temps dans une unité différente de celle du taux, il faut alors multiplier dans les formules par le rapport des durées des deux unités.

En reprenant l'exemple précédent :

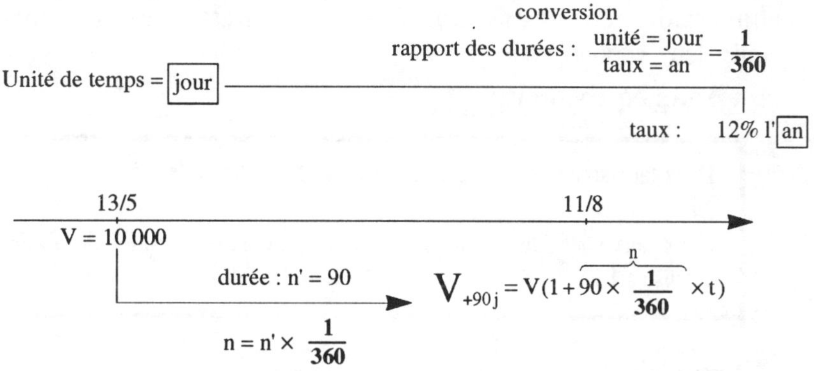

Le mode d'expression du temps le plus pratique sur courte période étant le jour, et le taux étant fréquemment annuel, les formules usuelles deviennent :

◆ **Valeur acquise**

La valeur acquise V_{+n} d'une somme V, n jour plus tard au taux annuel t_a est égale à :

$$V_{+n} = V(1 + \frac{n}{360} t_a)$$

◆ **Intérêts**

L'intérêt d'une période d'une durée de n jours au taux annuel t_a est égal à :

$$I = V \times \frac{n}{360} t_a$$

◆ **Valeur actuelle**

La valeur actuelle d'une somme V, n jours plus tôt au taux annuel t_a, est égale à :

$$V_{+n} = V / (1 + \frac{n}{360} t_a)$$

1.2.2 Modification de l'expression du taux

Un taux est défini en référence à une périodicité (souvent l'année). Il peut être intéressant pour les calculs de choisir une autre périodicité afin notamment de pouvoir exprimer les durées en un nombre entier de périodes. Par exemple, si l'on a un taux annuel, une durée d'un mois représente $1/12^{ème}$ de période. En passant à un taux mensuel, la même durée d'un mois sera égale à 1. Cette conversion ne doit pas modifier les résultats. La définition des taux équivalents répond à cet objectif.

◆ Taux équivalents

> Deux taux sont équivalents s'ils définissent la même relation.
> *ou*
> Deux taux sont équivalents si, sur la même durée, ils confèrent la même valeur acquise à 1 F.

Exemple :

Si l'on cherche le taux mensuel équivalent au taux annuel t_a de 12%, il suffira de poser par exemple :

Valeur acquise de V = 1 F au bout d'un an.

Taux annuel t_a
Durée ⟶ 1 unité de temps
$V_{+1} = 1(1+12\%)$

Taux mensuel équivalent t_m
Durée ⟶ 12 unités de temps (1 an = 12 mois)
$V_{+12} = 1\ (1+12t_m)$

soit $1(1+12\%) = 1(1+12t_m)$ *d'où* $t_m = 1\%$

Schéma :

Taux annuel : $t_a = 12\%$

Unité de temps = an

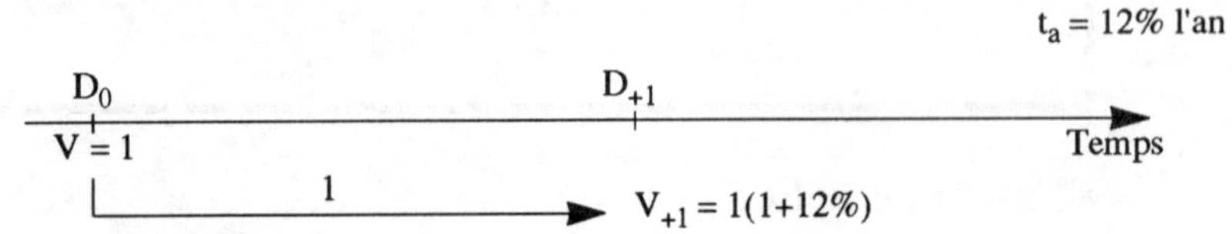

Taux mensuel : t_m

Unité de temps = mois

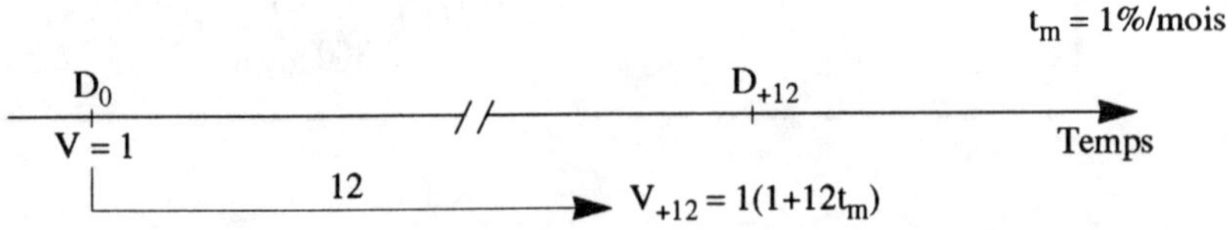

◆ **Taux proportionnels**

Deux taux sont proportionnels, si, et seulement si, leur rapport est égal à celui de leurs durées.

Exemple :
Si t_a = 12%, le taux mensuel *tm* proportionnel est tel que :

$$\frac{t_a}{t_m} = \frac{12}{1} \text{ soit } t_m = 1\%$$

Remarque : *À intérêts simples les taux proportionnels sont équivalents.*

1.3 Jours de valeur

Lorsqu'un client remet un ou des chèques à sa banque, celle-ci ne créditera pas son compte immédiatement, mais un ou plusieurs jours plus tard. Il en ira de même pour toute opération conduisant à créditer le compte (remise d'espèces, virement reçu, escompte d'un effet, etc.).

Dans l'autre sens, le compte sera débité un ou plusieurs jours avant que la banque ne soit amenée à le payer. Il en ira de même pour toute opération conduisant à un débit. On est amené à distinguer deux dates pour chaque opération :

Date d'opération : date à laquelle l'opération a lieu.
Date de valeur : date à laquelle le compte est débité ou crédité.
Le décalage entre ces deux dates constituent les **jours de banque** ou **jours de valeur**.

Remarque : *Si la très grande majorité des banques françaises décomptent des jours de valeur, quelques exceptions confirment la règle.*

2. Gestion d'un compte courant - Découvert

Parmi les instruments à court terme, le découvert est, avec l'escompte qui sera étudié au chapitre 4, le plus utilisé. À ce titre, il demande une attention particulière.

2.1 Nature d'un découvert

Lorsqu'un titulaire d'un compte chèque a prélevé, avec l'autorisation de sa banque, davantage qu'il n'a déposé, son compte bancaire est alors débiteur (il a une dette envers la banque). On dit communément qu'il est **en découvert**. Cela constitue un prêt de la banque à son client qu'elle est amenée à se faire rémunérer.

2.2 Nature des rémunérations

Suivant les banques et selon la qualité de leurs clients, les rémunérations peuvent être diverses mais rentrent dans le cadre des catégories suivantes :

- des commissions **proportionnelles au temps** et au montant du découvert qui représentent le loyer de l'argent,
- une commission **proportionnelle au plus fort découvert** de la période,
- des commissions **fixes** qui rémunèrent le service rendu à son client par la banque.

Remarque : *Contrairement aux deux premières catégories, ces commissions fixes sont généralement soumises à la TVA.*

À ces commissions peuvent s'en ajouter d'autres, telle une commission calculée sur certains mouvements débiteurs (prélèvements sur le compte).

2.3 Modalités de calcul des commissions

2.3.1 Commissions proportionnelles au temps

L'intérêt est calculé au jour le jour sur le solde débiteur du compte.

Exemple :

On prendra un taux de 12% l'an.

Dates		Opérations	Mouvements		Soldes	
de valeurs	d'opération		débiteurs	créditeurs	débiteurs	créditeurs
		Solde initial				5 000
2/1	1/1	Remise chèque n°..		3 000		8 000
7/1	8/1	Virement n°..	10 000		2 000	
14/1	15/1	Chèque n°..	8 000		10 000	
23/1	22/1	Remise chèque n°..		5 000	5 000	
27/1	28/1	Retrait espèces	2 000		7 000	
		Solde au 31/1			7 000	

Les commissions proportionnelles sont calculées par périodes de solde constant.

Exemple du 7 / 1 au 14 / 1 $= 2\ 000 \times \frac{7}{360} \times 0{,}12$

Périodes	Nb de jours	Soldes		Intérêts débiteurs
		débiteurs	créditeurs	
[1/1, 2/1[	1		5 000	
[2/1, 7/1[	5		8 000	
[7/1, 14/1[	7	2 000		4,67
[14/1, 23/1[	9	10 000		30,00
[23/1, 27/1[	4	5 000		6,67
[27/1, 31/1]	5	7 000		11,67
	31			53,01

La commission sera de 53,01 F pour le mois.

Remarque : *D'éventuels intérêts sur les soldes créditeurs (au bénéfice du titulaire du compte) se calculeraient de la même manière.*

2.3.2 Commission de plus fort découvert

Comme son nom l'indique, elle est calculée sur le plus fort découvert de la période, soit 10 000 F. Nous prendrons un taux de 0,5 pour 1 000.

Soit $10\ 000 \times 0{,}0005 = 5$ F.

2.3.3 Commissions fixes

Ce sont des commissions indépendantes du montant prêté par la banque. La banque prélève, par exemple, une commission de 10 F HT, l'entreprise récupérant la TVA, celle-ci n'a pas d'influence pour elle.

2.3.4 Taux de revient pour l'entreprise t_r

Coût total = 53,01 + 5 + 10 = 68,01 F.

L'entreprise a emprunté	2 000 F	pendant	7 jours
	10 000 F	pendant	9 jours
	5 000 F	pendant	4 jours
	7 000 F	pendant	5 jours

Tout se passe comme si elle avait emprunté :

$(2\ 000 \times 7 + 10\ 000 \times 9 + 5\ 000 \times 4 + 7\ 000 \times 5)$ soit 159 000 F pendant 1 jour,

soit un taux de revient : $159\ 000 \times \frac{1}{360} \times t_r = 68{,}01 \quad t_r = 15{,}4\ \%$

Remarque : *Ce taux sera d'autant plus fort que le "pic" de découvert aura été important, aussi faut-il veiller à le limiter au maximum.*

3. Facilités de paiement

3.1 Principe

Ce sont des possibilités de règlements échelonnés accordées par un vendeur à son client. Cela représente un prêt remboursable par une suite de versements. Le vendeur se rémunère de ce prêt en prélevant des intérêts calculés à partir d'un taux contractuel. À ce taux et à la date de l'achat, la suite des versements doit être équivalente au prix qui serait normalement payable comptant.

La date de référence à laquelle on raisonne est donc celle de l'achat : D_0.

Schéma :

La somme des valeurs actuelles des versements à cette date doit être égale au prix affiché, ce qui se schématise ainsi :

- *soit* X le prix qui serait payable comptant,
- *soient* M_0, M_1,................................, M_n, les versements effectués en D_0, D_{+1},..........................., D_{+n}.

Unité de temps = celle du taux

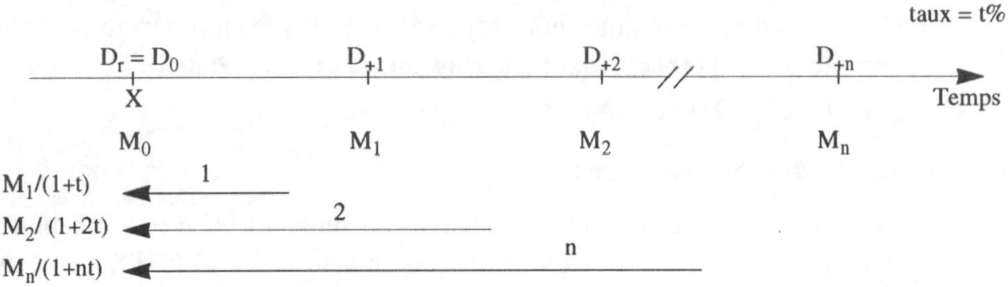

On devra donc vérifier l'égalité suivante :

$$X = M_0 + M_1/(1+t) + M_2/(1+2t) + ... + M_n/(1+nt),$$

correspondant à l'équivalence suivante :

$$.........(X, D_0) \Leftrightarrow (M_0, D_0) + (M_1, D_{+1}) + (M_2, D_{+2}) + ...+(M_n, D_{+n})$$

3.2 Versements constants

Souvent les versements sont constants. On se trouve alors dans le cas où : $M_1 = M_2 = ... = M_n = M$ (le versement initial pouvant être différent). On aboutit à l'égalité :

$$X = M_0 + M/(1+t) + M/(1+2t) + ... + M/(1+nt)$$

3.3 Exemples

3.3.1 Recherche de versements constants M

Le prix payable comptant d'un bien est de 11 000 F. Le vendeur accepte un paiement initial de 1 000 F et le solde en 9 mensualités constantes calculées sur un taux de 12% l'an. Recherchez la valeur du versement.

On aura alors :

11 000 = 1 000 + M/(1+0,01) + M/ (1+0,02) + ... + M/(1+0,09)

Le taux mensuel équivalent est de 1%,

d'où 10 000 = M × 8,5766172 *soit* M = 1 165,96 F

3.3.2 Recherche du taux

Le bien est maintenant payable 1 000 F comptant puis 5 mensualités de 2 100 F calculées sur la base d'un taux mensuel t_m. Calculez t_m.

On aura alors l'égalité suivante à résoudre :

$11\ 000 = 1\ 000 + 2\ 100/(1+t_m) + ... + 2\ 100/(1+5t_m)$

soit $10\ 000/2\ 100 = 1/(1+t_m) + ... + 1/(1+5t_m)$

d'où $4{,}7619048 = 1/(1+t_m) + ... + 1/(1+5t_m)$

Le mode de résolution le plus simple est de procéder par tâtonnement pour encadrer la valeur de t_m puis d'approcher cette valeur par interpolation linéaire.

soit $F(t_m) = 1/(1+t_m) + \ldots\ldots\ldots\ldots + 1/(1+5t_m)$

Pour $t_m = 1{,}8\%$ $F(t_m) = 4{,}7466029$

$t_m = 1{,}5\%$ $F(t_m) = 4{,}786662$

3.4 Complément : interpolation linéaire

Objectif

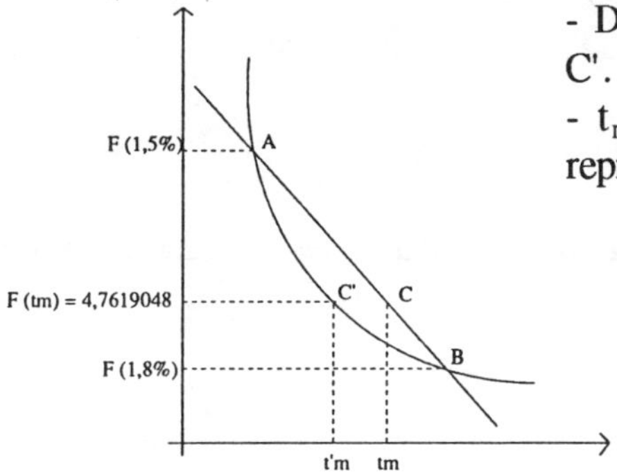

- Dans l'absolu, on cherche t'_m abscisse du point C'.
- t_m abscisse de C étant très proche de t'_m, représente une bonne approximation.

Propriété utilisée

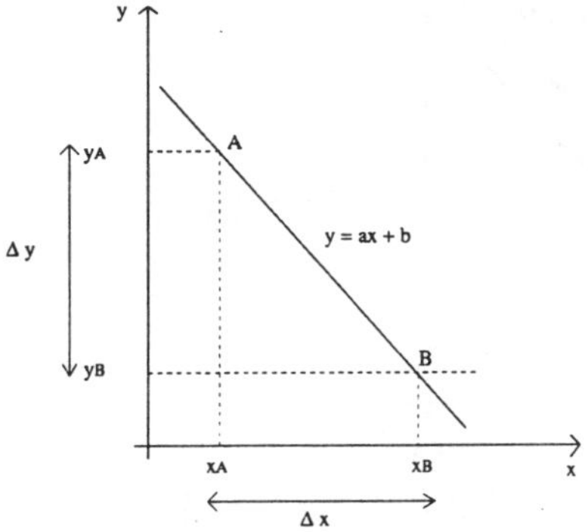

- Si l'on prend un segment défini par deux points quelconques d'une droite, le rapport de sa composante en y (Δy) et en x (Δx) est constant et égal au coefficient directeur de la droite.

$$\frac{\Delta y}{\Delta x} = a$$

Résolution

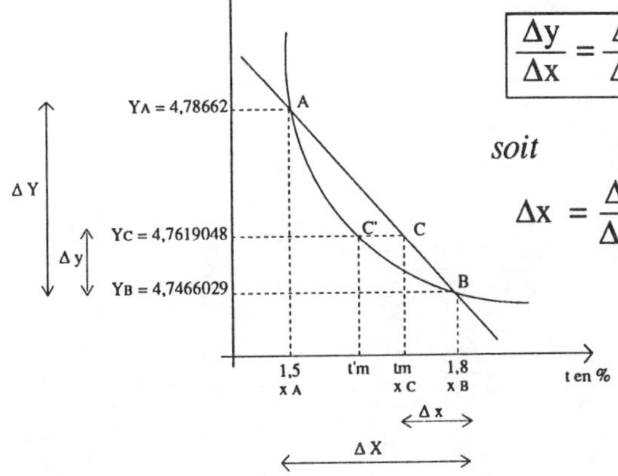

D'après la propriété précédente :

$$\boxed{\frac{\Delta y}{\Delta x} = \frac{\Delta Y}{\Delta X}} = a$$

soit

$$\Delta x = \frac{\Delta y}{\Delta Y} \ \Delta X$$

Avec

Δx : écart recherché

$\Delta y = y_C - y_B$; $\Delta y = 4{,}7619048 - 4{,}7466029$; $\Delta y = 0{,}0153019$

$\Delta Y = y_A - y_B$; $\Delta Y = 4{,}786662 - 4{,}7466029$; $\Delta Y = 0{,}0400171$

$\Delta X = x_A - x_B$; $\Delta X = 1{,}5\ \% - 1{,}8\ \%$; $\Delta X = -0{,}3\ \%$

soit

$$\Delta x = \frac{0{,}0153019}{0{,}0400171} \times (-0{,}3\ \%) \approx -0{,}11\ \%$$

et $t_m = 1{,}8\ \% + \Delta x = 1{,}69\ \%$ par mois

or $t'_m \approx t_m$ *soit* $t'_m \approx 1{,}69\ \%$ par mois.

Remarque : *La représentation graphique, même grossière, est utile pour éviter les erreurs sur la signification de* Δx.

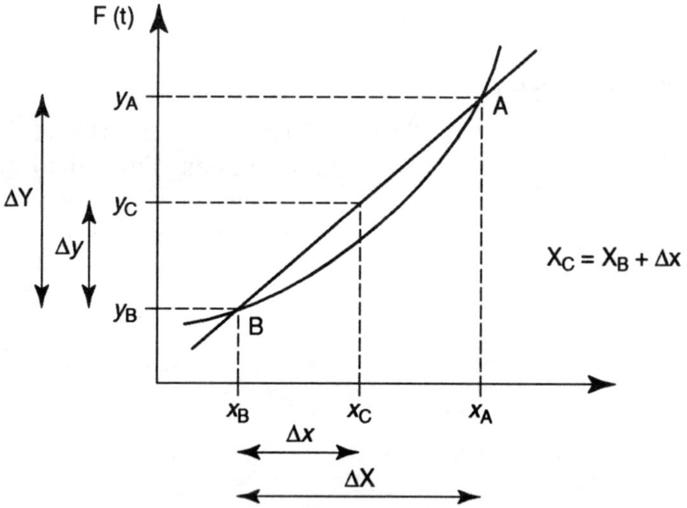

Points clefs

- À court terme, la durée d'une opération est décomptée au nombre exact de jours, en excluant l'une des deux dates extrêmes. L'année est considérée comporter 360 jours.

- Dans les formules, la durée n est exprimée dans la même unité de temps que le taux, ce qui peut nécessiter pour assurer cette cohérence :
  - une conversion de l'expression de la durée,
  - une modification de l'expression du taux par passage à un taux équivalent.

- Deux taux sont équivalents si, sur la même durée, ils confèrent la même valeur acquise à une somme.
  À intérêts simples, deux taux équivalents sont aussi proportionnels (leur rapport est égal à celui de leurs durées).

- Le découvert bancaire génère des frais :
  - fixes : commissions
  - proportionnels :
    - au solde moyen débiteur,
    - au plus fort découvert,
    - et éventuellement aux mouvements débiteurs du compte.

1 Gestion du temps

Compléter les tableaux suivants :

a) Pour un capital de 10 000 F au taux de 12 % l'an :

Périodes	1/4 au 30/6	7/5 au 9/7	12/2* au 21/5	30/9 au 15/12
Durée				
Valeur acquise				

* 28 jours en février.

b) Taux équivalents :

Taux annuel	12 %	9 %	18 %	6 %
Taux trimestriel				
Taux mensuel				

c) Exprimer la durée en fonction du taux.

Taux / Périodes	12 % l'an	4 % par trimestre	1 % par mois
2/1 au 15/2	44/360		
16/7 au 19/9			
8/6 au 9/7			
15/3 au 3/6			

2 Taux moyen de placement

Définition : Le taux moyen de placement est le taux unique qui, appliqué sur la durée totale du placement et le montant total, aboutit à la même valeur acquise.

Les conditions bancaires pour un placement à court terme sont les suivantes :

- Pour les deux premiers mois : 6 % l'an jusqu'à 50 000 F, 7 % l'an pour la partie excédant 50 000 F jusqu'à 100 000 F ; 8 % pour la partie excédant 100 000 F.
- Pour les deux mois suivants : même barême majoré de 1 %.
- A partir du cinquième mois : nouvelle majoration de 1 % (les intérêts ne sont pas capitalisés en cours de placement).

Déterminer le taux moyen du placement dans les cas suivants :

a) 150 000 F pendant 8 mois.
b) 90 000 F pendant 3 mois.
c) 50 000 F pendant 10 mois.
d) 80 000 F pendant 5 mois.

3 Taux moyen de placement

Pour un placement N à court terme de 10 000 F, les conditions bancaires sont les suivantes :

- 6 % l'an pendant les 3 premiers mois.
- 8 % l'an pendant les 3 mois suivants.
- 10 % l'an pendant les 3 derniers mois.
- Une prime de 150 F est accordée si le placement dure 9 mois.

Calculer le taux moyen de ce placement dans les cas suivants :

a) Durée de placement : 9 mois.
b) Durée de placement : 7 mois.
c) Durée de placement : 6 mois.
d) Durée de placement : 4 mois.
e) Durée de placement : 2 mois.

(Les intérêts ne sont pas capitalisés en cours de placement.)

4 Date d'équivalence

Le 1/1/n deux placements sont effectués à intérêt simple :

le premier N_1 = 50 000 F à t_1 = 10 % l'an,

le second N_2 = 50 500 F à t_2 = 7 % l'an.

a) A quelle date ces capitaux auront-ils acquis la même valeur ?
b) Étudier l'existence d'une date d'équivalence en fonction de N_1, t_1, N_2 et t_2.

5 Compte courant

Le relevé d'un compte courant présente les soldes suivants pour le premier trimestre :

Dates		Opérations	Sommes		Soldes	
d'opération	de valeurs		Débit	Crédit	Débit	Crédit
1/1	1/1	Solde				10 000
17/1	15/1	Paiement d'effets	20 000		10 000	
25/1	27/1	Remise chèques		25 000		15 000
29/1	27/1	Virement paie	40 000		25 000	
15/2	13/2	Paiement d'effets	20 000		45 000	
2/3	28/2	Virement paie	40 000		85 000	
15/3	17/3	Remise chèques		55 000	30 000	
25/3	27/3	Virement client		30 000		
29/3	27/3	Virement paie	40 000		40 000	
31/3		Solde			40 000	

Les conditions de la banque étant les suivantes :

– intérêts sur les soldes débiteurs 15 % l'an.

– commission de plus fort découvert du trimestre : 1 ‰

a) Calculer le montant débité à la fin du trimestre.

Une autre banque propose les conditions suivantes :

– intérêts sur les soldes débiteurs 18 % l'an ;

– commission de plus fort découvert du trimestre 0,5 ‰ ;

– cette banque ne décompte pas de jours de valeurs.

b) Sur les données de ce trimestre la proposition aurait-elle été intéressante ?

c) Calculer le taux réel de revient pour cette deuxième proposition.

6 Facilités de paiement

Pour l'acquisition d'un véhicule d'un prix comptant P de 100 000 F, le vendeur propose un règlement initial V complété par 6 mensualités égales espacées chacune de 30 jours. Ces facilités de paiement étant calculées à intérêt simple au taux annuel t.

a) Déterminer V pour m = 15 000 F et t = 12 %.

b) Déterminer m pour V = 40 000 F et t = 12 %.

c) Déterminer t si V = 40 000 F et m = 10 500 F.

7 Taux moyen, comparaison

Le 1/1/n, on place auprès de la banque A une somme N de 50 000 F dans les conditions suivantes :

- Pour les trois premiers mois : 5 % jusqu'à 20 000 F, 6 % pour la tranche comprise entre 20 000 et 40 000 et 7 % au delà.
- Pour les trois mois suivants : majoration de 1 % sur ce barême.
- A partir du septième mois : nouvelle majoration de 1 %.

On compte placer l'argent jusqu'au 1/9/n.

a) Calculer le taux moyen du placement (un mois entier compte pour 30 jours).

Le 1/2/n, on reçoit une proposition d'une autre banque :

- Pour les trois premiers mois : 5 % jusqu'à 10 000 F, 6 % pour la tranche comprise entre 10 000 et 20 000 et 7 % pour la tranche comprise entre 20 000 et 40 000, 8 % au delà.
- Majoration de 1,5 % sur ce barême au delà de trois mois pour les mois suivants.

b) Etudier cette proposition si l'on place l'argent jusqu'au 1/9/n.

c) Quel sera alors le taux moyen du placement ? (Les intérêts ne sont pas capitalisés en cours de placement.)

8

Un épargnant place le 1er de chaque mois une somme M à intérêts simples. Le premier placement a lieu le 1/1/n.

a) De quelle somme disposera-t-il le 31/12/n au taux de 9 % l'an si M = 1 000 F ?

b) A quel taux aurait-il placé son argent si, à cette date et pour la même épargne, il disposait d'une somme S = 12 500 F ?

c) Au taux de 12 % l'an, quel doit être le montant de son épargne mensuelle pour disposer de 15 000 F au 31/12/n ?

(On considère que tous les mois comportent 30 jours.)

9 Recherche de dates d'équivalence

Une somme V = 50 000 F est disponible le 1/11/n et une deuxième somme V' = 50 400 F l'est n' 30 jours plus tard.

a) A quelle date permettent-elles d'emprunter la même somme ?
Déterminer cette somme.

b) A quelle date auront-elles la même valeur acquise ?
Déterminer cette valeur.

c) Déterminer les conditions d'existence de ces dates et les formules de calcul en fonction des paramètres V, V', n' et t.

(Le procédé utilisé est celui des intérêts simples.)

4

OPÉRATIONS FINANCIÈRES À COURT TERME

Utilisation des intérêts simples précomptés

1. Notion d'escompte

1.1 Pourquoi l'escompte ?
1.2 Principe de l'escompte

2. Coût de l'escompte

2.1 Commissions bancaires
2.2 Décompte du temps
2.3 Coût réel

3. Équivalence entre effets

3.1 Conditions d'équivalence de deux effets à une date
3.2 Recherche d'une date d'équivalence

4. Application au remplacement et au renouvellement d'effets

4.1 Remplacement d'effets
4.2 Renouvellement d'effet à l'échéance
4.3 Remplacement de plusieurs effets

Le procédé des intérêts simples précomptés trouve son application dans la pratique de l'escompte. C'est elle qui, à la fois, justifie et fixe les limites d'utilisation du procédé.

Aussi apparaît-il nécessaire de connaître les notions de base de l'escompte afin de pouvoir étudier le procédé sous son aspect concret.

1. Notion d'escompte

1.1 Pourquoi l'escompte ?

Dans les relations commerciales inter-entreprises en France, la norme est le règlement à échéance. Cela représente un prêt du vendeur (que l'on appellera A) à son client (que l'on appellera B) sur toute la durée séparant la vente du règlement.

Bien évidemment, la plupart des entreprises ne disposent pas des moyens propres suffisants pour assurer de tels financements à leurs clients. Aussi le vendeur A se tourne-t-il vers un de ses banquiers afin que celui-ci assure la contrepartie du prêt accordé à son client B.

Le banquier cherche alors à s'assurer que le financement demandé par A correspond bien à une créance de celui-ci sur B, et que le règlement à terme de B servira à le rembourser de son prêt à A.

La pratique de l'escompte des effets de commerce répond à ces objectifs.

1.2 Principe de l'escompte

Le vendeur A matérialise sa créance par un effet de commerce. Ce document, représentant la reconnaissance par B de sa dette envers A, comporte notamment :

- le montant de la créance appelé **valeur nominale** de l'effet et qui sera noté N,
- la date d'échéance à laquelle doit intervenir le règlement,
- le bénéficiaire qui est le créancier,
- le débiteur, appelé tiré, qui doit régler l'effet à échéance.

Ce document assure le banquier de l'existence de la créance. Il prête alors l'argent à A (sous déduction des intérêts), en contrepartie celui-ci endosse l'effet au profit de la banque. Cela signifie que le règlement à l'échéance par le débiteur B s'effectuera au profit de la banque en remboursement du prêt qu'elle a accordé à A.

C'est donc ce remboursement que l'on connaît à priori, et non la somme mise à disposition, d'où l'idée de calculer l'intérêt sur le remboursement.

Remarque : *Toute personne endossant un effet de commerce devient solidairement responsable de son règlement envers le bénéficiaire. Si le débiteur B est défaillant, la banque pourra alors se retourner auprès de son client A pour obtenir le paiement. La banque dispose donc par ce procédé d'une double garantie :*

- *la solvabilité du débiteur B,*
- *en cas de défaillance de B, la solvabilité de son propre client A.*

Schéma de l'escompte :

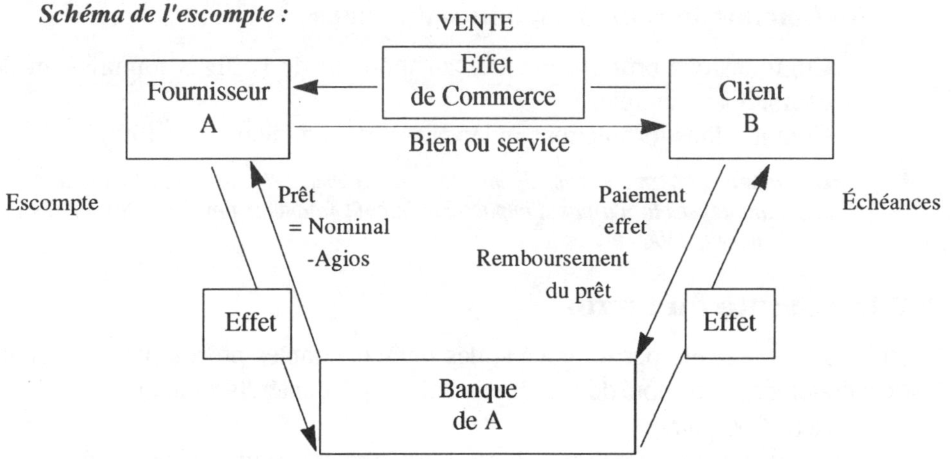

2. Coût de l'escompte

2.1 Commissions bancaires

2.1.1 Services rendus par la banque

Lors d'une opération d'escompte, la banque rend un double service à son client :

- **un prêt d'argent** : la banque décompte pour cela des intérêts que l'on appelle l'**escompte**,
- **l'encaissement de l'effet** : celui-ci donne lieu à un travail de manipulation de l'effet.

Remarque : *Lorsque l'entreprise ne recours pas à l'escompte, elle demande presque toujours à la banque de lui rendre ce service. De la même manière, la banque facture alors ce service.*

2.1.2 Nature des rémunérations

Ces services sont rémunérés par un ensemble de retenues appelées **agios.**

◆ **Retenues proportionnelles au temps et à la valeur nominale de l'effet**

- L'**escompte** commercial proprement dit. Le taux pratiqué dépend du taux de base bancaire, de la classification du client (solvabilité, importance...), éventuellement de la qualité du tiré (le débiteur).
- une **commission d'endos** qui peut être considérée comme une majoration de l'escompte.

◆ Commissions indépendantes du temps

- Commissions proportionnelles au montant de l'effet : commission de compte par exemple.
- Commissions forfaitaires : indépendantes du montant de l'effet.

Remarque : *Ces dernières commissions sont généralement soumises à la TVA (sur option de la banque). Cela n'a pas d'impact sur le coût financier pour les entreprises qui récupèrent cette TVA.*

2.2 Décompte du temps

L'escompte est calculé par le procédé des intérêts simples précomptés. Le temps est généralement décompté de la même manière qu'en intérêts simples :

- année de 360 jours,
- décompte exact du nombre de jours entre la remise (jour inclus) et l'échéance (jour exclu).

Remarque : *Les banques décomptent un ou deux jours de valeur, ce qui décalera d'autant le crédit du compte par rapport à la remise (dans le cadre de l'encaissement seul, il s'agit généralement de 4 jours). Ces conditions peuvent varier légèrement suivant les établissements bancaires.*

2.3 Coût réel

2.3.1 Taux effectif de l'opération t_e (coût total de l'opération)

Le coût total comporte l'ensemble des agios, qu'ils aient trait au loyer de l'argent ou au service d'encaissement. On appelle *taux effectif global* et l'on note t_e le taux qui découle de la prise en compte du coût total.

Exemple :

Le 30/4 on remet à l'escompte un effet de nominal N = 1 000 F à échéance du 1/7.

- Taux d'escompte : 10,6 % l'an (y compris la commission d'endos).
- Commission de compte : 0,3 % du nominal.
- Commission fixe : 15 F HT.
- Jour de valeur : 2

Le calcul des agios est le suivant :

Commissions proportionnelles au temps : nombre de jours : 62 jours
soit $1\,000 \times (10,6\ \%) \times 62/360 = 18,26$ F
Commission de compte : $1\,000 \times 0,3\ \% = 3$ F
Commission fixe : 15 F

Total des agios : 18,26 + 3 + 15 = 36,26 F

La somme V réellement mise à disposition de l'emprunteur par la banque le 2/5 sera de (1 000 - 36,26)F soit 963,74 F.

La banque prêtera M = 963,74 F (1 000 - 36,26) le 2/5. Elle sera remboursée 1 000 F le 1/7 par le paiement de l'effet. En calculant le taux effectif t_e à partir du procédé des intérêts simples (non précomptés) sur la somme M réellement prêtée, on obtient le taux réel conformément au schéma suivant :

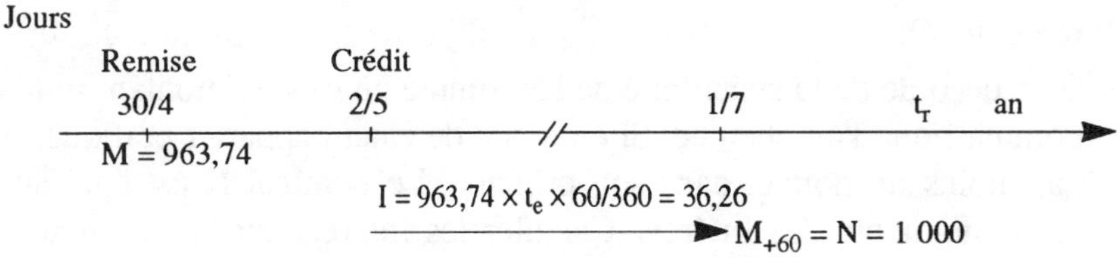

Taux :

$$963{,}74 \times t_e \times 60/360 = 36{,}26 \text{ F}$$
$$t_e = 22{,}57 \text{ \% l'an}$$

Le taux effectif de l'opération d'escompte est dans ce cas plus de deux fois le taux annoncé.

Remarque : *Ce taux aurait été légèrement plus fort encore si l'on avait compté une année de 365 jours.*

2.3.2 Coût et taux de revient t_r

Le coût de revient d'une opération doit s'évaluer à partir de ce qui se passerait si l'on n'y avait pas recours.

Dans le cas présent, si l'on n'escompte pas, il faudra probablement remettre l'effet à l'encaissement. On devra alors tenir compte :
- des jours de banque sur encaissement d'effet (4 ou 5 jours généralement),
- des commissions d'encaissement.

Exemple :

En cas d'encaissement, la banque décompte :
- 4 jours de valeur (le compte est crédité 4 jours après l'échéance de l'effet),
- une commission d'encaissement de 18 F HT par effet.

On touchera donc 982 F (1 000 - 18) le 5/7, soit le schéma suivant :

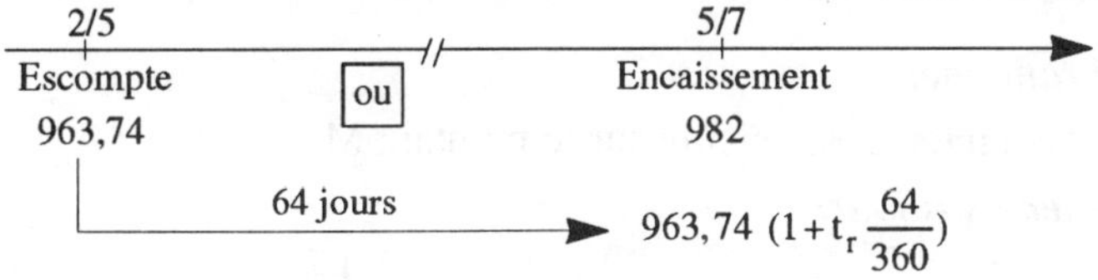

soit $982 = 963{,}74\ (1 + t_r \frac{64}{360})$

$$t_r = (982 - 963{,}74) \times \frac{360}{64 \times 963{,}74} \approx 10{,}66\ \%$$

Dans les deux cas les commissions indépendantes du temps étaient égales à 18 F (3 F + 15 F pour l'escompte). Les jours de valeur plus nombreux dans le cas de l'encaissement réduisent le taux de revient de l'escompte, mais celui-ci est néanmoins plus important que le taux annoncé de 10,6 %.

Ceci vient du fait que l'intérêt n'est pas calculé sur le montant réellement mis à disposition (963,74 F) mais sur la valeur nominale de l'effet (montant remboursé).

Ceci découle de la spécificité de l'escompte où c'est le montant remboursé (le nominal) que l'on cherche. Si ce mode de calcul apparaît pratique, il n'en est pas moins irrationnel dans son principe. Le nominal N est égal au montant prêté augmenté des intérêts. Calculer les intérêts sur cette valeur revient à calculer des intérêts sur les intérêts !

Le taux de l'escompte n'est de ce fait qu'un taux apparent. On peut mettre en lumière l'impact de ce phénomène en calculant le taux qui découlerait de l'utilisation du procédé rationnel. On l'appellera *taux rationnel* et on notera ce taux t_{ra}.

2.3.3 Taux rationnel t_{ra}

Pour mettre en lumière uniquement l'impact du procédé, il faut travailler en l'absence de commissions.

Dans l'exemple précédent on a :

Taux annoncé t_a = 10,6 % l'an
N = 1000 F
M = montant mis à disposition

Escompte commercial :

Unité de temps = jours

2/5 — 1/7 ; N = 1 000

$$M = 1\,000\left(1 - \frac{60}{360} \times 10{,}6\ \%\right) \longleftarrow 60$$

M ≈ 982,33
soit un intérêt de ≈ 17,67 F

Procédé rationnel :

Dans ce cas l'intérêt est calculé sur le montant M.

Unité de temps = jours

2/5 — 1/7 ; N

$$M = 982{,}33 \xrightarrow{\ 60\ } M\left(1 + \frac{60}{360} t_{ra}\right)$$

soit un intérêt de $M \times \frac{60}{360} t_{ra} = 982{,}33 \times \frac{60}{360} t_{ra}$

L' intérêt devant être identique, on a :

$$982{,}33 \times \frac{60}{360} t_{ra} = 17{,}67 \text{ soit } t_{ra} \approx 10{,}79\ \%$$

◆ Généralisation

Dans le cas général on a :

Escompte commercial $I = N \times \frac{nt_a}{360}$

Procédé rationnel $I = M \times \frac{nt_{ra}}{360}$ avec $M = N - I$

soit $$N \times \frac{nt_a}{360} = (N - N \times \frac{nt_a}{360}) \times \frac{nt_{ra}}{360}$$

$$\frac{\cancel{N} \times \cancel{n} \times t_a}{3\cancel{6}0} = \cancel{N}\ (1 - \frac{nt_a}{360}) \times \frac{\cancel{n}t_{ra}}{3\cancel{6}0}$$

soit

$t_{ra} = \dfrac{t_a}{1 - \dfrac{n\,t_a}{360}}$	t_{ra} : taux rationnel t_a : taux annoncé n : durée de l'escompte

Remarque importante : *Les noms accordées à ces trois types de taux diffèrent suivant les auteurs. Dans les examens, si le contexte ne permet pas d'être certain du sens donné dans le sujet, il faut expliquer, voire justifier, le choix effectué.*

3. Équivalence entre effets

3.1 Conditions d'équivalence de deux effets à une date

Dans le procédé des intérêts simples non précomptés, deux couples sont équivalents à une date quelconque si leurs valeurs actuelles ou leurs valeurs acquises à cette date sont égales.

L'escompte étant exclusivement une opération de prêt, la valeur acquise d'un effet n'a pas de sens, par conséquent :

> Deux effets sont équivalents à une date si, et seulement si, leurs valeurs actuelles à cette date sont égales.

Cela implique que la date d'équivalence ne peut être qu'antérieure à l'échéance la plus proche des effets, conformément au schéma :

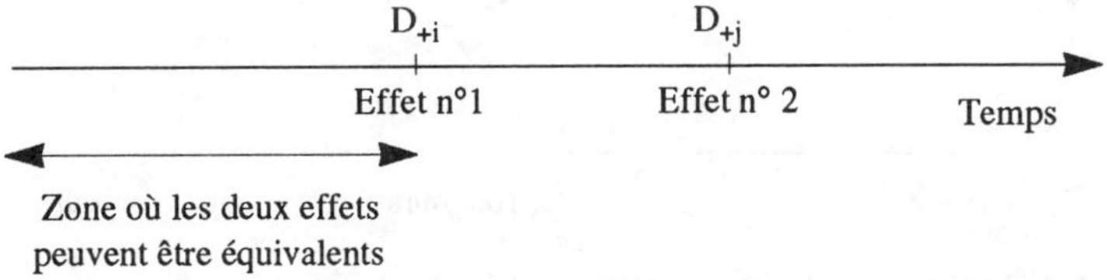

3.2 Recherche d'une date d'équivalence

3.2.1 Méthode

Soient deux effets, l'un de 12 384 F à échéance du 2/4, l'autre de 12 600 F à échéance du 1/6, tous deux escomptables au taux de 10% l'an.

Schéma :

Ces deux effets seront équivalents à la date D_e si, et seulement si, leurs valeurs actuelles à cette date sont égales :

Unité de temps = jours

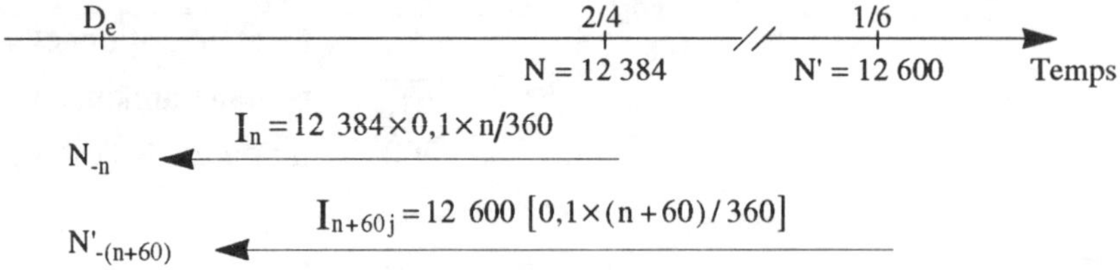

Les deux effets seront équivalents en D_e si, et seulement si :

$$N_{-n} = N'_{-(n+60)} \text{ soit : } N - I_n = N' - I_{n+60}$$

En remplaçant N, N', I_n et I_{n+60} par leurs valeurs :

$$12\ 384 - 3{,}44n = 12\ 390 - 3{,}5n$$

Remarque : *Il est inutile de prendre en compte les commissions indépendantes du temps car elles sont les mêmes pour les deux effets. Elles ne feraient donc qu'alourdir les calculs sans modifier le résultat.*

♦ Résolution graphique

Les valeurs actuelles de ces deux effets sont des fonctions affines de *n* dont les représentations graphiques sont les droites suivantes :

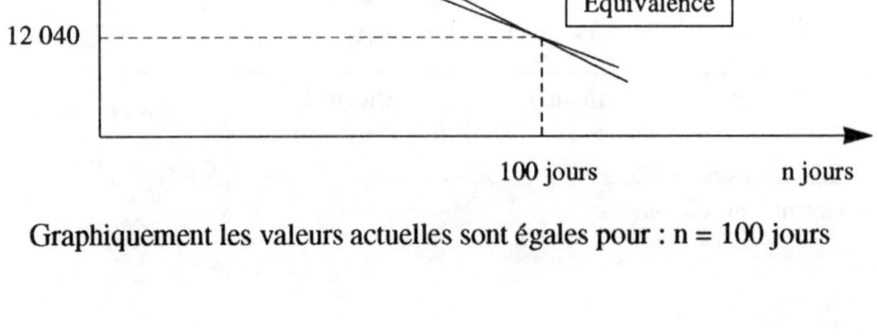

Graphiquement les valeurs actuelles sont égales pour : n = 100 jours

◆ **Vérification algébrique**

12 384 - 3,44n = 12 390 - 3,5n

soit $3{,}5n - 3{,}44n = 12\,390 - 12\,384$

$\Rightarrow 0{,}06n = 6 \Rightarrow n = 100$

La date d'équivalence se situe donc 100 jours avant l'échéance du premier effet, c'est-à-dire le 23 décembre.

3.2.2 Condition d'existence d'une date d'équivalence

En supposant que l'effet N' à échéance du 1/6 soit maintenant de valeur nominale 12 240 F, dans les mêmes conditions on obtient :

$$N'_{-(n+60)} = 12\,240\,[1 - 0{,}1 \times (n+60)/360] = 12\,036 - 3{,}4n$$

◆ **Résolution graphique**

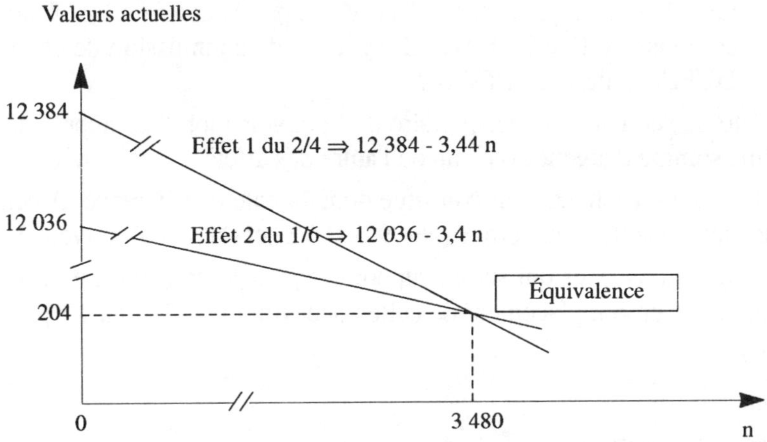

◆ **Vérification algébrique**

$N_{-n} = N'_{-(n+60)} \ldots \Leftrightarrow 12\,384 - 3{,}5n = 12\,036 - 3{,}4n$ *soit* n = 3 480

On obtient alors une date d'équivalence. Pourtant, un effet qui cumule échéance plus lointaine et nominal plus faible, sera toujours moins intéressant. En fait, la date obtenue n'a aucune signification puisqu'elle sort largement du domaine du **court terme** où l'utilisation du procédé se justifie.

Conséquence :

Mathématiquement il est toujours possible de trouver une date d'équivalence entre deux effets. Mais cette date n'aura de signification réelle qu'à la condition qu'elle reste dans les limites du court terme. On peut fixer une limite arbitraire de 6 mois entre cette date et l'échéance la plus lointaine des deux effets.

Pratiquement, on pourra trouver une date d'équivalence significative, si la valeur actuelle du deuxième effet à la date d'échéance du premier est très légèrement supérieure au nominal du premier effet.

4. Application au remplacement et au renouvellement d'effets

4.1 Remplacement d'effets

Mme DUFEU est bénéficiaire d'un effet de 9 000 F de nominal à échéance du 6/8. Prévoyant des difficultés de paiement, le débiteur, M. LEO, propose le remplacement le 17/6 par un nouvel effet à échéance du 15/9.

Quel doit être le montant du nouvel effet, compte tenu des conditions bancaires suivantes :

- taux de l'escompte de 12 % l'an (y compris la commission d'endos),
- commission fixe 20 F HT (il n'y a pas de commission de compte et Mme DUFEU récupère la TVA) ?

À la date de l'échange, le bénéficiaire doit pouvoir mobiliser auprès de sa banque la même somme d'argent avec l'un ou l'autre des effets.

C'est la date de l'échange qui constitue donc la date de référence. À cette date, les valeurs actuelles des deux effets (N = 9 000,6/8) et (N', 15/9) doivent être égales.

Les commissions fixes qui seront supportées pour le nouvel effet ne viennent pas en plus, mais en remplacement de celles que Mme DUFEU aurait payées pour le premier.

Schéma :

Unité de temps = jours

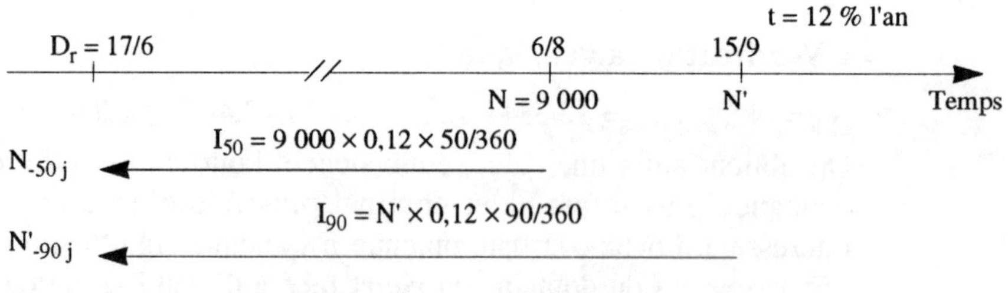

$N_{-50\,j} = N'_{-90\,j} \Leftrightarrow 9\,000\,(1-0{,}12 \times 50/360) = N'\,(1-0{,}12 \times 90/360)$

soit $8\,850 = 0{,}97 \times N'$ .... $N' = 9\,123{,}71$

Remarque : *L'échange à cette date n'est possible que dans la mesure où Mme DUFEU n'a pas déjà escompté le premier effet. Dans le cas contraire, le problème devient celui d'un renouvellement.*

4.2 Renouvellement d'effet à l'échéance

Mme DUFEU ayant déjà escompté l'effet, elle propose à M. LEO l'arrangement suivant :

- elle réglera elle-même le premier effet lors de l'échéance,
- M. LEO acceptera un nouvel effet à échéance du 15/9.

Quel doit être le montant du nouvel effet, compte tenu de conditions bancaires identiques ?

Les positions sont figées par l'escompte jusqu'à l'échéance du 6/8, cette date constitue la date de référence. C'est à cette date que les deux effets doivent être équivalents pour Mme DUFEU.

Mme DUFEU a déjà payé des commissions fixes lors de l'escompte du premier effet, elle devra de nouveau en supporter lors de l'escompte du deuxième.

Schéma :

Unité de temps = jours

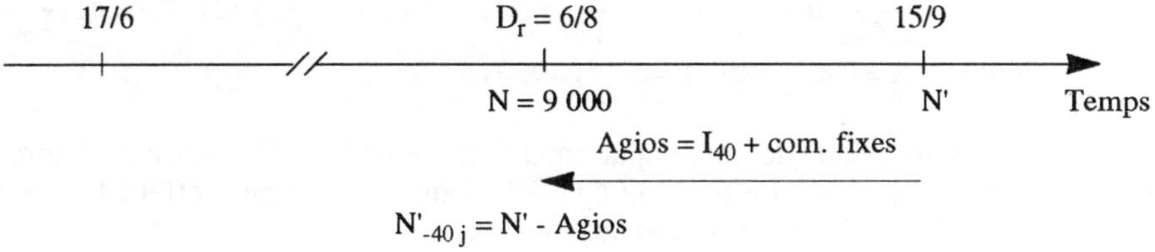

Avec $N'_{-40\,j} = N'(1 - 0{,}12 \times 40/360) - 20$

Soit $0{,}9866 \times N' - 20 = 9\,000$

D'où $N' = 9\,141{,}89$

4.3 Remplacement de plusieurs effets

Disposant de trois effets, N' = 1 000 F à échéance du 15/6, N" = 3 000 F à échéance du 15/7 et N"' = 2 000 F à échéance du 14/8, on souhaite les remplacer le 16/5 par un seul effet dans les deux cas suivants :

- montant nominal connu N = 6 000 F,
- échéance connue au 30/6.

Le taux étant de 12 % l'an (on ne tiendra pas compte des commissions fixes, mais l'option contraire serait tout à fait justifiable).

4.3.1 Montant nominal connu : recherche de l'échéance

La date de référence est le 16/5.

Unité de temps = jours t = 12 % l'an

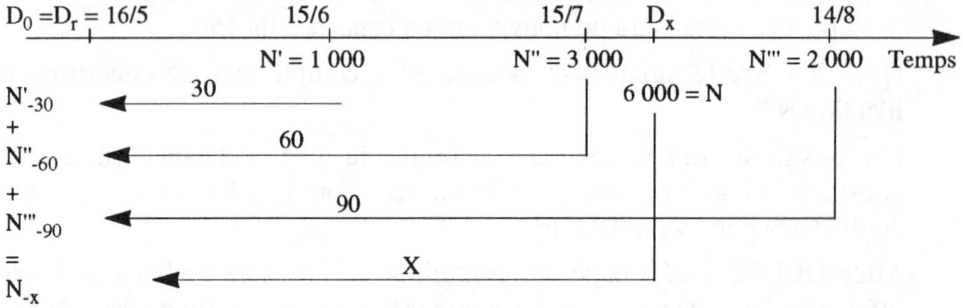

À la date de référence, il doit y avoir égalité entre la somme des valeurs actuelles des anciens effets et du nouveau, soit :

$$N_{-x} = N'_{-30} + N''_{-60} + N'''_{-90}$$

$$6\ 000(1 - \frac{X}{360} \times 0{,}12) = 1\ 000(1 - \frac{30}{360} \times 0{,}12) + 3\ 000(1 - \frac{60}{360} \times 12) + 2\ 000(1 - \frac{90}{360} \times 0{,}12)$$

$$6\ 000 - 2X = 990 + 2940 + 1940 \quad \text{d'où } X = 65$$

L'échéance de l'effet de remplacement sera donc D_0 + 65 jours c'est-à-dire le 20/7. Le nominal du nouvel effet étant égal à la somme des anciens effets, la date trouvée est appellée **échéance moyenne** des trois effets.

4.3.2 Échéance connue : recherche du nominal N

Unité de temps = jours t = 12 % l'an

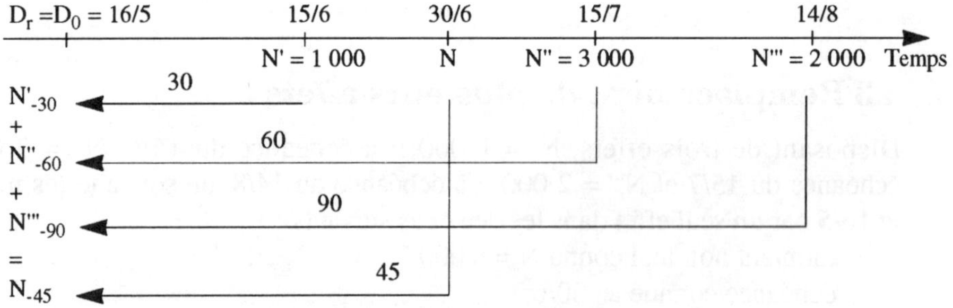

soit $N(1 - \frac{45}{360} \times 0{,}12) = 990 + 2\ 940 + 1\ 940$

$0{,}985N = 5\ 870 \quad \text{d'où } N \approx 5\ 959{,}39$

Le nominal du nouvel effet à échéance du 30/6 doit être de 5 959, 39 F.

Points clefs

- L'escompte est une opération de financement mais aussi d'encaissement de créance donnant lieu à des commissions :
  - forfaitaires, qui, globalement, correspondent au coût d'une remise à l'encaissement,
  - proportionnelles au temps et au montant de l'effet qui rémunèrent le prêt de l'argent.

- L'ensemble de ces commissions, nommées **agios**, est précompté lors de la mise à disposition de l'argent.

- Le système commercial de l'escompte conduit à afficher un taux inférieur au taux que l'on appliquerait de manière rationnelle pour trouver le même intérêt (appelé taux rationnel) :

$$t_{ra} = \frac{t_a}{1 - \frac{n t_a}{360}}$$

avec t_{ra} = taux rationnel
t_a = taux annoncé
n = durée de l'escompte

- Le taux de revient t_r de l'escompte calculé à partir de la comparaison avec l'encaissement de l'effet correspond pratiquement au taux rationnel. Seules de légères différences sur les commissions et les jours de valeur génèrent une petite différence.

- Le taux effectif global t_e qui découle de la prise en compte de l'ensemble du coût est d'autant plus important que la durée de l'escompte est faible.

- Les opérations de remplacement et de renouvellement d'effets se calculent sur la base de l'égalité entre les valeurs actuelles le jour où s'effectue l'opération d'échange.

1 Comparaison de conditions bancaires

L'entreprise DELTA dispose d'un effet de nominal N = 30 000 F à échéance du 20/10 et est titulaire de deux comptes bancaires dont les conditions d'escompte sont les suivantes :

	Banque A	Banque B
Commissions proportionnelles au temps	12 % l'an	13,5 % l'an
Commissions indépendantes du temps :		
- proportionnelles au montant de l'effet	0,75 %	0,5 %
- forfaitaires	50 F	75 F

Comparer les conditions bancaires et déterminer le taux effectif de l'opération si l'entreprise escompte l'effet aux dates suivantes :

a) Le 10/8.

b) Le 10/9.

c) Le 20/9.

2

Sachant que la valeur actuelle au 8/6 d'un effet est de 5 500,50 F, rechercher :

a) La valeur nominale N, si l'échéance est au 11/8 et le taux de 15 % l'an.

b) L'échéance dans le cas où la valeur nominale serait de 5 700 F et le taux de 18 % l'an.

c) Le taux pratiqué, sachant que l'effet est de nominal 5 800 F et d'échéance le 16/9.

3

On considère les deux effets suivants :

	A	B
Valeurs nominales	10 000	10 102,04
Échéances	10/8	9/9

a) Au taux de 12 % l'an, et en ne considérant que la partie des agios proportionnelle au temps, existe-t-il une date d'équivalence entre ces deux effets ?

b) Ces deux effets étant remplacés à cette date par un effet unique à échéance du 25/8, quel sera le montant N du nouvel effet ?

4

On détient en portefeuille les trois effets suivants :

	A	B	C
Valeurs nominales..........	5 000	6 000	4 000
Échéances..........	14/6	29/6	29/7

Ces trois effets sont remplacés le 15 mai par un effet unique équivalant au taux de 18 % l'an.

a) Cet effet étant à échéance du 14 juillet, quelle est sa valeur nominale ?

b) Cet effet étant de valeur nominale N = 15 000 F, quelle est son échéance (échéance moyenne des trois effets) ?

5

Remplacement – Renouvellement d'effets

L'entreprise FRANCE-TIROIR est en possession d'un effet de nominal N = 50 000 F à échéance du 15/5 sur son client EUROBURO.

Prévoyant des difficultés de paiement, le client demande le remplacement de l'effet le 12/4 par un nouveau à échéance du 15/6. FRANCE-TIROIR accepte sur la base de l'équivalence le jour de l'échange.

a) Déterminer le nominal N_1 du nouvel effet pour un taux de 1,5 % par mois.

Le 1/6, des problèmes persistants de trésorerie conduisent EUROBURO à solliciter de nouveau FRANCE-TIROIR pour un renouvellement à l'échéance au 15/7. Compte tenu de la qualité de son client, FRANCE-TIROIR accepte, mais devra escompter le nouvel effet à partir du 15/6.

Ses conditions bancaires étant les suivantes :

– taux proportionnel 1,5 % le mois,
– commissions indépendantes du temps 0,5 % du montant nominal, 75 F HT.

b) Déterminer le montant N_2 du nouvel effet.

c) Calculer le taux effectif t_e pour EUROBURO de l'ensemble des deux opérations.

6 Du mobilier valant 15 000 F est payable 3 000 F comptant et le solde en 12 traites mensuelles calculées à intérêts simples précomptés au taux de 18 % l'an.

a) Calculer le montant N de chaque traite.

b) Les six dernières traites sont remplacées au début du sixième mois par une traite unique de nominal A échéant à la fin du huitième mois. Quel est le montant de cette traite ?

7 L'entreprise TYROL SA possède sur son client DELCO une créance matérialisée par un effet accepté à échéance du 15/4 (montant 10 000 F). Le 10/3 le client DELCO informe la société TYROL qu'elle ne pourra faire face à son échéance et propose l'émission d'un effet de remplacement à échéance du 15/5. TYROL SA accepte sous les conditions suivantes :

– échange réalisé le 15/3,
– équivalence des deux effets à cette date, compte tenu d'un taux de 12 % l'an.

a) Déterminer le montant N de ce nouvel effet.

b) Déterminer le taux réel t_r de l'opération pour le client DELCO.

8 Au 1er janvier, le compte de M. FINO présente un découvert de 15 000 F et aucune rentrée ni sortie d'argent n'est prévisible dans les trois mois à venir. M. FINO pourrait néanmoins escompter un effet de commerce de 20 000 F à échéance du 1er avril.

Sachant que :

– la banque prélève en fin de mois un intérêt égal à 1 % du solde moyen du mois,
– la banque peut escompter l'effet sur la base d'un taux annuel de 12 % l'an.
– M. FINO peut bloquer le solde créditeur de son compte durant trois mois et obtenir un intérêt calculé sur la base d'un taux de 8 % l'an à intérêts simples.

a) Quelle est la solution la plus avantageuse pour M. FINO ?

b) Les autres taux restant inchangés, à partir de quel taux de rémunération du compte bloqué l'escompte est-il plus intéressant ?

c) La banque propose de rémunérer sur compte bloqué suivant le procédé des intérêts composés (ceux-ci étant capitalisés à la fin de chaque mois). A partir de quel taux est-ce intéressant ?

5

OPÉRATIONS FINANCIÈRES À COURT TERME

Compléments sur la gestion de trésorerie

1. Trésorerie non gérée

2. Gestion des soldes débiteurs
- 2.1 Outils
- 2.2 Conséquences sur la gestion des débits

3. Gestion des soldes créditeurs

4. Aides à la décision

5. Exemple corrigé
- 5.1 Trésorerie non gérée
- 5.2 Utilisation de l'escompte

La gestion de la trésorerie représente un double enjeu pour l'entreprise :
- elle est source d'économie,
- des difficultés en ce domaine peuvent déstabiliser des entreprises performantes par ailleurs.

Le domaine est marqué par l'apparition de nouveaux produits financiers à un rythme très rapide. En multipliant les possibilités du gestionnaire, ils accroissent la technicité de cette fonction. Aussi le but de ce chapitre ne peut que se limiter à présenter quelques principes de base à partir des produits financiers déjà étudiés.

1. Trésorerie non gérée

En l'absence de toute gestion, les comptes bancaires d'une entreprise se caractérisent le plus souvent par des variations de soldes importantes comme dans l'exemple schématique suivant :

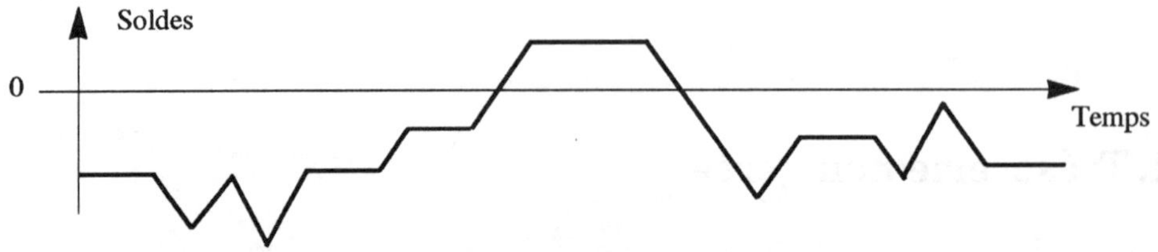

Une telle situation coûte doublement cher à l'entreprise :
- le découvert bancaire constitue le mode de financement le plus souple mais aussi le plus onéreux,
- les soldes créditeurs sont une ressource non rémunérée qui, de ce fait, représente un manque à gagner pour l'entreprise.

La gestion de trésorerie va tendre à ce que les soldes s'écartent le moins possible de 0. Pour ce faire, deux types d'actions sont à mettre en œuvre :
- essayer de faire coïncider dans le temps les entrées et les sorties d'argent,
- lisser la courbe autour du solde 0, en gommant les soldes débiteurs par le recours à des sources de financement moins onéreuses et en trouvant une utilisation aux excédents temporaires de trésorerie.

2. Gestion des soldes débiteurs

2.1 Outils

2.1.1 Découvert

◆ Avantage

C'est un outil très souple puisqu'il s'adapte quotidiennement aux besoins de l'entreprise.

◆ **Inconvénient**

C'est aussi un financement d'autant plus cher que le compte présente un solde ponctuellement très négatif (commission de plus fort découvert).

2.1.2 Escompte

◆ **Avantage**

Bien que restant onéreux, il est en principe moins cher que le découvert sous deux conditions : l'effet doit être d'un montant suffisamment important et à une échéance assez lointaine pour diluer les commissions fixes.

◆ **Inconvénient**

Il ne présente pas la même souplesse que le découvert puisque son montant est imposé par le nominal de l'effet et il oblige à emprunter jusqu'à l'échéance de l'effet. Même si l'entreprise dispose d'un portefeuille de plusieurs effets, il est rare qu'elle y trouve les possibilités de couvrir exactement ses besoins.

2.1.3 Emprunt

Il présente les mêmes caractéristiques que l'escompte mais de manière accentuée (sauf pour le montant). Ne se pratiquant qu'à long terme, il ne peut servir utilement à couvrir des besoins à court terme.

2.2 Conséquences sur la gestion des débits

En général, plus l'outil est souple, plus il est cher ; le choix d'un mode de financement sera donc fonction de la permanence du besoin. Par exemple :

- Besoins **permanents** : recours à l'**emprunt**, à la fois plus sûr et moins cher.

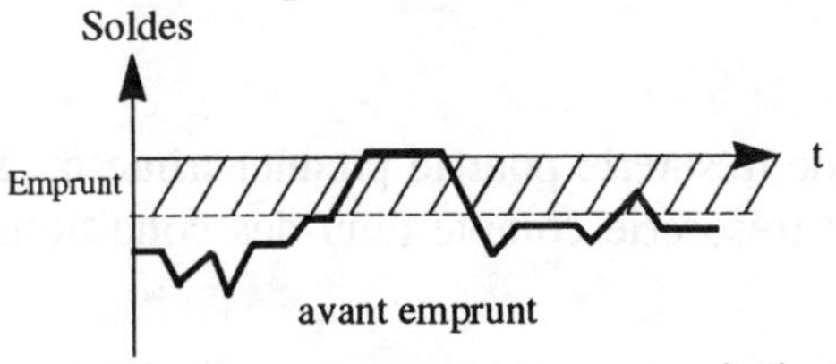

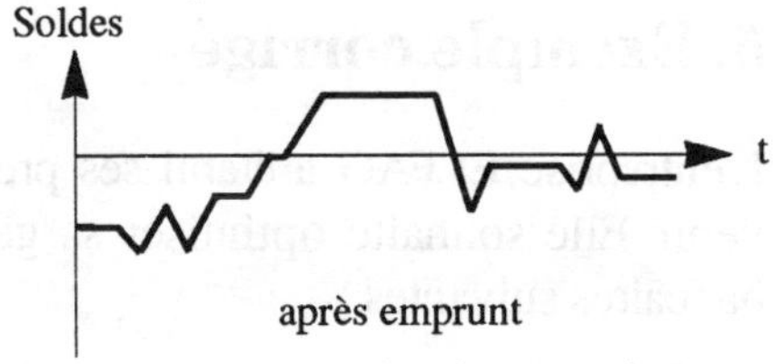

- Besoins **passagers** : recours à l'**escompte**, à condition que l'opération s'adapte correctement en montant et en temps aux besoins.

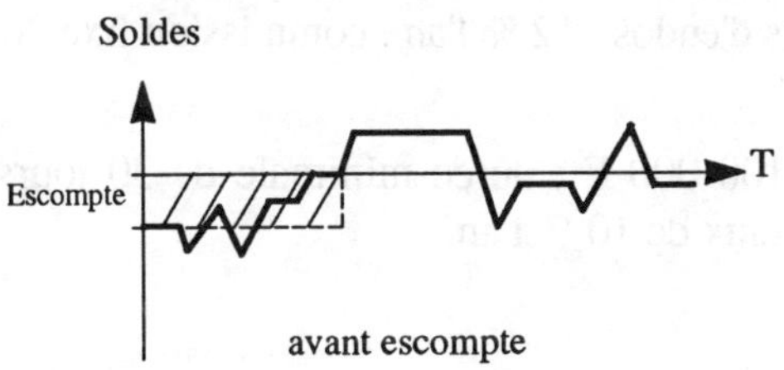

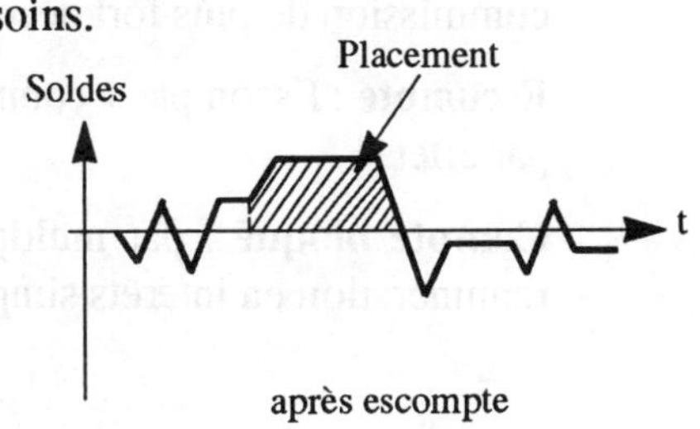

- Besoins **ponctuels** : recours au **découvert** pour les besoins ne pouvant pas être couverts de manière satisfaisante par les autres formes de financement.

3. Gestion des soldes créditeurs

Bien que ne générant pas de coût direct, les soldes créditeurs représentent une ressource improductive pour l'entreprise. Celle-ci doit alors rechercher un placement rémunérateur pour les utiliser (même au prix d'un découvert ponctuel).

Ce pourra, par exemple, être un placement en compte bloqué ou des règlements comptants aux fournisseurs contre escompte (qui s'apparente ici à une remise).

Le système financier a vu apparaître de nombreux produits en ce domaine permettant de placer ses excédents tout en disposant de la possibilité de les mobiliser (les récupérer) pratiquement instantanément (SICAV monétaires par exemple).

4. Aides à la décision

Si les principes apparaissent relativement simples, la mise en œuvre est beaucoup plus complexe. La diversité des produits et des situations rend impossible toute mise en équation générale. Comme toujours dans ce cas, le recours à des outils informatiques de simulation apparaît le moyen le plus adapté.

5. Exemple corrigé

L'entreprise ELFAG a établi ses prévisions de trésorerie pour le premier trimestre à venir. Elle souhaite optimiser sa gestion de trésorerie compte tenu des conditions bancaires suivantes :

- **Découvert bancaire** : Commissions proportionnelles au temps 15 % l'an ; commission de plus fort découvert : 0,05 %.
- **Escompte** : Escompte + commissions d'endos : 12 % l'an : commission fixe 20 F par effet.
- **Compte bloqué** : par multiple de 100 000 F ; durée minimale de 30 jours ; rémunération en intérêts simples au taux de 10 % l'an.

Les **prévisions de trésorerie** en milliers de F sont les suivantes :

Dates de valeurs	Opérations	Mouvements		Soldes	
		Débit	Crédit	Débit	Crédit
01/01	Solde			200	
03/01	Règlement	100		300	
15/01	Encaissement		200	100	
17/01	Échéance prêt	100		200	
27/01	Règlement	200		400	
30/01	Enc. effet n°1		300	100	
03/02	Règlement	100		200	
17/02	Échéance prêt	100		300	
27/02	Enc. effet n°2		300	-	-
04/03	Enc. effet n°3		200		200
17/03	Échéance prêt	100			100
18/03	Enc. effet n°4		100		200
27/03	Règlement	200		-	-

Tous les effets sont en portefeuille au 01/01. Par souci de simplification, on ne tiendra pas compte des jours de valeur.

5.1 Trésorerie non gérée

5.1.1 Schéma

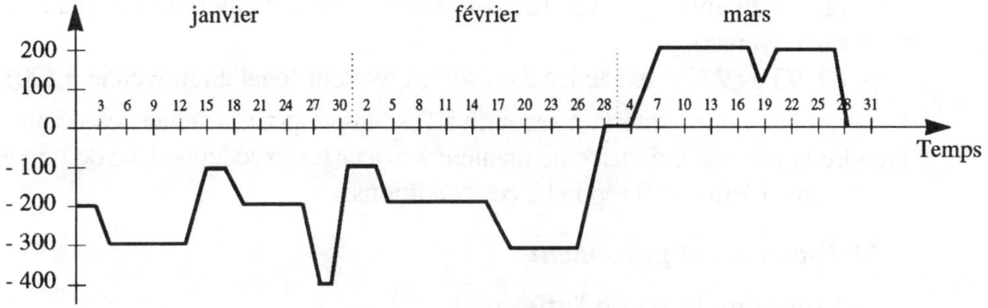

5.1.2 Calcul du coût

Périodes	Nb de jours	Soldes		F/jour
		débiteurs	créditeurs	
[1/1, 3/1[	2	200		400
[3/1, 15/1[	12	300		3 600
[15/1, 17/1[	2	100		200
[17/1, 27/1[	10	200		2 000
[27/1, 30/1[	3	400		1 200
[30/1, 3/2[	4	100		400
[3/2, 17/2[	14	200		2 800
[17/2, 27/2[	10	300		3 000
[27/2, 4/3[	5	0	0	
[4/3, 17/3[	13		200	
[17/3, 18/3[	1		100	
[18/3, 27/3[	9		200	
[27/3, 31/3]	5	0	0	
Totaux	90			13 600

Soit

Commissions proportionnelles au temps	$(13\,600 \times 0{,}15)/360 = 5{,}667$
Commission de plus fort découvert	$400 \times 0{,}0005 = 0{,}2$
Coût total du découvert	$5{,}667 + 0{,}2 = 5\,867$ F

5.2 Utilisation de l'escompte

5.2.1 Analyse

La trésorerie se caractérise par deux périodes successives :

- du 1/1 au 26/1 : permanence d'un solde débiteur (supérieur ou égal à 200 en moyenne),
- du 4/3 au 27/3 : existence d'un solde créditeur (égal en moyenne à 200).

L'entreprise a donc intérêt à recourir à l'escompte pour combler les débits et étendre la période créditrice de manière à placer les excédents dans de bonnes conditions. L'effet n° 3 répond à ces conditions.

5.2.2 Escompte et placement

◆ Escompte le 1/1 de l'effet n° 3

Le calcul du montant crédité (escompte) est le suivant :

Commissions proportionnelles	$200 \times 0{,}12 \times 62/360 = 4{,}133$
Commissions fixes	0,002 millier de F
Coût total	4,135
Montant crédité le 1/1	200 - 4,135 *soit* 195,865

◆ Coût du découvert

Le nouveau tableau est le suivant :

Dates	Opérations	Mouvements		Soldes	
		Débit	Crédit	Débit	Crédit
01/01	Solde + Escompte			4,135	
03/01	Règlement	100		104,135	
15/01	Encaissement		200		95,865
17/01	Échéance prêt	100		4,135	
27/01	Règlement	200		204,135	
30/01	Enc. effet n°1		300		95,865
03/02	Règlement	100		4,135	
17/02	Échéance prêt	100		104,235	
27/02	Enc. effet n°2		300		195,865
27/02	Blocage	200		4,135	
17/03	Échéance prêt	100		104,235	
18/03	Enc. effet n°4		100	4,135	
27/03	Règlement	200		204,135	
27/03	Déblocage		200	4,135	

Le calcul du coût devient :

Périodes	Nb de jours	Soldes		F/jour
		débiteurs	créditeurs	
[1/1, 3/1[	2	4,135		8,270
[3/1, 15/1[	12	104,135		1 249,620
[15/1, 17/1[	2		95,865	
[17/1, 27/1[	10	4,135		41,135
[27/1, 30/1[	3	204,135		612,405
[30/1, 3/2[	4		95,865	
[3/2, 17/2[	14	4,135		57,890
[17/2, 27/2[	10	104,135		1 041,350
[27/2, 17/3[	18	4,135		74,430
[17/3, 18/3[	1	104,135		104,135
[18/3, 31/3]	14	4,135		57,890
Totaux	90			3 247,125

Soit

Commissions proportionnelles (3 247,125 × 0,15)/360 = 1,353

Commissions de plus fort découvert 204,135 × 0,0005 = 0,102

Produits financiers 200 × 0,1 × 30/360 = 1,667

Coût total :

Escompte	+ 4 135 F
Découvert	+ 1 455 F
Produits financiers	- 1 667 F
Total	3 923 F *au lieu de* 5 867 F

La gestion de la trésorerie permettrait dans ces conditions de gagner 1 944 F.

Schéma de la trésorerie :

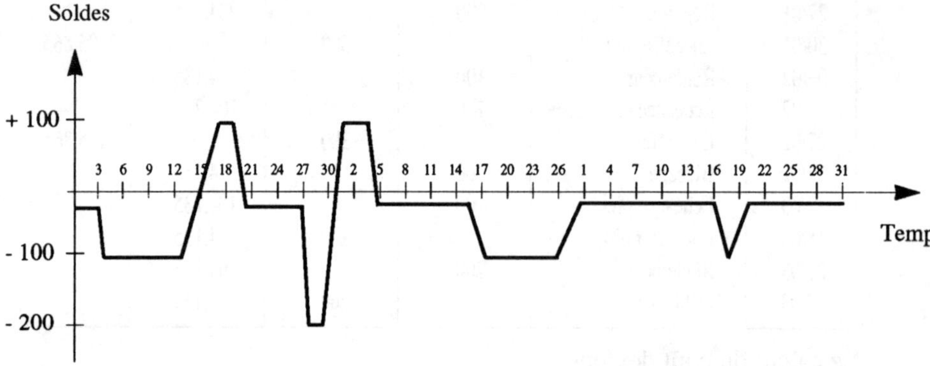

1 Toujours préoccupé par les coûts des financements, M. DUBOIS vous communique le bordereau de décompte d'agios que lui a envoyé sa banque. Les intérêts sont précomptés (1 an = 360 jours).

BORDEREAU DE DÉCOMPTE D'APPOINTS REMIS A L'ESCOMPTE

N°	Lieu de paiement	Montant	Échéance	Commission	Jours	Intérêts et Endos
10562	République BNP	3 641,71	10-10-19..	21,50	29	36,23
10563	Pasteur SG	4 988,64	10-10-19..	21,50	29	49,63
10564	St Jean CA	5 190,67	10-10-19..	21,50	29	51,64
10565	Gambetta BP	2 096,78	10-10-19..	21,50	29	20,86
10566	St Pierre BP	13 865,25	10-10-19..	21,50	29	137,94
10567	Terrasses BNP	25 877,73	10-11-19..	21,50	60	532,65
10568	Arcas SG	11 901,86	10-11-19..	21,50	60	244,98
10569	Fondaud CA	2 110,45	10-11-19..	21,50	60	43,44

Montant brut sous réserve d'encaissement	Total commissions	TVA sur commission	Total intérêts et endos	Valeur au	Montant au débit de votre compte
69 673,09	172,00	31,99	1 117,37	13-09-19..	1 321,36

a) Calculer le nombre de jours de banque appliqué par la banque en précisant à M. DUBOIS ce que sont les jours de banque.

b) Calculer le taux d'escompte (commission d'endos comprise) appliqué par la banque.

c) Calculer le taux réel du crédit obtenu par l'escompte de l'effet n° 10562, sachant que la date de valeur d'un effet remis à l'encaissement est la date d'échéance plus 4 jours calendaires.

Par ailleurs, les prévisions de trésorerie au jour le jour faisaient apparaître les soldes suivants pour le compte banque :

Dates	Solde banque avant toute opération d'escompte
Du 1-9 au 12-9	Solde voisin de 0
Du 13-9 (inclus) au 10-10 (inclus)	- 68 000
Du 11-10 (inclus) au 16-10 (inclus)	- 40 000
Du 17-10 et au delà	Solde positif

d) M. DUBOIS vous demande de lui indiquer s'il n'aurait pas été préférable de laisser le compte à découvert, sachant que cela était possible aux conditions suivantes :

– taux d'intérêts débiteurs : 13,25 % ;

– commission du plus fort découvert : 0,05 %.

e) Déterminer quel aurait été le coût réel du découvert.

(D'après DECF 91)

2 Cas de synthèse

Le compte bancaire prévisionnel du premier trimestre de l'entreprise DELTA se présente ainsi :

Date de valeur	Date d'opération	Opérations	Mouvements		Soldes	
			Débit	Crédit	Débiteur	Créditeur
1/1		Solde initial			100 000	
4/2	31/1	Encaissement effet 1 DUBOIS		20 000	80 000	
19/2	15/2	Encaissement effet 2 DUBOIS		30 000	50 000	
4/3	28/2	Encaissement effet 3 DUBOIS		60 000		10 000
31/3		Solde final				10 000

Les conditions bancaires sont les suivantes :

– *Escompte (crédit le jour même de la remise) :*
- commissions proportionnelles au temps : 12 % l'an.
- commissions fixes : 20 F HT (l'entreprise récupère la TVA).

– *Découvert :*
- taux d'intérêt débiteur : 15 % l'an.
- commissions de plus fort découvert : 1 ‰ (l'ensemble est débité à la fin du mois).

L'entreprise escompte les effets 2 et 3.

a) Calculer le montant crédité le 1/1.

b) A partir des soldes recalculés après escompte, déterminer le coût du découvert et le solde final.

c) Déterminer le taux effectif du financement en rapport avec le coût total des besoins initiaux de financement.

L'entreprise DELTA se met d'accord avec son client DUBOIS pour remplacer le 1/1 les trois effets par un seul à échéance du 15/2 (l'équivalence étant calculée sur les seules commissions proportionnelles au temps).

d) Calculer le montant de cet effet.

e) Déterminer le montant crédité le 1/1 si l'on escompte cet effet à cette date et le solde au 31/3.

f) Calculer le taux effectif global de l'opération d'escompte (sans prendre en compte les jours de valeur sur encaissement).

L'entreprise ne recourt pas à l'escompte.

g) Calculer le solde au 31/3.

h) Quelle est la meilleure solution ?

3 Cas de synthèse

L'entreprise SIGNE-FURAX présente de manière chronique une trésorerie négative qui l'oblige à recourir massivement au financement par découvert. 80 % de son chiffre d'affaires est réalisé avec de très grosses sociétés qui imposent leur forme de règlement, mais l'entreprise pourrait proposer aux autres les deux modes de règlements suivants :

- *Règlement à 60 jours par chèque* : Dans ce cas l'expérience montre que, compte tenu des retards pris par les clients, les chèques sont remis à la banque 15 jours après la date normale de règlement en moyenne.
- *Règlement par effet à 60 jours* : La traite, émise en même temps que la facture, peut être remise à l'escompte immédiatement.

a) Déterminer l'intérêt de l'entreprise sachant que les factures sont en moyenne de 5 000 F et que les conditions bancaires sont les suivantes :
- **Encaissement des chèques : 3 jours de banque en moyenne.**
- **Encaissement d'effets : 5 jours de banque, frais d'encaissements 18 F HT.**
- **Escompte : crédit 1 jour après la remise, commission proportionnelle : 10 % l'an, commissions fixes : 25 F.**
- **Découvert : commissions proportionnelles au temps 12 %, commission de plus fort découvert : 1 ‰ du plus fort découvert du trimestre.**

b) Jusqu'à combien d'escompte pourrait-on proposer aux clients pour règlement comptant, sachant que dans ce cas, l'argent est encaissé en moyenne 10 jours après la facturation ?

4 Cas de synthèse

Le compte prévisionnel de l'entreprise MICRA se présente ainsi avant toute décision de financement :

Date d'opération	Date de valeur	Opérations	Mouvements		Soldes	
			Débit	Crédit	Débiteur	Créditeur
	1/1	Solde initial				10 000
3/1	2/1	Virement salaires	100 000		90 000	
20/1	22/1	Encaissement chèques		50 000	40 000	
3/2	2/2	Virement salaires	100 000		140 000	
16/2	15/2	Règlement effet 1	20 000		160 000	
3/3	2/3	Virement salaires	100 000		260 000	
5/3	7/3	Encaissement chèques		150 000	110 000	
15/3	20/3	Encaissement effet A		100 000	10 000	
27/3	26/3	Règlement effet 2	50 000		60 000	
		Solde final provisoire (avant frais de découvert)			60 000	

L'effet A est de nominal 100 020 F.

Les conditions bancaires sont les suivantes :

- *Découvert :* intérêts décomptés en fin de trimestre au taux de 15 % l'an, commission sur le plus fort découvert du trimestre 1 ‰.
- *Escompte :* intérêts proportionnels (y compris l'endos) de 12 % l'an, frais fixes 20 F HT, crédit le lendemain de la remise.
- *Encaissement :* frais fixes 20 F HT, crédit 5 jours après la date d'échéance.

L'entreprise n'escompte pas l'effet A.

a) Calculer le solde du compte après prise en compte du découvert.

b) Quel est le coût réel du découvert en taux annuel ?

L'entreprise remet l'effet A à l'escompte le 1/1.

c) Calculer le montant qui sera crédité.

d) Déterminer le taux effectif global de l'opération d'escompte.

e) Déterminer le taux de revient réel par comparaison à l'encaissement

f) L'opération d'escompte est-elle intéressante ?

6

OPÉRATIONS FINANCIÈRES À LONG TERME

Intérêts composés : Approfondissements

1. Modalités d'utilisation
1.1 Rappel du procédé
1.2 Modalités pratiques

2. Équivalence à intérêts composés
2.1 Calcul d'une valeur acquise
2.2 Conséquence sur la relation d'équivalence
2.3 Problèmes pratiques d'équivalence

3. Taux équivalents et taux proportionnels
3.1 Taux équivalents
3.2 Comparaison avec les taux proportionnels
3.3 Recherche d'un taux

1. Modalités d'utilisation

1.1 Rappel du procédé

Comme cela a été décrit au chapitre 2, les intérêts sont capitalisés à la fin de chaque période, la périodicité étant définie par le taux. Cela induit que les intérêts d'une période sont proportionnels à la valeur acquise au début de cette période, c'est-à-dire à la valeur d'origine augmentée des intérêts des périodes précédentes.

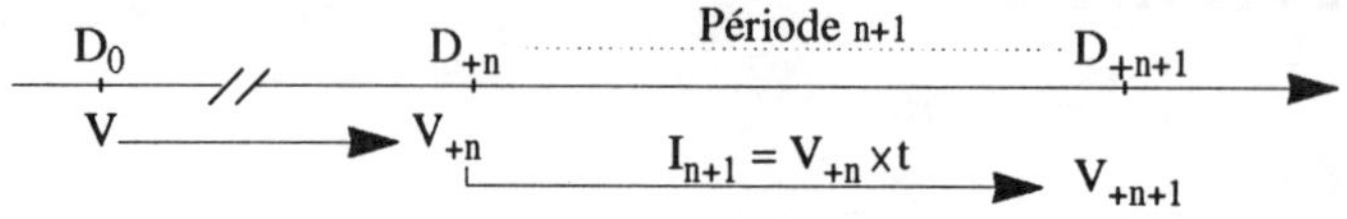

Les valeurs acquises successives sont alors en progression géométrique de raison 1 + t.

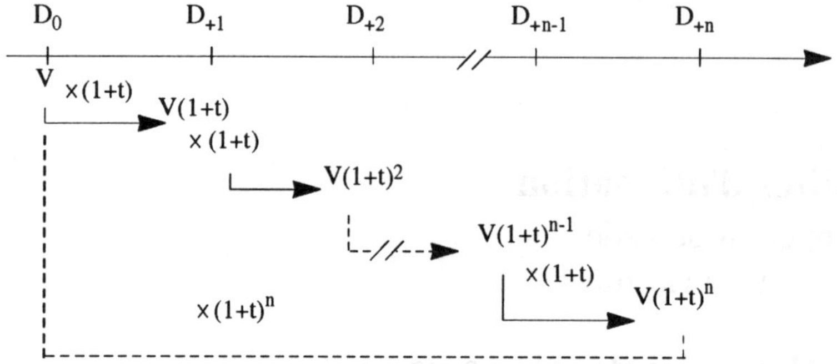

Ce qui correspond aux schémas suivants :

Intérêts composés

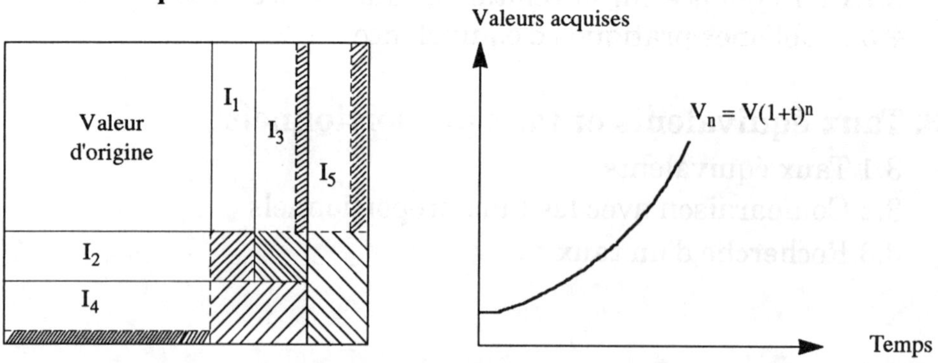

I_i est l'intérêt de la période *i*. Les parties hachurées correspondent à la différence avec les intérêts simples (intérêts des intérêts). On peut les comparer avec les intérêts simples où les intérêts des différentes périodes sont constants et où les valeurs acquises successives sont en progression arithmétique.

Intérêts simples

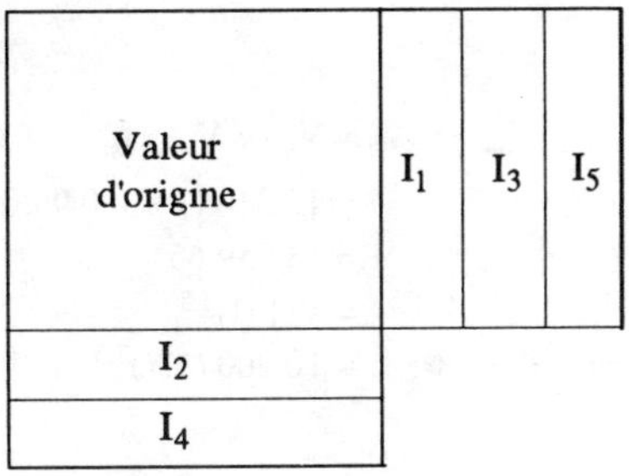

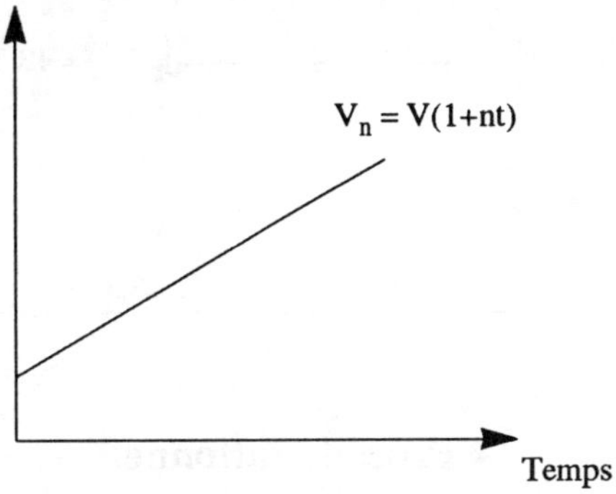

1.2 Modalités pratiques

1.2.1 Décompte du temps à long terme

À long terme, le temps est généralement décompté sur la base de l'année civile de 365 jours.

1.2.2 Périodes inférieures à une unité de temps

Exemple :

Une somme V = 10 000 F est placée le 1/1/n à intérêts composés au taux de 10% l'an. Quelle sera sa valeur acquise le 1/7/n+3 ?

Unité de temps = an

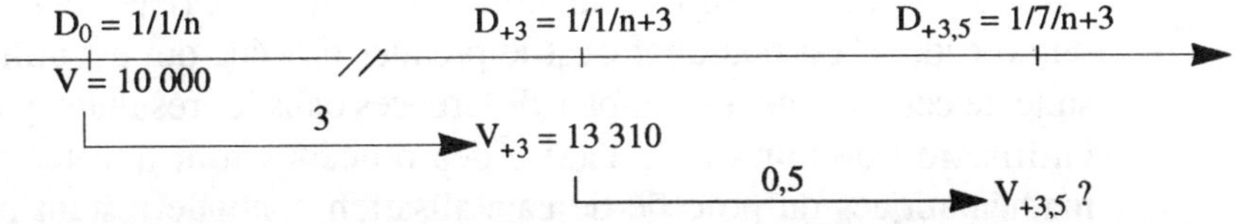

La détermination de la valeur acquise au 1/1/n+3 ne pose aucun problème particulier, mais les intérêts du premier semestre n+3 pourront être calculés de deux manières à partir de cette valeur V_{+3}.

◆ Procédé commercial

On doit continuer à appliquer le procédé des intérêts composés, ce qui revient à appliquer la formule générale :

$$V_{+n} = V(1+t)^n \qquad \text{que } n \text{ soit entier ou non}$$

c'est-à-dire à calculer les intérêts du premier semestre en appliquant le taux semestriel équivalent t_{se} au taux annuel de 10% (t_{se} = 4,88088%)*.

* Le calcul des taux équivalents sera vu en page 89.

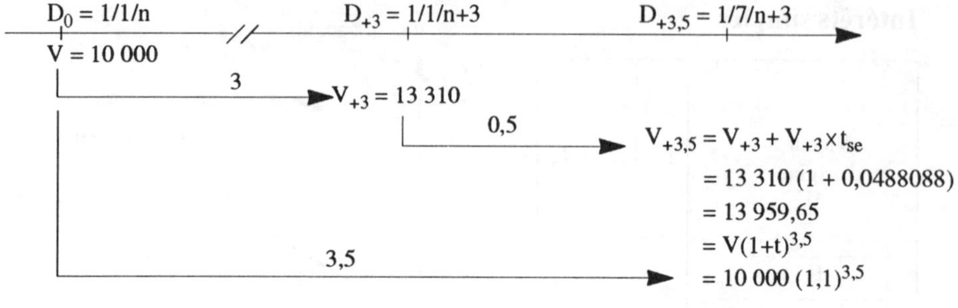

◆ Procédé rationnel

On applique le procédé des intérêts simples sur la dernière période, ce qui revient à calculer les intérêts de cette période sur la base du taux semestriel proportionnel $t_{sp} = 5\%$.

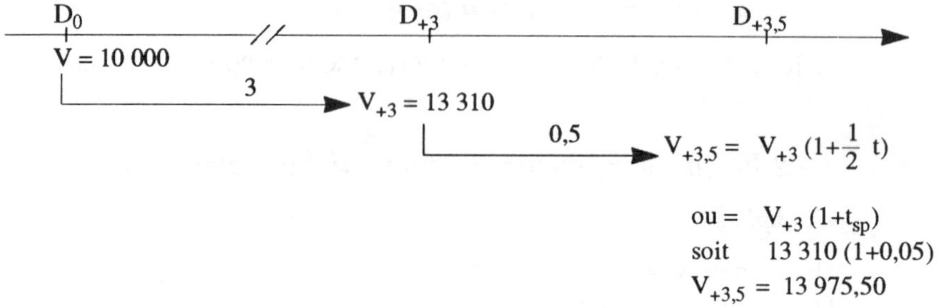

Ce procédé qui favorise le prêteur (ce qui peut expliquer son utilisation dans la pratique) a l'inconvénient d'annuler les propriétés mathématiques du procédé. C'est pourquoi c'est le premier procédé qui est utilisé dans la suite de cet ouvrage. Les faibles différences dans les résultats que génèrent l'utilisation de l'un ou de l'autre des procédés font que les propriétés mathématiques du procédé de capitalisation continue restent pertinentes pour l'autre procédé.

1.2.3 Escompte sur longue durée

Bien que moins fréquente qu'à court terme, l'opération d'escompte se pratique aussi à long terme mais sur des bases plus proches de la rationalité puisque le montant mis à la disposition de l'emprunteur est égal à la valeur actuelle de l'effet (à intérêts composés).

Exemple :

Le 1/1/n un effet de nominal N = 20 000 F à échéance du 11/1/ n+2 est escompté au taux de 12% l'an.

Unité de temps = an

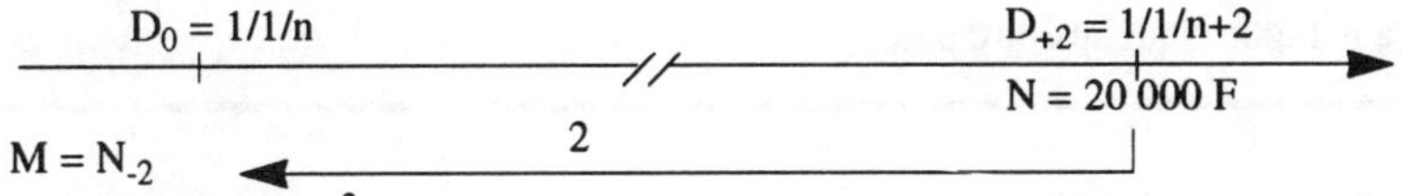

$M = 20\,000\,(1{,}12)^{-2}$

$\mathbf{M = 15\,943{,}88}$

Ce qui revient bien à calculer l'intérêt sur la somme M et non sur N comme l'indique le schéma suivant :

Unité de temps = an

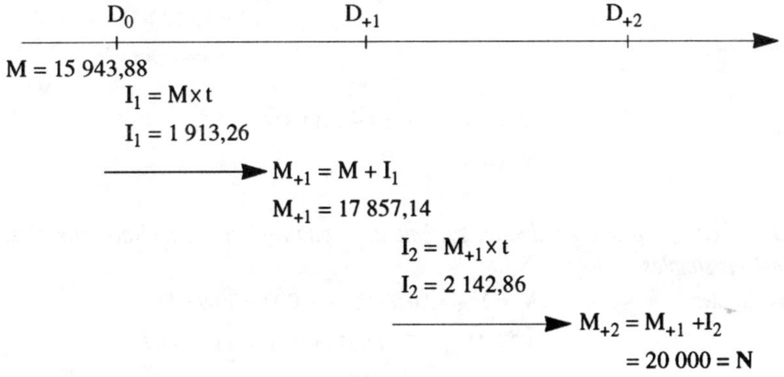

2. Équivalence à intérêts composés

2.1 Calcul d'une valeur acquise

Soit un couple quelconque (V, D), sa valeur acquise ou actuelle $V'=V_{+n}$ en D_{+n} est égale à $V(1+t)^n$ (*n* positif ou négatif).

Plaçons-nous à une date D_m quelconque telle que m = n+n', la valeur de V à cette date sera :

$$V_{+m} = V(1+t)^m$$

soit $$V(1+t)^{n+n'} = V(1+t)^n\,(1+t)^{n'}$$

$V(1+t)^n$ étant égal à $V'=V_{+n}$

on a : $$V_{+m} = V' \times (1+t)^{n'} = V'_{+n'}$$

Schéma pour n et n' positif :

Unité de temps =celle du taux

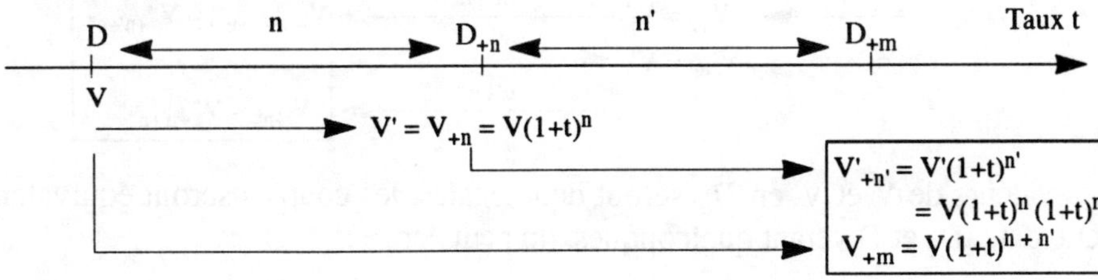

> À intérêts composés, la valeur d'une somme à une date peut être calculée à partir de sa valeur à n'importe quelle autre date.

Exemple :

Unité de temps = an

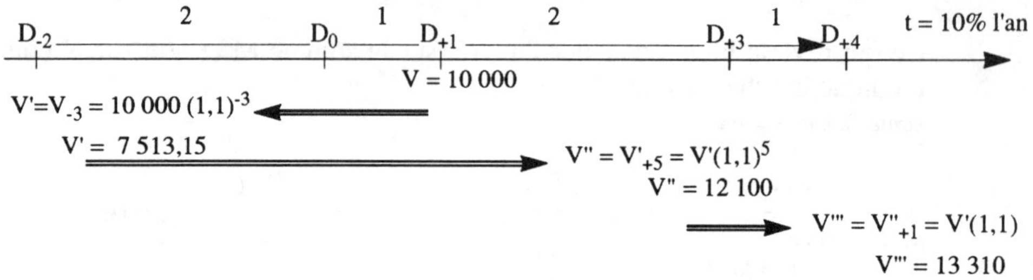

Or en D_{+4} $\quad V_{+3} = 10\,000\,(1{,}1)^3 = 13\,310$

$V_{+3} = V'''$

***Remarque** : Cette propriété est due au système de capitalisation des intérêts, elle n'est donc pas vraie à intérêts simples.*

À intérêts simples : $\quad V' = V_{-3} = 10\,000/(1 + 3\text{x}0{,}1) \approx 7\,692{,}31$

$V'' = V'_{+5} = 7\,692{,}31\,(1+0{,}5) \approx 11\,538{,}47$

$V''' = V''_{+1} = 11\,538{,}47\,(1{,}1) \approx 12\,692{,}32$

Or $\quad V_{+3} = 10\,000\,(1+3\text{x}0{,}1) = 13\,000$

$V_{+3} \neq V'''$

2.2 Conséquence sur la relation d'équivalence

Soit deux couples (V, D_{+i}) et (V', D_{+j}) équivalents en D_e, leurs valeurs acquises et actuelles à cette date seront toutes deux égales à une valeur V". Si l'on se place à une autre date $D_{e'}$ on pourra calculer les valeurs acquises et actuelles de V et V' à partir de V".

Unité de temps =celle du taux

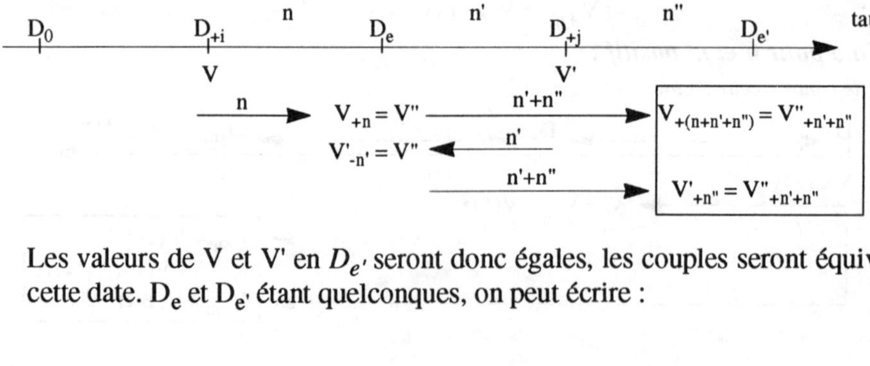

Les valeurs de V et V' en $D_{e'}$ seront donc égales, les couples seront équivalents à cette date. D_e et $D_{e'}$ étant quelconques, on peut écrire :

> À intérêts composés, si deux couples sont équivalents à une date, ils le sont à n'importe quelle autre.

***Remarque :** De même, si deux couples ne sont pas équivalents à une date, ils ne le seront à aucune autre.*

La propriété initiale et celle qui en découle offrent une très grande souplesse dans la résolution des problèmes à intérêts composés.

2.3 Problèmes pratiques d'équivalence

Ces problèmes ont généralement pour thème le remplacement de capitaux.

Le 3/2/n un créancier et son débiteur se mettent d'accord pour remplacer les trois versements suivants 10 000 F le 1/1/n+1, 14 000 F le 1/1/n+2, 19 000 F le 1/1/n+3 selon trois possibilités :

a) par un versement unique, le 1/1/n+2 de montant M équivalent, au taux de 12% l'an,

b) par trois versements de montants égaux, aux dates initialement prévues (taux 12% l'an),

c) par un versement de 43 000 F équivalent à la date D que l'on déterminera (taux 12% l'an).

2.3.1 Recherche d'un versement unique - Question a

Théoriquement l'accord étant conclu le 3/2/n, cette date constitue la date de référence. Pratiquement l'équivalence entre les deux formes de règlement peut être établie à n'importe quelle date puisqu'elle restera vraie en D_r = 3/2/n. Il est alors plus judicieux de choisir une date aboutissant à des calculs plus simples (le 1/1/n+2 par exemple).

Unité de temps =an

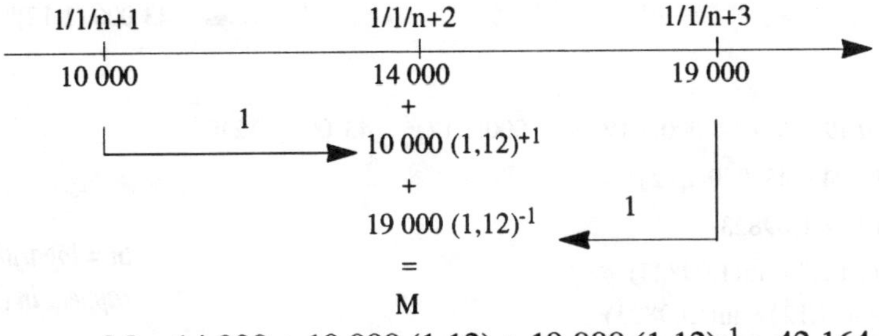

$$M = 14\,000 + 10\,000\,(1{,}12) + 19\,000\,(1{,}12)^{-1} \approx 42\,164{,}29 \text{ F}$$

2.3.2 Recherche de plusieurs versements équivalents - Question b

On aura dans ce cas intérêt à établir l'équivalence le 1/1/n+3.

Unité de temps : an

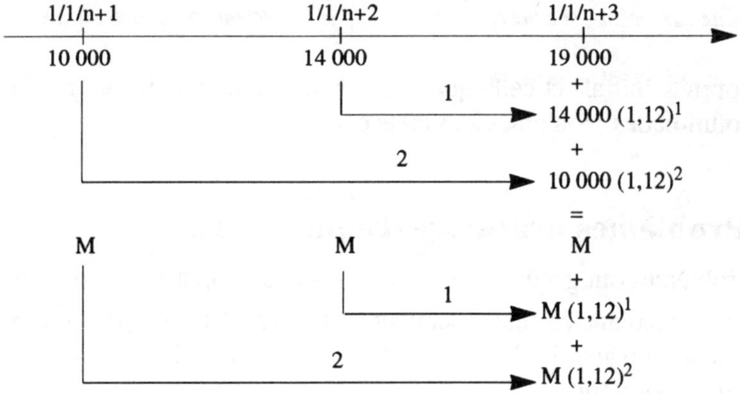

Soit

$$M + 1{,}12\ M + (1{,}12)^2\ M = 19\ 000 + 14\ 000 \times 1{,}12 + 10\ 000\ (1{,}12)^2$$

$$3{,}3744\ M = 47\ 224 \qquad \text{soit } M \approx 13\ 994{,}78\ F$$

2.3.3 Recherche d'une date - Question c

Au 1/1/n+3 par exemple, on aura :

Unité de temps = an

Soit $19\ 000 + 14\ 000(1{,}12) + 10\ 000(1{,}12)^2 = 43\ 000(1{,}12)^n$

$47\ 224 = 43\ 000(1{,}12)^n$

$1{,}12^n \approx 1{,}09823$

$\ln(1{,}12)^n \approx \ln(1{,}09823)$

$n \times \ln(1{,}12) \approx \ln(1{,}09823)$

$n \approx \dfrac{\ln(1{,}09823)}{\ln(1{,}12)} \approx \dfrac{0{,}093702}{0{,}1113} \approx 0{,}8268$ année soit ≈ 302 jours

ln = logarithmes népériens
rappel : $\ln(x^y) = y\ln(x)$

On a donc D ≈ 1/1/n-3 - 302 jours ≈ 4/3/n+2

***Remarque** : On aurait pu utiliser les logarithmes décimaux au lieu des logarithmes népériens.*

3. Taux équivalents et taux proportionnels

3.1 Taux équivalents

Rappel : Deux taux sont équivalents si, sur la même année, ils confèrent la même valeur acquise à 1 F.

Exemple :
Recherche du taux mensuel t_m équivalent au taux annuel $t_a = 18\%$.
Valeur acquise de 1F au bout de 1 an :

taux annuel (durée **1** an) : $1 \times (1+t_a) = 1{,}18$ F
taux mensuel (durée **12** mois) : $1 \times (1+t_m)^{12}$

soit $1 + t_a = (1 + t_m)^{12}$ ou $(1 + t_m)^{12} = 1{,}18$
$t_m = (1+t_a)^{1/12} - 1$ ou $t_m = 1{,}18^{1/12} - 1$

pour un taux annuel $t_a = 18\%$ $t_m \approx 1{,}39\ \%$

> Un taux t_2 sera équivalent à un taux t_1, si, et seulement si,
> $$t_2 = (1+t_1)^r - 1$$
> avec r = rapport des durées t_2/t_1

Pour l'exemple 1 mois = 1/12 d'année.

Application :
Recherche de taux équivalent au taux annuel de 12% l'an.

Périodicité	Semestrielle	Trimestrielle	Mensuelle
R = rapport des durée Taux équivalents à 12 % l'an	1/2 $(1{,}12)^{1/2} - 1$ $t_s \approx 5{,}83\%$	1/4 $(1{,}12)^{1/4} - 1$ $t_t \approx 2{,}87\%$	1/12 $(1{,}12)^{1/12} - 1$ $t_m \approx 0{,}95\%$
Vérification Valeur acquise de 1 F au bout d'un an 1,12 F	$(1+t_s)^2$ ≈ 1,12	$(1+t_t)^4$ ≈ 1,12	$(1+t_m)^{12}$ ≈ 1,12

3.2 Comparaison avec les taux proportionnels

Rappel : Deux taux sont proportionnels si leur rapport est égal à celui de leurs durées.

Exemple :

Périodicité	Semestrielle	Trimestrielle	Mensuelle
Rapport des durées	1/2	1/4	1/12
Taux proportionnels à 12% l'an	$\frac{1}{2}\times 12$ 6%	$\frac{1}{4}\times 12$ 3%	$\frac{1}{12}\times 12$ 1%

À intérêts composés, des taux proportionnels ne sont pas équivalents.

Pour un rapport de durée <1 (taux d'une périodicité plus courte) les taux équivalents sont inférieurs aux taux proportionnels (à intérêts composés). C'est l'inverse pour un rapport >1.

3.3 Recherche d'un taux

Une somme M = 30 000 F placée le 1/1/n acquiert une valeur de 37 407,95 F le 1/5/n+1. Déterminez le taux de rémunération : taux mensuel t_m, taux annuel t_a.

3.3.1 Calcul du taux mensuel t_m

On a donc pour t_m $\quad 30\,000\,(1+t_m)^{16} = 37\,407{,}95$

$$(1+t_m)^{16} = 1{,}24693173$$

Plusieurs résolutions de cette équation sont possibles.

Par les **puissances** :

$$(1+t_m)^{16} = 1{,}24693173 \Rightarrow 1+t_m = 1{,}24693173^{\,1/16} \approx 1{,}013888$$

soit $\quad \mathbf{t_m \approx 1{,}39\%}$

Par les **logarithmes népériens** :

$$(1+t_m)^{16} = 1{,}24693173 \Rightarrow 16\ln(1+t_m) = \ln(1{,}24693173)$$

$$\ln(1+t_m) \approx 0{,}220686/16 \approx 0{,}01379$$

$$(1+t_m) \approx e^{0{,}01379}$$

$$t_m \approx 1{,}0139 - 1 \approx \mathbf{1{,}39\%}$$

Par les **logarithmes décimaux** :

$$(1+t_m)^{16} = 1{,}24693173 \Rightarrow \log(1+t_m)^{16} = \log(1{,}24693173)$$

$$16 \times \log(1+t_m) \approx 0{,}09584$$

$$\log(1+t_m) \approx 0{,}00599$$

$$(1+t_m) \approx 10^{0{,}00599} \text{ soit } \mathbf{t_m \approx 1{,}39\%}$$

3.3.2 Calcul du taux annuel équivalent t_a

$$(1+t_a) = (1+t_m)^{12}$$

$$1+t_a \approx 1{,}1801\% \text{ soit } \mathbf{t_a \approx 18\ \%}$$

(alors que le taux annuel proportionnel à t_m est de $1{,}39 \times 12 = 16{,}7\%$).

Points clefs

- À intérêts composés, des couples (somme, date) équivalents à une date, le sont à n'importe quelle autre. L'équivalence entre couples peut donc être démontrée à n'importe quelle date.

- Deux taux t_2 et t_1 sont équivalents, si, et seulement si, : $t_2 = (1+t_1)^r - 1$

$$\text{avec } r = \frac{\text{durée } t_2}{\text{durée } t_1}$$

- Deux taux équivalents ne sont pas proportionnels.

1 Compléter le tableau suivant (à intérêts composés).

Sommes V	10 000	35 000	45 000
Taux annuels	10 %	12 %	
$V_{+2\ ans}$			52 488
$V_{-3\ ans}$			

2 Compléter le tableau.

en %

Taux annuel de base	Taux équivalents			Taux proportionnels		
	Semest.	Trimest.	Mens.	Semest.	Trimest.	Mens.
12	5,83			6		
10						
					4,5	

3 Compléter le tableau.

Sommes V	Taux Annuels	$V_{+1\ an\ 6\ mois}$		$V_{+2\ ans\ 3\ mois}$	
		Commerciale	Rationnelle	Commerciale	Rationnelle
10 000	12 %				
15 000		17 305,35			
	8 %				41 640,48

4 L'entreprise NAVISUD dispose de plusieurs effets qu'elle pourrait escompter au taux de 10 % l'an :

Nominal	Échéance
N1 = 1 000 000 F	1/1/n+2
N2 = 2 000 000 F	1/1/n+3
N3 = 1 500 000 F	1/1/n+4

a) Déterminer l'échéance moyenne de ces trois effets.

b) Déterminer leur valeur nette en cas d'escompte le 1/1/n.

c) Sachant que ces effets sont négociés 3 500 000 F, à quelle date ont-ils été escomptés ?

d) En fait, l'entreprise NAVISUD a escompté, pour 3 500 000 F, ces effets le 1/7/n sur la base d'un taux plus faible. Déterminer ce taux.

5 La valeur acquise au bout de 16 mois d'un capital de 10 000 F est de 11 227 F si l'on utilise le procédé rationnel.

a) Quel est le taux annuel ?

b) Quelle aurait été la valeur acquise par le procédé commercial ?

6 La valeur acquise d'un capital au bout de 15 mois aux taux de 7 % l'an est de 17 353,24 F par le procédé commercial.

a) Quel est le montant V de ce capital ?

b) Quelle serait la valeur acquise par le procédé rationnel ?

7 Une somme V de 60 000 F est placée pendant 39 mois au taux de 6 % l'an à intérêts composés.

a) Calculer sa valeur acquise par le procédé rationnel.

b) Quelle somme aurait-on dû placer si les intérêts avaient été capitalisés tous les trimestres au taux de 1,5 % par trimestre ?

8 L'entreprise DEFI dispose de deux effets : N_1 de 200 000 F à échéance du 2/7/n+1, N_2 de 400 000 F à échéance du 2/7/n+2.

a) Si l'on remplace ces deux effets par un effet de nominal 600 000 F équivalent au taux de 10 % l'an, quelle doit être son échéance (échéance moyenne) ?

b) Si l'on remplace ces deux effets par un effet unique à échéance du 1/1/n+2, quel doit être son montant pour qu'il soit équivalent à 8 % l'an ?

c) Si ces deux effets sont remplacés par deux autres effets de nominal égal à 295 000 F et de même échéance (2/7/n+1 et 2/7/n+2), quel est le taux d'équivalence ? (On considère que le 2/7 est le milieu d'année.)

7

OPÉRATIONS FINANCIÈRES À LONG TERME

Annuités à intérêts composés

1. Notion d'annuités
1.1 Définition
1.2 Utilisation
1.3 Éléments constitutifs d'une suite d'annuités

2. Valeurs acquise et actuelle d'une suite d'annuités
2.1 Annuités quelconques
2.2 Annuités constantes
2.3 Annuités variant suivant une loi

3. Problèmes pratiques sur les annuités
3.1 Calcul de l'annuité
3.2 Calcul du taux

1. Notion d'annuités

1.1 Définition

> On appelle annuités des versements ou encaissements réalisés à périodicité constante.

Remarque : *Bien que l'on puisse aussi utiliser les termes de semestrialités ou mensualités, celui d'annuité peut être employé quelle que soit la périodicité.*

1.2 Utilisation

Les annuités peuvent servir à constituer un capital ou à rembourser progressivement une dette. On notera *ai* l'annuité correspondant à la ième période.

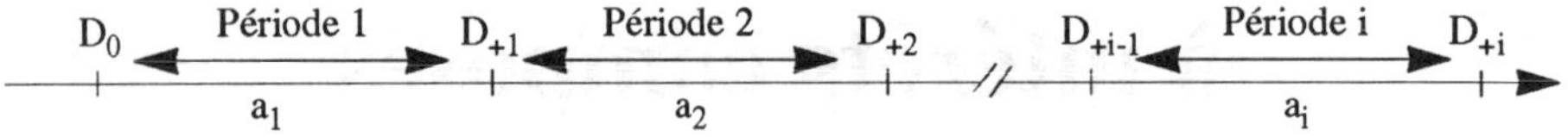

1.3 Éléments constitutifs d'une suite d'annuités

Une suite d'annuités est parfaitement définie par : le nombre d'annuités, le montant de chaque annuité, la périodicité, la date de versement de la première annuité.

On distingue ainsi :

1. Les annuités versées en **début de période**, ce qui correspondra pour *n* annuités au schéma suivant :

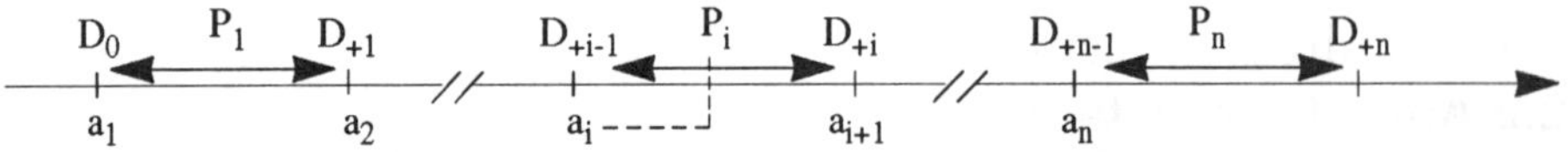

L'annuité de la période P_i est alors versée en D_{+i-1}, les versements s'échelonnent de D_0 à D_{+n-1}. Ils servent en général à **constituer un capital**.

2. Les annuités versées en **fin de période**, ce qui correspondra au schéma suivant :

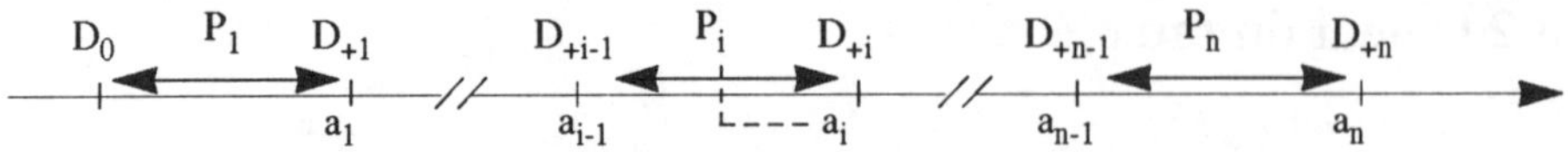

L'annuité de la période *Pi* est alors versée en D_{+i}, les versements s'échelonnent de D_{+1} à D_{+n}. Ils servent en général à **rembourser une dette**.

Remarque : *Le laps de temps séparant la fin d'une période du début de la suivante étant infiniment petit, on peut considérer toute suite d'annuités de fin de période comme une suite d'annuités de début de période commençant à la période 2.*

2. Valeurs acquise et actuelle d'une suite d'annuités

2.1 Annuités quelconques

La valeur acquise (ou actuelle) d'une suite d'annuités A à une date *d* est égale à la somme des valeurs acquises ou actuelles des annuités à cette date. On la notera : A_d.

Pour la calculer on procède en deux étapes :

- calcul des valeurs acquises (ou actuelles) de chacune des annuités à cette date,
- sommation de ces valeurs.

Exemple :

À partir du 1/1/n un épargnant verse au début de chaque année sur un compte rémunéré à intérêts composés au taux de 12% l'an, les sommes suivantes :

1/1/n : 10 000 F = a_1
1/1/n+1 : 15 000 F = a_2
1/1/n+2 : 20 000 F = a_3
1/1/n+3 : 25 000 F = a_4

Quelle sera la valeur acquise par son épargne le 1/7/n+3 ?

Unité de temps = an

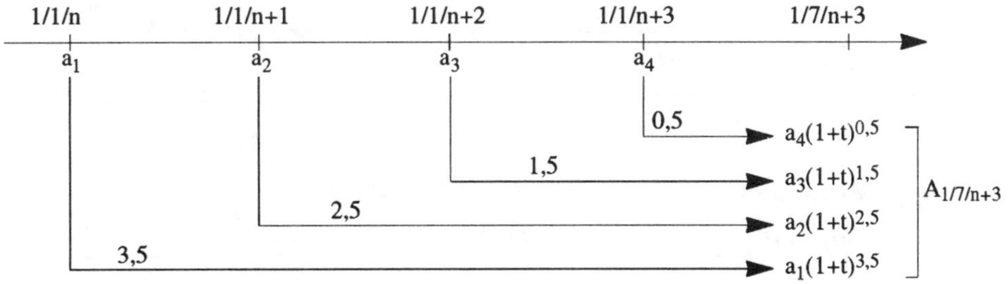

$A_{1/7/n+3} = 25\,000\,(1{,}12)^{0{,}5} + 20\,000\,(1{,}12)^{1{,}5} + 15\,000\,(1{,}12)^{2{,}5} + 10\,000\,(1{,}12)^{3{,}5}$
$A_{1/7/n+3} \approx 26\,457{,}51 + 23\,705{,}93 + 19\,912{,}98 + 14\,868{,}36$
$A_{1/7/n+3} \approx 84\,944{,}78$

2.2 Annuités constantes

2.2.1 Date quelconque : méthode générale de calcul de la valeur

Comme le nom l'indique, des annuités sont constantes lorsqu'elles sont égales ($a_1 = a_2 = \ldots\ldots\ a_i = \ldots\ldots = a_n = a$).

Dans ce cas les valeurs acquises ou actuelles des annuités à une date quelconque sont **toujours** en progression géométrique de raison q = (1+t) (où *t* est le taux équivalent applicable à une période).

Cette propriété facilite l'opération de sommation, par application de la formule des *n* premiers termes d'une suite géométrique.

> Rappel : Somme S des *n* premiers termes d'une suite géométrique
>
> $$S = \frac{\text{premier terme - dernier terme} \times \text{raison}}{1 - \text{raison}}$$
>
> *soit pour* a_1 = premier terme, a_n = dernier terme, q = raison
>
> $$S = \frac{a_1 - a_n q}{1 - q} \quad \textit{ou} \quad a_1 \frac{1 - q^n}{1 - q}$$

Exemple :

À partir de 1/1/n un épargnant verse au début de chaque année 15 000 F sur un compte rémunéré à intérêts composés au taux de 12% l'an. Quelle est la valeur acquise de cette épargne le 1/7/n+3 ?

Unité de temps = an

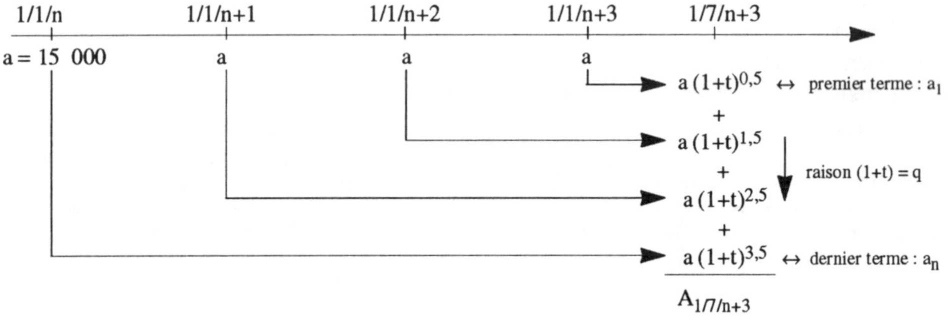

Soit $A_{1/7/n+3} = a(1+t)^{0,5} + a(1+t)^{1,5} + a(1+t)^{2,5} + a(1+t)^{3,5}$

$$A_{1/7/n+3} = \underbrace{15\ 000(1,12)^{0,5}}_{a_1} + 15\ 000(1,12)^{1,5} + 15\ 000(1,12)^{2,5} + \underbrace{15\ 000(1,12)^{3,5}}_{a_n}$$

$$A_{1/7/n+3} = \frac{15\ 000(1,12)^{0,5} - 15\ 000(1,12)^{3,5} \times 1,12}{1 - 1,12} = 15\ 000(1,12)^{0,5} \times \frac{1-(1,12)^4}{1-1,12}$$

$$A_{1/7/n+3} \approx 75\ 869,48$$

2.2.2 Dates particulières : formules usuelles

L'actualisation d'une somme d'annuités constantes est fréquemment utilisée dans les deux cas suivants qui font l'objet de tables financières :

- valeur acquise lors du dernier versement (généralement pour la constitution d'un capital),
- valeur actuelle une période avant le premier versement (remboursement d'une dette).

◆ Valeur acquise lors du dernier versement

Ce cas correspond au schéma suivant :

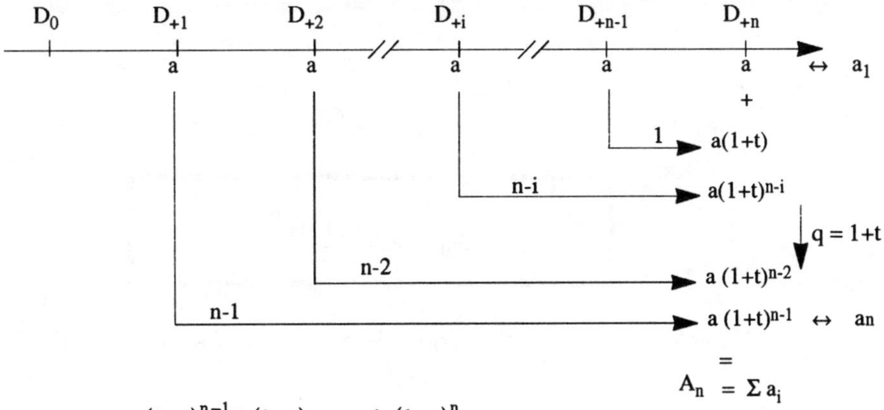

$$A_n = \frac{a - a(1+t)^{n-1} \times (1+t)}{1-(1+t)} = a \times \frac{1-(1+t)^n}{-t}$$

$$\boxed{A_n = a \, \frac{(1+t)^{+n}-1}{t}}$$

avec n = nombre d'annuités, t = taux équivalent pour la période séparant deux annuités.

La valeur de $\frac{(1+t)^n-1}{t}$ est donnée par la table financière n° III.

◆ Valeur actuelle une période avant le premier versement

Ce cas correspond au schéma suivant :

Unité de temps = celle du taux

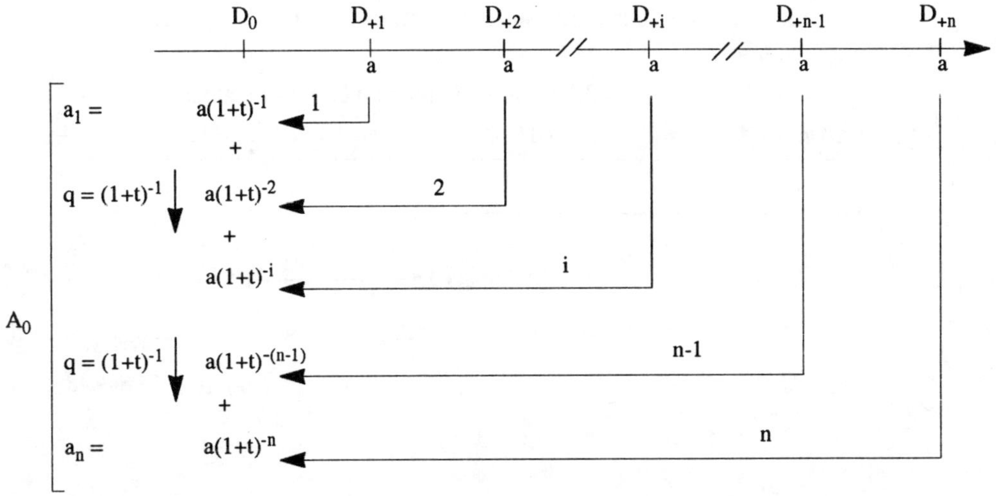

Soit $$A_0 = \frac{a_1 - a_n q}{1-q} = \frac{a(1+t)^{-1} - a(1+t)^{-n}(1+t)^{-1}}{1-(1+t)^{-1}} = a(1+t)^{-1}\frac{1-(1+t)^{-n}}{1-\frac{1}{1+t}}$$

$$A_0 = a(1+t)^{-1}\frac{1-(1+t)^{-n}}{\frac{1+t-1}{1+t}} = a(1+t)^{-1}\frac{1-(1+t)^{-n}}{t\times(1+t)^{-1}}$$

$$\boxed{A_0 = a\frac{1-(1+t)^{-n}}{t}}$$

La valeur de $\frac{1-(1+t)^{-n}}{t}$ est donnée par la table financière n° IV.

Remarque : On aurait pu établir cette formule à partir de la précédente :

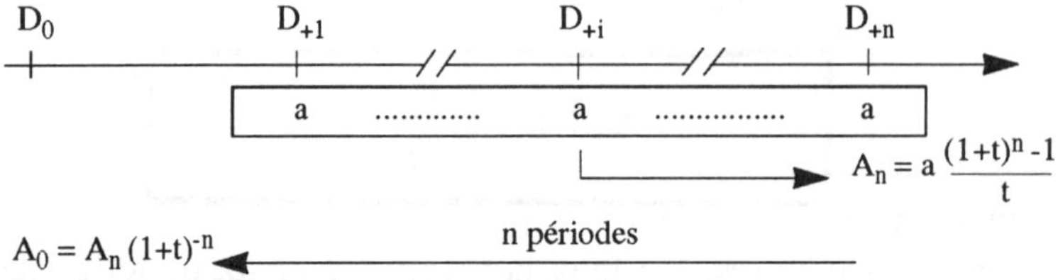

$$A_0 = a\,\frac{(1+t)^n - 1}{t} \times (1+t)^{-n} = a\,\frac{1-(1+t)^{-n}}{t}$$

2.2.3 Utilisation des formules

◆ Domaine d'utilisation

À partir de ces deux formules (ou même d'une seule), on peut calculer rapidement la valeur d'une suite d'annuités à n'importe quelle date.

Exemple :

Le problème exposé en 2.2.1, page 98 aurait pu être résolu ainsi :

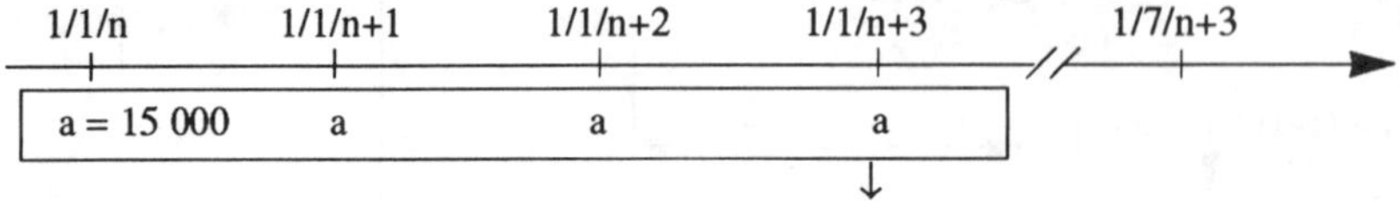

$$A_{1/1/n+3} = a\frac{(1+t)^4 - 1}{t} \xrightarrow{0,5} A_{1/7/n+3} = A_{1/1/n+3} \times (1+t)^{0,5}$$

$$= 71\,689{,}92 \qquad\qquad = 71\,689{,}82 \times 1{,}12^{0,5}$$

$$\mathbf{A_{1/7/n+3} \approx 75\,869{,}48}$$

De même si l'on cherche la valeur le 1/7/n+1 on pourra éventuellement utiliser l'une des deux formules.

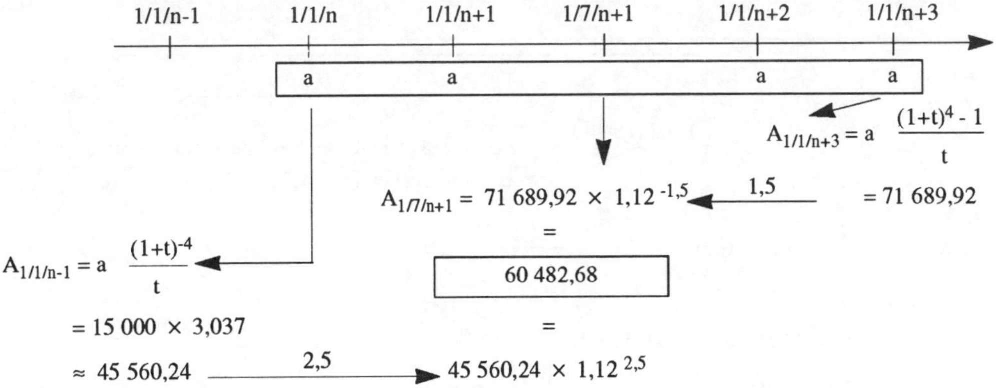

2.2.4 Précautions d'utilisation des formules

Si l'utilisation de ces formules facilite les calculs par rapport à la méthode générale, elle nécessite un respect rigoureux des conditions sous lesquelles elles sont établies. Il faut notamment éviter les trois types d'erreurs suivants, malheureusement fréquents :

◆ Erreurs sur le nombre d'annuités

Exemple :

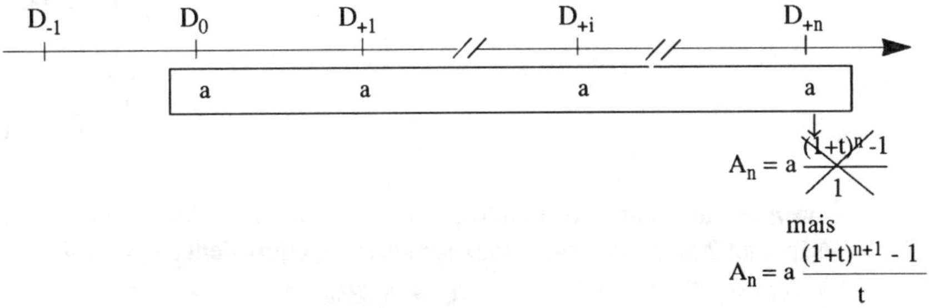

Si la première annuité est versée en D_0 et la dernière annuité en D_{+n}, il y a **n+1 annuités** et non n.

◆ Erreurs sur la date

Exemple :

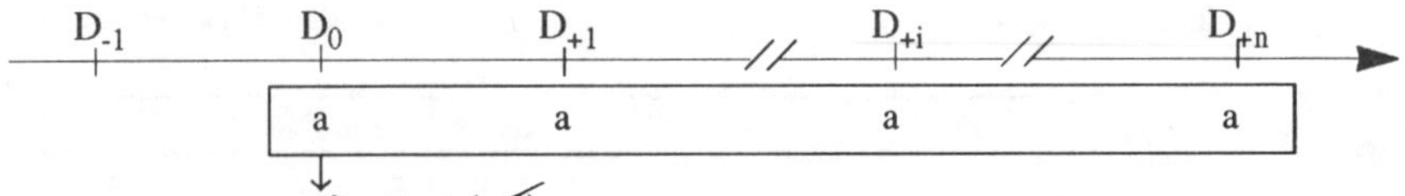

$$A_0 = a\,\frac{1-(1+t)^{-(n+1)}}{t}$$ car ceci est la valeur une période avant le premier versement, soit en $D_{-1} \rightarrow A_{-1}$

mais

$$A_0 = A_{-1} \times (1+t) = a\,(1+t)\,\frac{1-(1+t)^{-(n+1)}}{t}$$

◆ Erreurs sur le taux

Exemple :

Un épargnant verse 5 000 F à la fin de chaque semestre pendant 2 ans. Le placement ayant lieu à intérêts composés au taux de 12% l'an, quelle est la valeur de son épargne juste après le dernier versement ?

Unité de temps = an

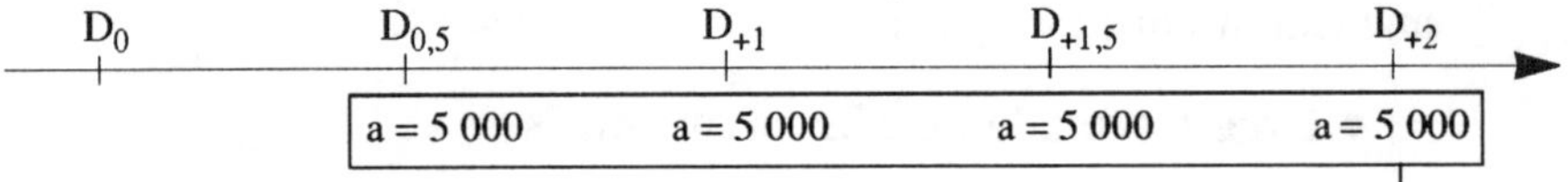

$$A_2 = 5\,000\,\frac{(1{,}12)^2 - 1}{0{,}12}$$

car

$$A_2 = a\,\frac{(1+t)^n - 1}{t}$$

où n est le nombre d'annuités, soit 4, et t le taux équivalent pour une période séparant 2 annuités, soit le taux semestriel t_s équivalent à $t_a = 12\%$.

$t_s = (1+t_a)^{1/2} - 1$ $\qquad t_s \approx 5{,}83\%$

d'où $\quad A_2 = 5\,000\,\dfrac{(1{,}0583)^4 - 1}{0{,}0583} \approx 21\,817{,}99$ F

Bien que plus longue à mettre en œuvre, la méthode générale permet normalement d'éviter ce genre d'erreur. C'est pourquoi, en cas de doute, il est préférable d'y avoir recours.

2.3 Annuités variant suivant une loi

Les formules permettant de calculer les valeurs acquises et actuelles suivantes sont données sans démonstration, à titre d'information. Les démonstrations font l'objet de proposition d'exercice et figurent dans le corrigé.

2.3.1 Annuités en progression arithmétique de raison r

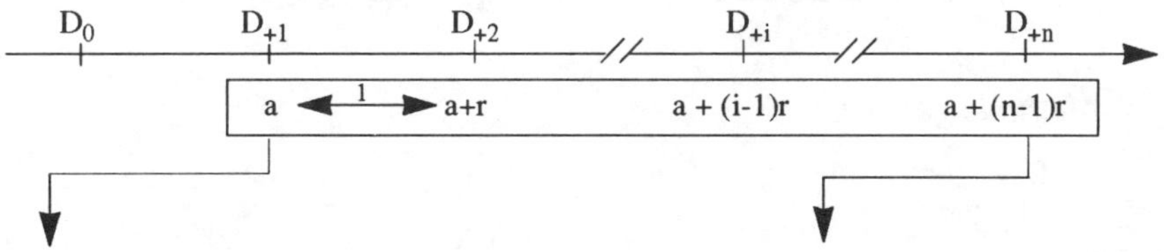

$$A_0 = \frac{1-(1+t)^{-n}}{t} \times \left(a+\frac{r}{t}\right) - \frac{nr}{t(1+t)^n} \qquad A_n = \frac{(1+t)^n - 1}{t} \times \left(a+\frac{r}{t}\right) - \frac{nr}{t}$$

Effectuons une vérification sur l'exemple utilisé au paragraphe *2.2.1* pour des annuités quelconques, qui en fait sont en progression arithmétique de raison r = 5 000.

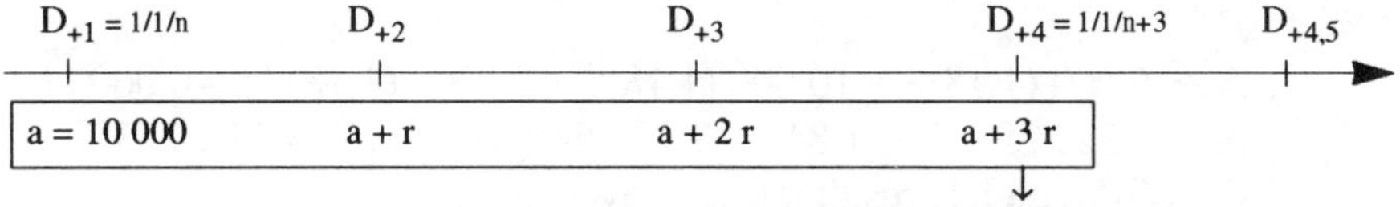

$$A_4 = \frac{(1{,}12)^4 - 1}{0{,}12} \times \left(10\,000 + \frac{5\,000}{0{,}12}\right) - \frac{5\,000}{0{,}12} \times 4$$

$$A_4 \approx 4{,}78 \times (10\,000 + 41\,666) - 166\,666{,}6$$

$$A_4 \approx 80\,265{,}28$$

$$\xrightarrow{0{,}5} A_{4,5} = (1{,}12)^{0{,}5} A_4$$

$$A_{4,5} = (1{,}12)^{0{,}5} \times 80\,265{,}28 \approx 84\,944{,}78 \text{ F}$$

C'est bien le résultat qui avait été trouvé par la méthode directe.

2.3.2 Annuités en progression géométrique de raison q

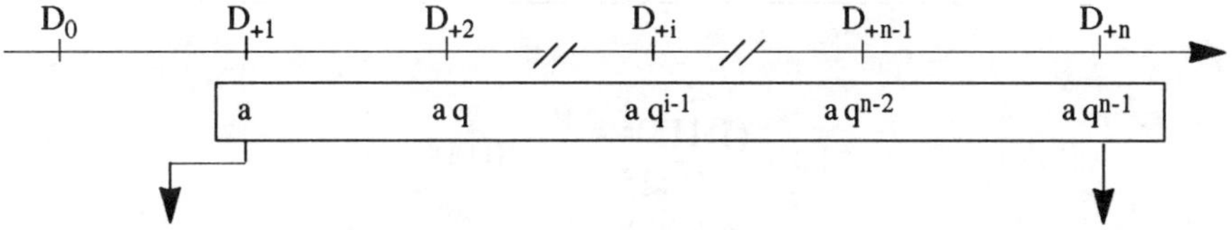

$$A_0 = a \times \frac{q^n (1+t)^{-n} - 1}{q - (1+t)} \qquad A_n = a\,\frac{q^n - (1+t)^n}{q - (1+t)}$$

Effectuons la vérification sur un exemple. Valeur actuelle le 1/1/n au taux de 18% l'an (à intérêts composés) des quatre versements suivants :
31/12/n → 5 000, 31/12/n+1 → 10 000, 31/12/n+2 → 20 000
31/12/n+3 → 40 000

Application de la formule avec : $a = 5\,000$ F, $q = 2$, $t = 0{,}18$, $n = 4$.

$$A_0 = 5\,000 \times \frac{2^4\,(1{,}18)^{-4} - 1}{2 - (1{,}18)} \qquad \mathbf{A_0 \approx 44\,223{,}30}$$

Méthode générale :

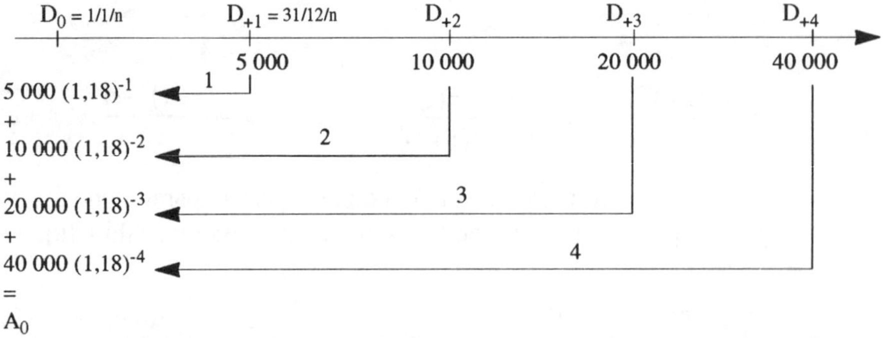

$A_0 = 5\,000\,(1{,}18)^{-1} + 10\,000\,(1{,}18)^{-2} + 20\,000\,(1{,}18)^{-3} + 40\,000\,(1{,}18)^{-4}$
$A_0 \approx 4\,327{,}29 + 7\,181{,}84 + 12\,172{,}62 + 20\,631{,}55 = \mathbf{44\,223{,}30}$
On vérifie bien le résultat trouvé avec la formule.

3. Problèmes pratiques sur les annuités

3.1 Calcul de l'annuité

Un épargnant souhaite disposer, lors de son sixième versement, d'une somme de 40 000 F. Quel montant constant devra-t-il épargner chaque année s'il est rémunéré au taux de 11,5% l'an ?

Unité de temps = an

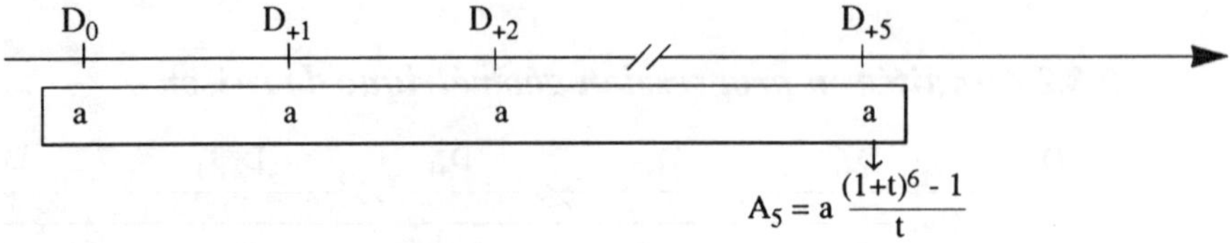

On doit donc vérifier : $a \times \dfrac{(1{,}115)^6 - 1}{0{,}115} = 40\,000$

soit $a \approx \dfrac{40\,000}{8{,}013383}$ (table n° III) $\approx$ **4 991,65 F**

3.2 Calcul du taux

Un emprunt de 50 000 F est remboursable en 5 annuités de 13 500 F, la première payable dans un an. Quel est le taux de l'emprunt ?

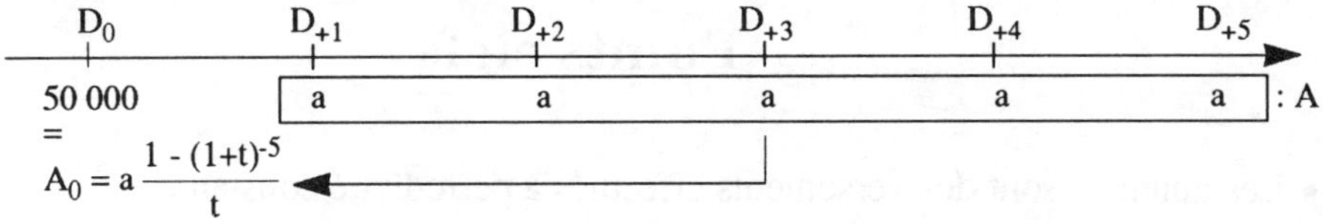

$$\text{Soit } 50\ 000 = 13\ 500\ \frac{1-(1+t)^{-5}}{t}$$

$$\frac{1-(1+t)^{-5}}{t} \approx 3{,}70370$$

$$\text{pour } t = 10{,}5\% \quad \frac{1-(1+t)^{-5}}{t} = 3{,}742858$$

$$t = 11\% \quad \frac{1-(1+t)^{-5}}{t} = 3{,}695897$$

Soit en utilisant la formule de l'interpolation linéaire :

$$t = 10{,}5\% + \frac{0{,}039154}{0{,}046961} \times 0{,}5\%$$

$t \approx$ 10,92% l'an.

Points clefs

- Les annuités sont des versements effectués à périodicité constante.
- La valeur à une date d'une suite d'annuités est égale à la somme des valeurs acquises ou actuelles des annuités à cette date, conformément au schéma suivant :

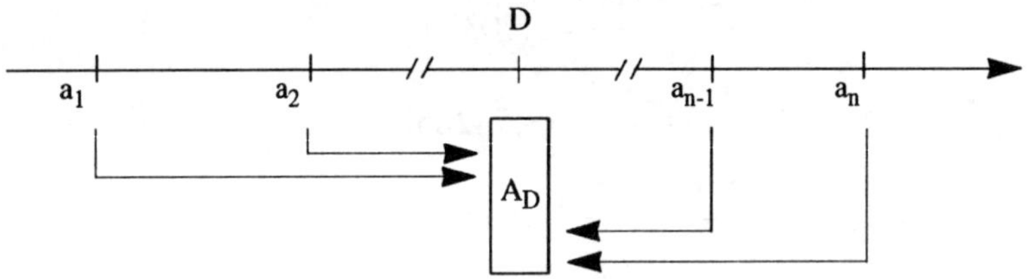

avec A_D : valeur de la suite d'annuités à la date D

- Annuités constantes

  L'actualisation d'annuités constantes à une date aboutit à une suite géométrique facilitant le calcul. On a fréquemment besoin de calculer la valeur d'une suite d'annuités constantes :
  - lors du dernier versement (constitution d'un capital),
  - une période avant le premier versement (emprunt),

  ce qui peut justifier la mémorisation des deux formules.

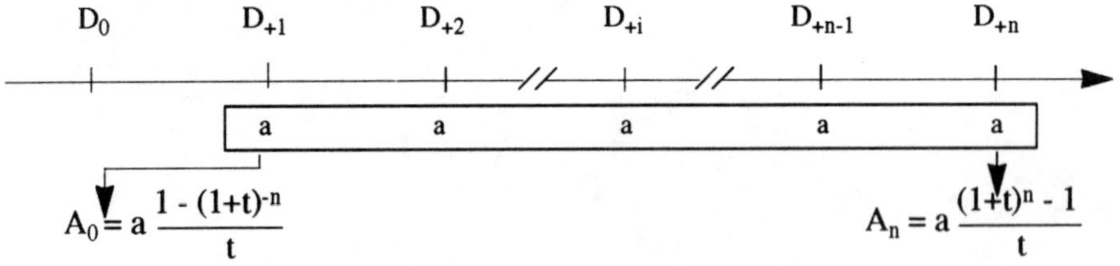

où n est le nombre d'annuités

t le taux équivalent pour une période séparant deux annuités.

1 En vue de se constituer un capital, un particulier place ses économies à la fin de chaque année à intérêts composés au taux de 8 % l'an. Juste après le cinquième versement, tous identiques, il dispose d'une somme de 140 798,42 F.

a) Quelle somme S a-t-il placé tous les ans ?

b) En admettant qu'il ait placé tous les mois S/12 aux mêmes conditions, de quelle somme aurait-il alors disposé (sur la même période) ?

c) A quel taux aurait-il dû placer son argent pour obtenir la même somme en cas de placement annuel ?

2 Une personne place, tous les ans, une somme de 10 000 F pendant 5 ans puis 15 000 F pendant 3 ans.

Elle est rémunérée à intérêts composés au taux de 12 % l'an :

a) De quelle somme disposera-t-elle juste après le dernier versement ?

b) De quelle somme disposera-t-elle 1 an après ?

c) Quelle somme aurait-elle dû placer tous les ans pendant ces 8 ans pour disposer du même capital ?

3 Pour rembourser sa dette, un débiteur verse tous les ans pendant 10 ans une somme de 18 000 F.

a) Sachant qu'au taux de 10 % l'an, il y a équivalence entre ses versements et sa dette, déterminer celle-ci.

b) Au même taux et sur la même durée, quel devrait être le montant M d'un versement mensuel ?

c) En fait, le débiteur obtient de ramener ce versement mensuel à 1 400 F. Quel est ce taux ?

d) Pour ce taux, combien de versements M devrait-il effectuer ?

4 Un éventuel investisseur cherche à évaluer la valeur d'une action, juste avant le versement du dividende annuel qui sera de 100 F. Pour l'avenir, il prévoit un dividende en augmentation annuelle de 5 % l'an. Sa méthode d'évaluation consiste à actualiser l'ensemble des dividendes à venir au taux de 10 % l'an (ce taux correspondra par exemple à ce qu'il pourrait obtenir en toute sécurité augmenté d'une prime liée à la nature du risque encouru).

Quelle valeur accordera-t-il à l'action ?

5 **Démonstration**

A intérêts composés et au taux t, démontrer les formules suivantes pour deux suites d'annuités, l'une en progression géométrique de raison q, l'autre en progression arithmétique de raison r :

a) Valeur acquise lors du dernier versement.

b) Valeur actuelle une période avant le premier versement.

6 Une personne désire obtenir un prêt de 100 000 F sur 15 ans, en vue de compléter le mode de financement de sa maison individuelle. Pour cela, elle consulte deux établissements financiers qui lui proposent les conditions suivantes :

- *Établissement A* – Remboursements mensuels constants de 106 F par tranche de 10 000 F empruntés (les remboursements auraient lieu au début de chaque mois).
- *Établissement B* – Remboursements annuels constants de 12 042,05 F pour 100 000 F de prêt accordé (versements en fin d'année).

a) Déterminer à première vue, sur une période de douze mois, l'établissement le plus avantageux (le client voudrait une réponse immédiate ; une approximation quant aux nombres lui étant suffisante) ; commenter (deux ou trois lignes).

b) Afin de procéder à une comparaison plus précise entre A et B, déterminer l'annuité constante que devrait placer cette personne chaque mois pour faire face à chaque échéance annuelle de 12 042,05 F (les placements auraient lieu en début de période : du 1/1 au 1/2 ; taux 5,25 %, intérêts simples). Arrondir le résultat au franc le plus proche.

c) Quelle économie résulte-t-il du choix du procédé le plus avantageux ? (Actualisation à intérêts composés au taux annuel de 8 % : taux de dépréciation supposée du pouvoir d'achat eu égard à l'inflation.)

d) Quel est le taux annuel* de l'emprunt de l'établissement B (le premier remboursement ayant lieu un an après l'obtention du prêt) ?

e) Quel est le taux de revient annuel réel pour le client, sachant que celui-ci verse mensuellement des annuités constantes capitalisées comme indiqué au b (actualisation à intérêts composés) ?

(d'après B.T.S.C.G.).

* C'est le taux pour lequel il y a équivalence entre le montant emprunté et la somme des annuités.

8

OPÉRATIONS FINANCIÈRES À LONG TERME

Emprunts indivis

1. Relations de base dans un emprunt
- 1.1 Capital emprunté et versements
- 1.2 Composition d'un versement
- 1.3 Évolution du capital à rembourser

2. Emprunt à annuités constantes
- 2.1 Calcul de l'annuité
- 2.2 Construction du tableau d'amortissement
- 2.3 Amortissement d'une période

3. Emprunt à amortissements constants
- 3.1 Caractéristiques
- 3.2 Tableau d'amortissement

4. Autres formes d'emprunts
- 4.1 Points communs
- 4.2 Remboursement in fine
- 4.3 Emprunts dégressifs
- 4.4 Emprunts progressifs

5. Taux effectif global d'un emprunt : TEG
- 5.1 Définition
- 5.2 Exemple

Un emprunt indivis recouvre deux notions :

- **Notion d'emprunt** : dans une telle opération, le prêteur met un capital à la disposition de l'emprunteur qui effectue, en retour, des versements à son profit.
- **Notion d'indivision** : un emprunt indivis se différencie d'un emprunt **obligataire** en ne mettant en jeu qu'un seul prêteur.

1. Relations de base dans un emprunt

1.1 Capital emprunté et versements

1.1.1 Principe

Au taux accepté par les deux parties, il doit y avoir équivalence entre le capital emprunté et les versements. Cette équivalence se traduit notamment le jour du versement de l'emprunt par l'égalité entre celui-ci et la somme des versements actualisés.

Soit K_0 le montant de l'emprunt, et V_i les versements :

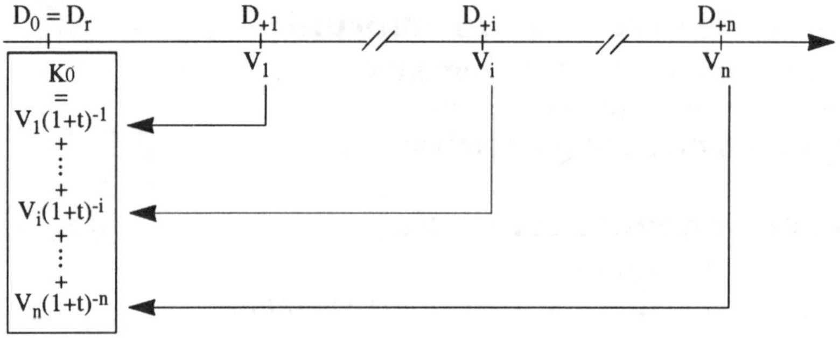

***Remarque :** Compte tenu des propriétés des intérêts composés, l'égalité peut être vérifiée à n'importe quelle autre date.*

1.1.2 Propriété

À la date de mise à disposition de l'argent, il y a égalité entre l'emprunt et la somme des versements actualisés, soit pour les intérêts composés :

$$K_0 = \sum_{i=1}^{n} V_i\,(1+t)^{-i}$$

1.2 Composition d'un versement

1.2.1 Principes

Les versements remplissent deux rôles :

- s'acquitter du loyer de l'argent sous forme d'**intérêts**,
- restituer le capital prêté. La partie du versement remplissant ce rôle se nomme **amortissement**.

L'intérêt s'impute en priorité sur le versement. En notant I_i l'intérêt contenu dans le ième versement V_i et A_i l'amortissement contenu dans ce ième versement : $\mathbf{A_i = V_i - I_i}$
Si cette somme est négative, cela signifie que le versement n'est pas suffisant pour payer le loyer et qu'alors la dette augmente.

1.2.2 Propriété

L'ensemble des amortissements doit permettre de rembourser le capital.

Soit $K_0 = \sum_{i=1}^{n} A_i$

Remarque : *L'égalité porte ici sur les valeurs elles-mêmes et non sur les valeurs actuelles.*

1.3 Évolution du capital à rembourser

La dette de départ K_0 décroît à chaque versement du montant de l'amortissement. En appelant K_p le capital qui reste dû juste après le pième versement, on obtient :

$$K_p = K_0 - \sum_{i=1}^{p} A_i$$

2. Emprunt à annuités constantes

Dans ce type d'emprunt, on a les propriétés suivantes :
- les versements se font suivant une périodicité constante, ce sont des annuités ($Vi = a_i$) ;
- toutes les annuités sont identiques ($a_i = a$).

2.1 Calcul de l'annuité

En utilisant le principe de base d'égalité entre l'emprunt et les annuités, on obtient :

Unité de temps = celle du taux

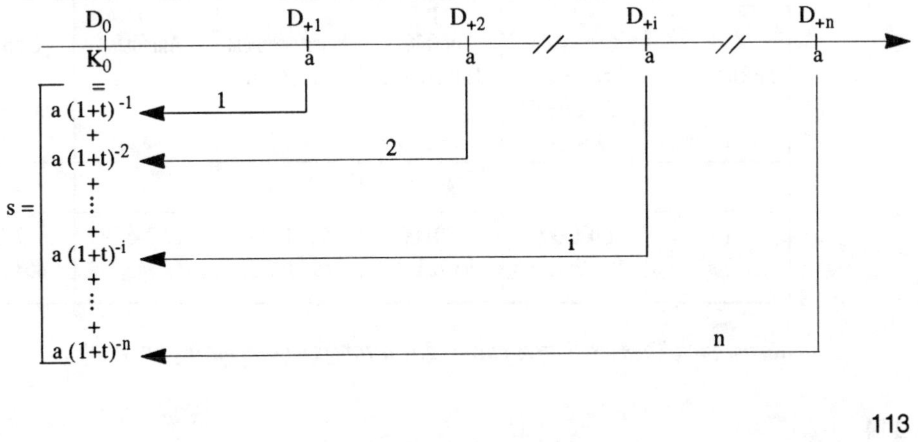

Les valeurs actuelles des annuités forment une suite géométrique (cf chapitre 7) :

$$S = a \frac{1 - (1+t)^{-n}}{t} = K_0$$

D'où

$$a = K_0 \frac{t}{1 - (1+t)^{-n}}$$

2.2 Construction du tableau d'amortissement (ou de remboursement)

2.2.1 Contenu

Ce tableau définit pour chaque période le montant de l'annuité, l'intérêt, l'amortissement, le capital restant dû au début de la période et après versement de l'annuité.

2.2.2 Procédure

Exemple :

Soit un emprunt de 1 000 000 F remboursable en 10 annuités constantes au taux de 10% par an.

◆ **Calcul de l'annuité**

$$a = K_0 \frac{t}{1 - (1+t)^{-n}} = 1\,000\,000 \frac{0,1}{1 - (1,1)^{-10}} \approx 162\,745,39 \text{ F}$$

◆ **Construction du tableau**

Pour chaque période on connaît à priori l'annuité *a*.

On calcule ensuite l'intérêt I_i à partir de K_{i-1} et du taux, puis on en déduit l'amortissement $A_i = a - I_i$.

PÉRIODES i	**A** Capital dû au début de la période K_{i-1}	**B** Intérêts de la période I_i	**C** Amortissement de la période A_i	**D** Annuités a	**E** Capital dû après amortissement K_i
		A × t	**D - B**	**a**	**A - C**
1	1 000 000	100 000	62 745,39	162 745,39	937 254,61
2	937 254,61	93 725,46	69 019,93	162 745,39	868 234,68

Remarque : *Tous les chiffres doivent être arrondis au centime le plus proche.*

◆ Capital dû à une date quelconque

La connaissance d'une telle donnée permet notamment de construire une ligne quelconque du tableau sans connaître les précédentes. Ce sont les annuités futures qui doivent rembourser la dette. Par conséquent, quelle que soit la date, il y a égalité entre le capital dû et la somme des valeurs actuelles des annuités restantes.

Exemple :

D_{+6}, t = 10 %

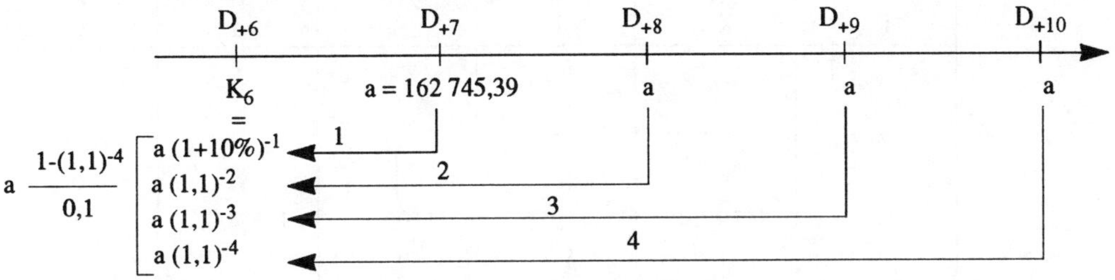

K_6 = 515 880,99

Ce résultat permet de construire la ligne 7 sans connaître les précédentes.

PÉRIODES i	**A** Capital dû au début de la période K_{i-1}	**B** Intérêts de la période I_i	**C** Amortissement de la période A_i	**D** Annuités a	**E** Capital dû après amortissement K_i
-	-	-	-	-	-
-	-	-	-	-	-
		A × t	**D - B**	**a**	**A - C**
i = 7	k_6 = 515 880,99	I_7 = 51 588,10	A_7 = 111 157,29	a = 162 745,39	K_7 = 404 723,70

◆ Construction de la dernière ligne

En construisant la dernière ligne comme les précédentes, on obtiendrait :

PÉRIODES i	**A** Capital dû au début de la période K_{i-1}	**B** Intérêts de la période I_i	**C** Amortissement de la période A_i	**D** Annuités a	**E** Capital dû après amortissement K_i
		A × t	**D - B**	**a**	**A - C**
-	-	-	-	-	-
-	-	-	-	-	-
10	147 950,45	14 795,04	147 950,35	162 745,39	0,10

Ce résultat manque évidemment de rigueur dans la mesure où la dette n'est pas complètement éteinte. Cela est dû aux arrondis.
Pour éviter cet inconvénient, il est préférable de construire différemment la dernière ligne :

- en posant l'amortissement égal au capital dû à la fin de la période précédente ($A_{10} = K_9$),
- en déduisant l'annuité de l'amortissement et de l'intérêt ($a_{10} = A_{10} + I_{10}$).

On obtiendra alors :

i	A K_{i-1}	B I_i	C A_i	D a	E K_i
-	-	-	-	-	-
-	-	-	-	-	-
10	147 950,45	14 795,04	147 950,45	162 745,49	0

***Remarque :** L'annuité peut alors être légèrement différente des précédentes.*

2.3 Amortissement A_i d'une période

2.3.1 Loi suivie par les amortissements successifs

L'amortissement A_i d'une période se déduit de l'annuité et de l'intérêt de la période : $A_i = a - I_i$.
L'intérêt I_i est égal au capital non remboursé au début de la période multiplié par le taux : $I_i = K_{i-1} \times t$

Soit $A_i = a - K_{i-1} \times t$

Or $K_{i-1} = K_{i-2} - A_{i-1}$

D'où $Ai = a - (K_{i-2} - A_{i-1}) \times t = a - K_{i-2}t + A_{i-1}\, t$

Avec $a - K_{i-2}t = A_{i-1}$

Soit $A_i = A_{i-1} + A_{i-1}t = A_{i-1}\,(1+t)$

2.3.2 Propriété

> Dans un emprunt remboursable à annuités constantes, les amortissements successifs sont en progression géométrique de raison (1+t).

Par conséquent, connaissant l'un des amortissements, il est possible de retrouver tous les autres.

Notamment à partir :

- du premier A_1 $\quad \mathbf{A_i = A_1 (1+t)^{i-1}}$ *avec* $A_1 = a - K_0 t$

- du dernier A_n $\quad \mathbf{A_i = A_n (1+t)^{-(n-i)}}$

  avec $A_n = a - I_n$ *et* $\begin{cases} I_n = K_{n-1} \times t \\ K_{n-1} = A_n \end{cases}$

- de l'annuité a

  Soit $A_n = a - A_n t$ ou $A_n = \dfrac{a}{1+t}$

  Soit $\mathbf{A_i = a(1+t)^{-(n+1-i)}}$

3. Emprunt à amortissements constants

3.1 Caractéristiques

3.1.1 Amortissements

Dans ce type d'emprunts, c'est l'amortissement qui est constant.

Soit $A_i = A_j = A$, la somme des amortissements doit être égale à la dette initiale K_0 :

$$\sum_{i=1}^{n} A_i = K_0 \quad \text{avec } A_i = A \text{ soit } \sum_{i=1}^{n} A_i = nA = K_0$$

Donc

$$\boxed{A = \frac{K_0}{n}}$$

3.1.2 Intérêts

La dette diminuant à chaque période d'un montant constant A, les intérêts successifs sont en progression arithmétique de raison *-At*.

3.1.3 Annuités

$a_i = A + I_i$, l'annuité étant la somme de l'amortissement constant et de l'intérêt en progression arithmétique de raison *-At*, elle diminue elle-même de *At* à chaque période.

À amortissements constants, les annuités sont en progression arithmétique de raison $-A \times t$

***Remarque** : Les annuités diminuant au fur et à mesure du remboursement de la dette, un tel remboursement est dit dégressif.*

3.2 Tableau d'amortissement

En reprenant l'emprunt précédent, mais remboursable cette fois à amortissements constants.

3.2.1 Calcul de l'amortissement

$$A = \frac{K_0}{n} = \frac{1000\,000}{10} = 100\,000$$

3.2.2 Constitution du tableau

Les informations et la structure sont les mêmes qu'à annuités constantes, mais les liaisons sont différentes puisque c'est l'annuité qui est déduite de l'intérêt et de l'amortissement.

Période i	**A** K_{i-1}	**B** I_i	**C** A_i	**D** a_i	**E** K_i
		A × t	A_i	**B + C**	**A** - C
1	1 000 000	100 000	100 000	200 000	900 000
2	900 000	90 000	100 000	190 000	800 000

4. Autres formes d'emprunts

De très nombreuses formes de remboursement sont possibles pour mieux répondre aux souhaits respectifs de l'emprunteur et du prêteur. Il est évidemment impossible de les décrire toutes dans le détail, mais on peut en dégager les caractéristiques générales.

4.1 Points communs

Quelles que soient les modalités de remboursement, un emprunt respecte obligatoirement les deux notions de base du paragraphe 1 :

1. Somme des valeurs actuelles des annuités en D_0 = capital prêté
2. Somme des amortissements = capital prêté

4.2 Remboursement in fine (en bloc, à la fin)

L'emprunteur ne paie que les intérêts, la dette étant amortie en bloc à l'échéance de l'emprunt (en général par la souscription d'un emprunt de même montant). Cette formule, utilisée pour le financement des entreprises, amène le prêteur à agir comme un partenaire financier proche de l'actionnariat.

4.3 Emprunts dégressifs

Les versements successifs diminuent. Cela permet à l'emprunteur :

- de se dégager plus rapidement de sa dette,
- de limiter le montant des intérêts payés.

Ce type d'emprunt est prisé par le prêteur qui y voit une forme de sécurité.

Remarque : Les remboursements à amortissements constants rentrent dans cette catégorie.

4.4 Emprunts progressifs

4.4.1 Principe

Au contraire, dans ce cas, les versements successifs augmentent. Dans la mesure où l'emprunteur espère une augmentation de ses revenus (du fait notamment de l'inflation), cela peut lui permettre de mieux ajuster ses versements à ses revenus. Le risque est évidemment que l'augmentation des revenus ne soit pas au rendez-vous !

Exemple :

Reprenons l'exemple précédent, mais remboursable cette fois en 10 annuités en augmentation de 5% par an.

4.4.2 Calcul des annuités

On aura le schéma suivant :

Unité de temps = an

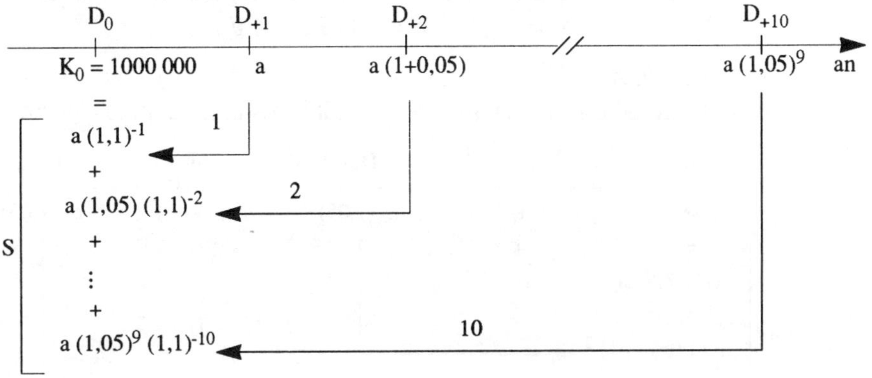

S est formé d'une suite géométrique de 10 termes, de premier terme $a\,(1{,}1)^{-1}$ et de raison $(1{,}05)\,(1{,}1)^{-1}$

Soit

$$S = \frac{a\,(1{,}1)^{-1} - a\,(1{,}05)^{9}\,(1{,}1)^{-10}\,(1{,}05)\,(1{,}1)^{-1}}{1 - (1{,}05)\,(1{,}1)^{-1}}$$

$$S = a\,(1{,}1)^{-1} \times \frac{1 - (1{,}05)^{10}\,(1{,}1)^{-10}}{1 - (1{,}05)\,(1{,}1)^{-1}} = 1000\,000$$

D'où

$$a = 1\,000\,000 \; \frac{1 - (1{,}05)\,(1{,}1)^{-1}}{1 - (1{,}05)^{+10}\,(1{,}1)^{-10}} \times 1{,}1$$

$$\mathbf{a \approx 134\,412} \quad \textit{soit} \quad \mathbf{a_i = 134\,412 \quad 1{,}05^{\,i-1}}$$

4.4.3 Construction ligne par ligne du tableau

Période i	A K_{i-1}	B I_i	C A_i	D a_i	E K_i
		A × t	**D - B**	**a_i**	**A - C**
1	1 000 000	100 000	34 412	134 412	965 588
2	965 588	96 558,8	44 573,8	141 132,6	921 014,2
3	921 014,2			148 189,23	

4.4.4 Détermination d'une ligne quelconque (sans connaître les précédentes)

Exemple :

7e ligne. Les deux informations nécessaires sont : l'annuité a_i, le capital dû au début de la période K_{i-1}.

- *Annuité a_7 :*

Celle-ci peut être déterminée en fonction de la première annuité.

$$a_7 = a_1\,(1{,}05)^6 = \mathbf{180\,124{,}94\ F}$$

- *Capital dû K_6 :*

Il peut être déterminé à partir des annuités restantes actualisées en D_{+6}.

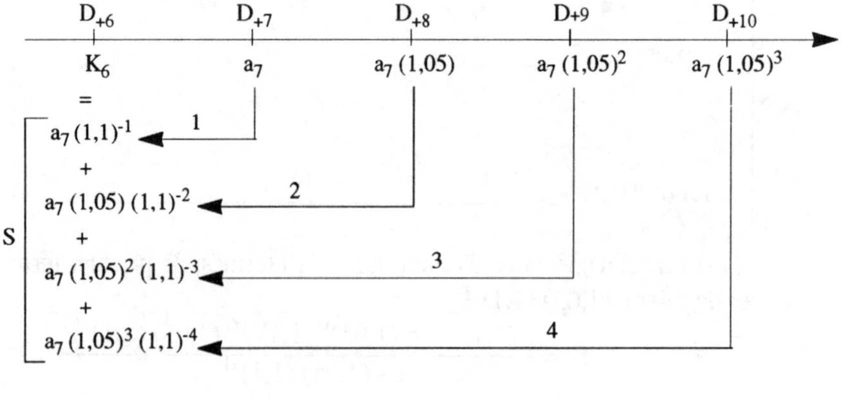

S est formé d'une suite géométrique.

$$S = \frac{a_7 (1,1)^{-1} - a_7 (1,05)^3 (1,1)^{-4} (1,05) (1,1)^{-1}}{1 - (1,05) (1,1)^{-1}}$$

$$K_6 = a_7 (1,1)^{-1} \frac{1 - (1,05)^4 (1,1)^{-4}}{1 - (1,05) (1,1)^{-1}}$$

avec $a_7 = 180\,124{,}94$ *soit* $\mathbf{K_6 \approx 611\,678{,}63}$

◆ **Tableau**

Période i	A K_{i-1}	B I_i	C A_i	D a_i	E K_i
		A × t	D - B	ai	A - C
.	.	.	.	.	.
.	.	.	.	.	.
7	611 678,63	61 167,86	118 957,08	180 124,94	492 721,55

5. Taux effectif global d'un emprunt : TEG

5.1 Définition

Le taux effectif global est le taux assurant l'équivalence entre le montant mis à la disposition de l'emprunteur et ses remboursements, en tenant compte de tous les éléments, tels que :

- frais venant en déduction de la somme prêtée,
- primes d'assurances incluses dans les remboursements.

Lorsque la périodicité n'est pas annuelle, le TEG est égal au **taux annuel proportionnel**. La loi impose de porter le TEG à la connaissance de l'emprunteur .

5.2 Exemple

Soit un prêt de 50 000 F proposé dans les conditions suivantes :
- frais de dossiers 500 F,
- 48 mensualités de 1 450 F + 50 F d'assurance décès + invalidité.

Calculez le TEG.

Calcul du taux mensuel t_m. Unité de temps = mois

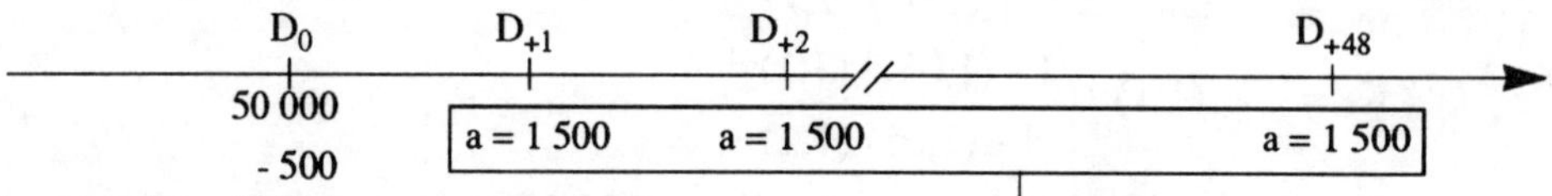

Somme mise à disposition 49 500 =

$$A_{D0} = a \frac{1-(1+t_m)^{-48}}{t}$$

$$= 1\,500 \frac{1-(1+t_m)^{-48}}{t}$$

Soit

$$1\,500 \times \frac{1-(1+t_m)^{-48}}{t_m} = 49\,500$$

$$\frac{1-(1+t_m)^{-48}}{t_m} \approx 33$$

Par tâtonnement on trouve :

pour $t_m = 1{,}6\%$ $\quad \frac{1-(1+t_m)^{-48}}{t_m} \approx 33{,}33$

$t_m = 1{,}7\%$ $\quad \frac{1-(1+t_m)^{-48}}{t_m} \approx 32{,}63$

Par interpolation linéaire

$$t_m = 1{,}6\% + \frac{0{,}33}{0{,}70} \times 0{,}1 \approx 1{,}647\%$$

Soit un taux proportionnel annuel = 12 t_m

TEG ≈ 19,76% l'an.

Points clefs

- Dans un emprunt indivis, le prêteur est unique.

- Le taux d'un emprunt assure l'équivalence entre le montant prêté et les versements (annuités).

- L'annuité a_i est constituée de deux éléments :
  - l'intérêt I_i qui représente le loyer de l'argent,
  - l'amortissement A_i qui constitue le remboursement de la dette :

$$\sum \textbf{Amortissements} = \textbf{Montant emprunté}$$

$$a_i = A_i + I_i$$

(seul l'intérêt constitue une charge comptable).

- Emprunts à annuités constantes a :
  - annuité a : $a = K_0 \dfrac{t}{1-(1+t)^{-n}}$ avec K_0 = montant emprunté, n = nombre d'annuités, t = taux de l'emprunt
  - amortissements A_i : ils augmentent de manière géométrique, $\mathbf{A_i = A_{i-1} \times (1+t)}$
  - Intérêts I_i : ils diminuent au fur et à mesure de l'amortissement.

- Emprunts à amortissements constants A :
  - amortissement A : $A = \dfrac{K_0}{n}$
  - intérêts I_i : ils diminuent linéairement en fonction des remboursements :

$$\mathbf{I_i = I_{i-1} - At}$$

  - annuités a_i : elles diminuent comme les intérêts : $\mathbf{a_i = a_{i-1} - At}$

- Le Taux Effectif Global *TEG* inclut l'ensemble des coûts (frais de dossier, assurance, etc.). Il assure l'égalité entre la somme nette effectivement touchée par l'emprunteur et la somme de ses versements actualisés.

1 Un emprunt de 750 000 F est remboursable en 10 annuités (terme échu) au taux de 8 % l'an.

Établir les lignes 1 et 6 du tableau de remboursement si cet emprunt est remboursable :

a) à amortissements constants.

b) à annuités constantes.

2 Un emprunt de 600 000 F est remboursable en 7 annuités constantes de 107 481,01 F.

a) Calculer le taux de cet emprunt.

Juste après le versement de la deuxième annuité, on substitue aux suivantes 20 trimestrialités constantes. Sachant que le dernier amortissement est de 25 980,99F :

b) Montrer que le taux annuel proportionnel est de 6 %.

c) Établir la ligne 5 du tableau de remboursement (correspondant à la troisième trimestrialité).

3 Un emprunt indivis de 500 000 F est remboursable en 10 annuités constantes au taux de 11 % l'an, auquel s'ajoutent 5 000 F de frais décomptés immédiatement.

a) Calculer l'annuité constante.

b) Calculer le TEG.

c) Établir les lignes 1 et 4 du tableau de remboursement.

Juste après le quatrième versement, le solde augmenté d'une indemnité de 1 % est finalement remboursé en 6 annuités à amortissements constants au taux de 8 % l'an.

d) Établir les lignes 5 et 9 du tableau de remboursement.

e) Déterminer l'équation donnant le coût global et montrer que ce taux est sensiblement égal à 10,4 %.

4 Dans le cadre d'un investissement s'étalant sur 3 ans, l'entreprise DELCO a besoin d'un financement initial de 1 000 000 F pour lequel elle reçoit les trois propositions suivantes :

- *Banque A* : Remboursement en 6 semestrialités constantes au TEG de 12 % l'an.
- *Banque B* : Remboursement à amortissements constants en 3 annuités au taux annuel de 12,25 %.
- *Banque C* : Remboursement in fine ; les intérêts étant payés à la fin de chaque année sur la base d'un taux de 12 % l'an.

Cet investissement dégagera, avant prise en compte du financement, des excédents semestriels de trésorerie de 250 000 F. Ces flux de trésorerie serviront en priorité à rembourser l'emprunt, les soldes éventuels sont placés jusqu'à la fin des 3 ans à intérêts capitalisés à la fin de chaque semestre au taux de 5,5 % par semestre.

Quelle est la solution la plus intéressante ? (On arrondira les données au milliers de F le plus proche et on ne tiendra pas compte de la fiscalité.)

5 Une société a contracté un emprunt à long terme remboursable par versements annuels constants. Elle reçoit, en novembre 1992, l'avis suivant émanant de son créancier : « Vous devez nous régler au 31 décembre prochain, le montant de votre dixième annuité, soit 4 601,64 F comportant 2 807,75 F d'intérêts. Après ce règlement, votre dette, le 1er janvier 1993, atteindra 14 722,24 F ».

a) Déterminer le montant de la dette au 1er janvier 1992.

b) Déterminer le taux annuel pour 100 F du prêt.

c) Combien d'annuités restera-t-il à payer postérieurement au 1er janvier 1993 ?

d) Quel est le montant de l'emprunt initial ?

Le 1er janvier 1993, après paiement de l'annuité, la société débitrice propose au créancier un paiement immédiat de sa dette, grâce à un emprunt de 14 725 F qu'elle a contracté au taux de 12 % l'an, remboursable en 36 mensualités constantes versées à partir du 1er février 1993.

e) Trouver le montant de chacune de ces mensualités en utilisant le taux mensuel proportionnel au taux annuel de 12 %.

f) Estimer ces 36 mensualités, le 1er janvier 1993, à 17 % l'an, en utilisant les taux équivalents.

(D'après BTS.)

6

Afin de moderniser une partie de ses magasins, l'entreprise SOCAB décide de procéder à un investissement de 1,5 million de francs.

Le financement de ce projet sera réalisé de la manière suivante :
- autofinancement à raison d'un tiers ;
- le reste par emprunt auprès d'un établissement financier qui propose les deux formules suivantes ;

EMPRUNT formule A : annuités constantes, taux annuel : 15 %, capital restant dû après le versement de la cinquième annuité 667 923,82 F, la première annuité vient à échéance un an après le versement des fonds.

a) Calculer la durée de remboursement de l'emprunt.

b) Présenter la cinquième ligne du tableau d'amortissement de l'emprunt.

EMPRUNT formule B : semestrialités constantes, taux annuel : 15 %, différence entre le dernier et le premier amortissement semestriel 65 571,74 F, la première semestrialité vient à échéance un semestre après le versement des fonds.

c) Calculer le montant de la semestrialité à partir du taux équivalent.

d) Déterminer la durée de remboursement de l'emprunt.

(D'après BTS CG 83.)

7 L'entreprise H a contracté un emprunt de 10 millions de F à la date du 15 septembre 1988, taux annuel d'intéret : 15 %, amortissement au moyen d'échéances annuelles constantes.

Première échéance : 15 septembre 1989 ; dernière échéance : 15 septembre 2000.

Le taux d'intérêt ayant sensiblement baissé, l'entreprise H envisage de rembourser l'emprunt par anticipation. Date du remboursement anticipé : 16 septembre 1993, l'annuité de la veille ayant été normalement versée. L'entreprise doit disposer de la somme qui lui permettra le remboursement anticipé du montant résiduel de sa dette après remboursement de l'annuité du 15 septembre 1993, augmentée d'une pénalité de 4,2 % sur le montant de ce remboursement anticipé.

a) Calculer la somme totale dont l'entreprise a besoin pour faire face à la décision prise.

L'entreprise contracte à la même date du 16 septembre 1993 un emprunt de nominal égal au montant précédent arrondi aux 10 000 F supérieurs, taux annuel d'intérêt : 11 %, amortissement au moyen de 7 annuités constantes, la première versée le 16 septembre 1994.

b) En comparant les annuités respectives du premier et second emprunt, apprécier l'opportunité de la décision de remboursement anticipé prise par l'entreprise H.

(D'après DECF UV n° 5.)

8 Une société a emprunté le 1er juin 1985 une somme de 100 000 F qu'elle doit rembourser au moyen de versements annuels constants et à dates fixes, la première échéance étant le 1er juin 1986 et la dernière le 1er juin 1989. Le taux d'intérêt annuel est de 14 %.

a) Calculer le montant de chaque annuité.

b) Construire le tableau d'amortissement de l'emprunt en précisant, dans cet ordre, l'intérêt et l'amortissement inclus dans chaque annuité, l'amortissement total et la dette restant aussitôt après le versement de chaque annuité.

c) **Avec l'accord du créancier, la société décide, immédiatement après l'échéance du 1er juin 1987, de régler la somme restant due à l'aide de mensualités constantes dont la première échoit le 1er juillet 1987. Le taux mensuel de l'intérêt est de 1,1 %. Les mensualités s'élevant à 5 053 F, à quelle date la dette sera-t-elle entièrement amortie ?**

Extraits des tables financières

n	$\frac{0,14}{1-(1,14)^{n}}$	$\frac{1-(1,011)^{n}}{0,0011}$
1	1,140 000 00	
2	0,607 289 72	
3	0,430 731 48	
4	0,343 204 78	
5	0,291 283 54	4,839 143 63
6	0,257 157 49	5,775 611 90
8		7,618 092 09
10		9,420 696 81
12		11,184 289 18
14		12,909 713 46

(D'après DECF 87 UV n° 5.)

9 L'entreprise X négocie auprès de sa banque l'obtention d'un prêt de 100 000 F aux conditions suivantes :

- remboursement en 3 ans par trimestrialités ;
- taux nominal annuel : 11 % ;
- frais de dossier : 1 % du capital emprunté (réglés à la signature du contrat) ;
- frais d'assurances, décès, invalidité (ADI) : 0,66 %.

A l'aide des annexes I et II effectuer les travaux suivants :

a) Calculer le taux d'intérêt proportionnel trimestriel : i_t.

b) Retrouver le montant de la trimestrialité constante à partir du taux i_t.

c) Compléter le tableau d'amortissement de l'emprunt.

Sachant que la loi impose à la banque d'indiquer à son client, lors de la signature du contrat, le taux effectif global de l'emprunt (TEG), en vous aidant de l'annexe II :

d) Calculer le taux d'intérêt actuariel annuel (ou taux équivalent trimestriel i_t).

e) Calculer le montant net du prêt.

f) Écrire l'équation permettant de déterminer le TEG trimestriel réel, et vérifier qu'il est égal à 3,09 %.

g) Calculer les TEG annuels proportionnels et actuariels.

h) A votre avis, de ces deux taux, quel est celui indiqué par la banque à son client lors de la signature du contrat ? Pourquoi ?

ANNEXE I

Tableau d'amortissement							Actualisation des échéances
Périodes	Capital restant dû	Intérêts	Rembours. du capital	Trimestrialité constante	ADI	Montant de l'échéance totale V_j	$V_j(1+0,0309)^j$
1	100 000,00	2 750,00	7 146,87	9 896,87	165,00	10 061,87	
2	92 853,13	2 553,46	7 343,41	9 896,87	153,20	10 050,08	
3	85 509,72	2 351,52	7 545,35	9 896,87	141,09	10 037,96	
4							
5							
6							
7							
8							
9							
10							
11							
12							

ANNEXE II

1. Tableau d'amortissement

Le taux d'intérêt stipulé dans le contrat de prêt est un taux nominal. Il permet de déterminer l'intérêt à payer lors de chaque échéance.

Chaque échéance comprend :
- une trimestrialité constante : intérêts + capital remboursé ;
- certains frais, comme les cotisations d'assurances décès invalidité (ADI), calculés périodiquement sur le capital restant dû.

2. Taux effectif global (TEG)

Le calcul du TEG doit prendre en compte en plus du taux nominal du prêt :
- le montant des frais et accessoires ;
- l'incidence des modalités de paiement des intérêts, selon la méthode des intérêts composés.

L'application de ce principe conduit à déterminer :
- le montant net du prêt ;
- le montant total de chaque échéance.

Il faut noter que le TEG, qui est calculé lors de la conclusion du contrat, ne peut prendre en considération des événements qui surviendraient en cours de contrat (remboursement anticipé, indexation...) et non prévus.

La détermination du montant net du prêt.

Le montant net du prêt correspond à la somme effectivement mise à la disposition de l'emprunteur.

Cette somme est égale au nominal du prêt (montant figurant au contrat de prêt et servant à calculer les échéances) déduction faite des frais de dossier payés par l'emprunteur à l'origine du prêt. Ces frais sont souvent retenus par le banquier lors du déblocage des fonds.

C'est au montant net du prêt que seront comparées les échéances pour déterminer le taux effectif global (TEG).

(D'après DECF 89 UV n°5.)

9

OPÉRATIONS FINANCIÈRES À LONG TERME

Emprunts obligataires

1. Caractéristiques générales

1.1 Principes généraux

1.2 Valeurs attachées à une obligation

2. Conception du tableau d'amortissement d'un emprunt remboursable au pair

2.1 Principes généraux

2.2 Exemple de mise en œuvre pour un remboursement à annuités constantes

3. Cas d'une émission ou d'un remboursement différent du pair

3.1 Analyse du problème

3.2 Exemple

3.3 Prime d'émission

4. Taux de revient et taux de rendement

4.1 Taux de revient t_{rv}

4.2 Taux de rendement t_{rd}

5. Évolution de la valeur d'une obligation

5.1 Constat

5.2 Explication

5.3 Exemple

5.4 Généralisation

1. Caractéristiques générales

1.1 Principes généraux

Un emprunt obligataire se différencie d'un emprunt indivis par la présence de plusieurs prêteurs.

1.1.1 Modalités

Le capital emprunté est divisé en parts d'égale valeur. Chaque souscripteur (prêteur) reçoit un titre appelé **obligation** pour chaque part souscrite.

À la fin de chaque période, un certain nombre d'obligations tirées au sort sont remboursées contre remise du titre. La dette représentée par chacune de ces obligations se trouve donc éteinte (les obligations sont dites **amorties**). Cela correspond à l'amortissement du capital dans un emprunt indivis.

Toujours à la fin de cette période, un intérêt est versé pour chaque obligation encore vivante (non éteinte) au début de la période en échange d'un coupon détachable.

1.1.2 Avantages

Ce système permet de faire appel à l'épargne publique alors même que le montant à emprunter est très important.

1.2 Valeurs attachées à une obligation

Trois valeurs sont attachées à une obligation :

- Le **prix d'émission** représente la somme versée par le souscripteur. Le prix d'émission de l'obligation sera noté **E**.
- La **valeur nominale** qui apparaît sur le titre et qui sert de base au calcul du coupon (l'intérêt d'une période). La valeur nominale de l'obligation sera notée **C**.
- La **valeur de remboursement** de l'obligation est la somme versée par l'emprunteur lors du remboursement (au tirage) de l'obligation. La valeur de remboursement sera notée **R**. C'est à cette valeur que l'emprunt est enregistré au passif du bilan.

Ces trois valeurs sont liées par la relation :

$$E \leq C \leq R \qquad \textit{avec} \qquad \begin{aligned} C - E &= \text{prime d'émission} \\ R - E &= \text{prime de remboursement} \end{aligned}$$

lorsque E = C, on dit que l'emprunt est émis au pair,

lorsque R = C, on dit que l'emprunt est remboursé au pair.

Remarque importante :
La comptabilité ne distingue pas les deux sortes de prime. C'est donc la globalité des deux primes qui est enregistrée en Primes de remboursement à l'Actif.

Pourquoi trois valeurs ? L'emprunteur doit trouver auprès du public un nombre suffisant de souscripteurs pour s'assurer des fonds dont il a besoin. Les primes accordées à l'émission ou au remboursement représentent des arguments de vente.

2. Conception du tableau d'amortissement d'un emprunt remboursable au pair

2.1 Principes généraux

2.1.1 Calcul des montants théoriques

Les règles de base d'un emprunt obligataire sont les mêmes que pour un emprunt indivis. Les procédures décrites au chapitre précédent permettent de calculer des montants théoriques pour l'amortissement et l'annuité.

2.1.2 Ajustement des montants théoriques

Toute obligation amortie étant remboursée en totalité, l'amortissement global d'une période ne peut être qu'un multiple de la valeur de remboursement d'une obligation. Le montant théorique doit donc être arrondi au multiple le plus proche (l'annuité en sera modifiée d'autant).

2.2 Exemple de mise en œuvre pour un remboursement à annuités constantes

Soit un emprunt obligataire de 10 000 000 F divisé en 10 000 titres de 1 000 F remboursable en 10 annuités constantes au taux de 10% l'an.

2.2.1 Calcul de l'annuité théorique

$$a = K_0 \times \frac{t}{1-(1+t)^{-n}} = 10\,000\,000 \times \frac{0,1}{1-(1,1)^{-10}} = 1\,627\,453,95$$

2.2.2 Construction du tableau

Celui-ci comporte des informations supplémentaires par rapport à l'emprunt indivis quant au nombre d'obligations.

Périodes	Dette au début de période		Intérêt	Amortissement		Annuité	Dette après amortissement	
	Valeur	Nb d'oblig.		Valeur	Nb d'oblig.		Valeur	Nb d'oblig.
1	10 000 000	10 000	1 000 000					

Pour chaque période, la méthodologie comporte deux étapes : calcul de l'amortissement théorique puis calcul des données réelles.

2.2.3 Calcul de l'amortissement théorique

Il se fait suivant la même procédure que dans un emprunt indivis ($A_i = a_i - I_i$)

soit $A_1 = 1\ 627\ 453{,}95 - 1\ 000\ 000$

A_1 théorique = 627 453,95

soit un nombre théorique $n_i = \frac{A_i}{R}$ d'obligations à amortir, $n_1 = \frac{627\ 453{,}95}{1\ 000} = 627{,}45395$

2.2.4 Calcul des données réelles

◆ Amortissement

Nombre réel n'_i d'actions réellement à amortir, $n'_i = n_i$ arrondi à l'entier le plus proche.

On ne peut bien évidemment pas amortir 627,45395 obligations. Le nombre réel d'obligations remboursées doit être entier.

Soit ici $n'_i = 627$

Soit $A'_1 = 627 \times 1\ 000 = 627\ 000$

Il existe d'autres méthodes que celle de l'arrondi (telle que la soulte capitalisable).

◆ Annuité

Annuité réelle = Amortissement + intérêt

$a'_i = A'_i + I_i = 627\ 000 + 1000\ 000 = 1\ 627\ 000$

En procédant ainsi, période après période, on peut constituer le tableau d'amortissement.

Périodes	Dette au début de période		Intérêt	Amortissement		Annuité	Dette après amortissement	
	Valeur	Nb d'oblig.		Valeur	Nb d'oblig.		Valeur	Nb d'oblig.
1	10 000 000	10 000	1 000 000	627 000	627	1 627 000	9 373 000	9 373
2	9 373 000	9 373	937 300	690 000	690	1 627 300	8 683 000	8 683
3	8 683 000	8 683	868 300	754 000	759	1 627 300	7 924 000	7 927

2.2.5 Détermination d'une ligne quelconque

◆ Principe

Les lois établies lors de l'étude des emprunts indivis sont applicables aux montants théoriques des emprunts obligataires (et non aux valeurs ajustées).

> Pour la détermination d'une ligne quelconque, il est indispensable de partir des données théoriques et non des valeurs ajustées.

Prenons l'exemple du calcul de la 7e ligne.

◆ Capital dû au début de la période K_6

Valeur théorique :

$$K_n = K_0 - \sum_{i=1}^{n} A_i$$

Avec $A_i = A_1\ (1+t)^{i-1}$

Soit $K_6 = 10\,000\,000 - \sum_{i=1}^{6} 627\,453{,}95\ (1{,}1)^{i-1}$

$$K_6 = 10\,000\,000 - 627\,453{,}95 \frac{(1{,}1)^6 - 1}{0{,}1} \approx 5\,158\,810{,}03$$

Soit un nombre théorique d'obligations à amortir de

$$5\,158\,810{,}03 / 1\,000 = 5\,158{,}81003$$

Le nombre réel d'obligations ne pouvant être qu'entier, il convient d'arrondir à l'entier le plus proche, soit 5 159.

Le capital dû réel K'_6 est donc : $K'_6 = 5\,159 \times 1\,000 =$ **5 159 000**

◆ Autres éléments de la ligne

On peut déduire les autres éléments à partir de cette donnée.

- **Intérêts I_7** $I_7 = K'_6 \times 10\ \%$ $I_7 = 515\,900$

- **Amortissement A'_7**
  - *nombre théorique* $n_7 = (a - I_7)/R = (1\,627\,453{,}95 - 515\,900)/1000$
    $n_7 = 111{,}55335$
  - *nombre réel* $n'_7 = n_7$ arrondi $= 1\,112$
  - *amortissement réel* $A'_7 = n'_7 \times C = 1\,112\,000$ F

***Remarque** : L'amortissement théorique A_7 peut se calculer à partir de A_1.*
$A_7 = A_1\,(1+t)^6 = 627\,453{,}95 \times (1{,}1)^6 = 1\,111\,572{,}95$
L'amortissement réel A'_7 est le plus proche multiple de $C = 1\,000$ F soit 1 112 000 F.

- **Annuité réelle a_7**

$$a_7 = A'_7 + I_7 = 1\,112\,000 + 515\,900 = 1\,627\,900$$

3. Cas d'une émission ou d'un remboursement différent du pair

Prenons l'exemple de l'emprunt précédent mais avec les valeurs suivantes pour l'obligation :

- prix d'émission	$E = 950$
- valeur nominale	$C = 1\,000$
- valeur de remboursement	$R = 1\,100$

3.1 Analyse du problème

L'existence de ces trois valeurs pose un double problème :

- Quelle est la valeur réelle de la dette ?
- Les règles établies précédemment reposent sur l'égalité entre les bases de calcul des intérêts et des amortissements, elles ne sont donc pas directement applicables ici.

3.1.1 Valeur de la dette

La valeur de la dette à un moment donné est égale à la somme que devrait payer immédiatement l'emprunteur pour rembourser l'emprunt. Dans le cas où l'emprunteur décide de rembourser par anticipation, c'est la valeur de remboursement R qu'il devra payer.

> C'est la valeur de remboursement R qui sert de base à l'évaluation de la dette.
>
> $K_0 = NR$

Remarque : *C'est à cette valeur que l'emprunt obligataire est comptabilisé.*

3.1.2 Application des règles de calcul

Pour pouvoir appliquer les règles précédentes, il faut qu'amortissements et intérêts soient calculés sur la même valeur. Or, si l'amortissement dépend de la valeur de remboursement R, l'intérêt est calculé par application du taux à la valeur nominale C.

Il faut donc modifier le mode de calcul de l'intérêt en prenant la valeur de remboursement R comme base de calcul, et en définissant un nouveau taux de calcul t_c des intérêts.

◆ **Taux de calcul t_c**

Quel que soit le mode de calcul, l'intérêt doit évidemment être le même.

- Calcul à partir de la valeur nominale

$I_i = N' \times C \times t$ avec N' = Nombre d'obligations restant à amortir

- Calcul à partir de la valeur de remboursement

$$I_i = N' \times R \times t_c$$

On doit donc avoir

$$N' \times C \times t = N' \times R \times t_c$$

Soit $$t_c = \frac{C}{R} \times t$$

Dans notre exemple $t_c = \frac{1\,000}{1\,100} \times 10\% = 9{,}09\ \%$

◆ Analogie

> On peut considérer, pour les calculs, qu'un emprunt remboursable au dessus du pair est assimilable à un emprunt remboursé au pair dont la valeur nominale serait R et dont le taux serait $t_c = \frac{C}{R}\, t$
>
> (La prime de remboursement (R-C) s'assimile alors à une prime d'émission sans influence sur le tableau de remboursement.)

3.2 Exemple

3.2.1 Taux de calcul t_c

$t_c = \frac{C}{R} \times t$ *soit* $t_c = \frac{1\,000}{1\,100} \times 0{,}1 \approx \mathbf{9{,}09\ \%}$

(En fait il faut garder en mémoire la donnée la plus exacte possible.)

3.2.2 Calcul de la dette initiale $K_0 = N \times R$

$K_0 = 10\,000 \times 1\,100 = 11\,000\,000$

3.2.3 Calcul de l'annuité constante théorique

$$K_0 = a\ \frac{1 - (1+t_c)^{-10}}{t_c}$$

$11\,000\,000 = a \times \frac{1 - 1{,}0909^{-10}}{0{,}0909}$ soit **a = 1 720 885,72**

3.2.4 Construction du tableau

- Calcul de l'intérêt

$$I_i = K_{i-1} \times t_c$$

- *Calcul de l'amortissement théorique*

$$A_i = a - I_i \quad \textit{soit} \quad n_i = \frac{a - I_i}{R}$$

- *Calcul de l'amortissement réel*

$$A'_i = n'_i \times R$$

avec $n'_i = n_i$ arrondi à l'entier le plus proche

- *Annuité réelle*

$$a_i = A'_i + I_i$$

Périodes	Dette au début de période		Intérêts	Amortissement		Annuité	Dette après amortissement	
	Valeur	Nb d'oblig.		Valeur	Nb d'oblig.		Valeur	Nb d'oblig.
1	11 000 000	10 000	1 000 000	720 500	655	1 720 500	10 279 500	9 345
2	10 279 500	9 345	934 500	786 500	715	1 721 000	9 493 000	8 630
3	9 493 000	8 630	863 000	858 000	780	1 721 000	8 635 000	7 850
4	8 635 000	7 850	785 000	936 100	851	1 721 100	7 698 900	6 999
5	7 698 800	6 999	699 900	1 020 800	928	1 720 700	6 678 100	6 071
6	6 678 100	6 071	607 100	1 113 200	1 012	1 720 300	5 564 900	5 059
7	5 564 900	5 059	505 900	1 214 400	1 104	1 720 300	4 350 500	3 955
8	4 350 500	3 955	395 500	1 325 500	1 205	1 721 000	3 025 000	2 750
9	3 025 000	2 750	275 000	1 445 400	1 314	1 720 400	1 579 600	1 436
10	1 579 600	1 436	143 600	1 579 600	1 436	1 723 200	0	0

3.3 Prime d'émission

On constate que l'existence d'une prime d'émission ne modifie en rien l'élaboration du tableau de remboursement.

> La prime d'émission n'intervient que pour la détermination de la somme disponible pour l'emprunteur, mais pas dans le tableau de remboursement.

4. Taux de revient et taux de rendement

Il s'agit d'évaluer en terme de taux :

- le coût réel de l'opération pour l'emprunteur (taux de revient),
- la rentabilité pour le souscripteur (taux de rendement).

4.1 Taux de revient : t_{rv}

Au taux de revient t_{rv}, il y a équivalence entre la somme encaissée M à la date de souscription et les annuités.

$$M = \sum_{i=1}^{n} a\,(1 + t_{rv})^{-n}$$

L'emprunteur ne reçoit des souscripteurs que le prix d'émission amputé des frais prélevés par les organismes bancaires qui assurent le placement des obligations auprès du public.

$$M = N \times E \text{ - frais}$$

***Remarque :** On pourra prendre pour a l'annuité théorique.*

Exemple :

En supposant que dans l'exemple précédent, les frais supportés soient de 500 000 F.

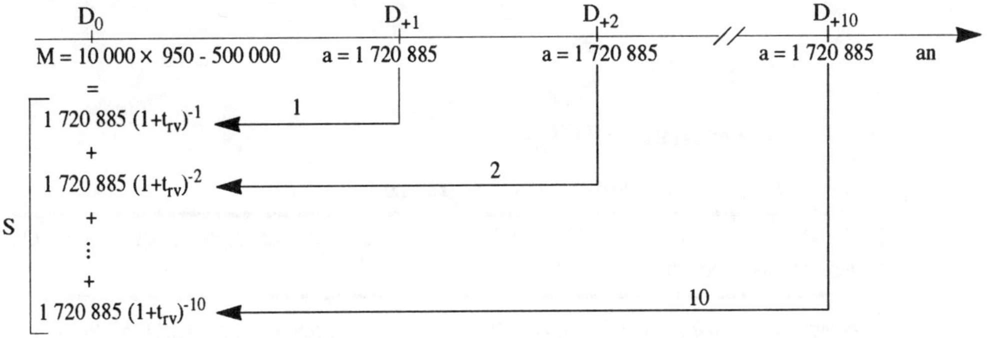

S est la somme des 10 premiers termes d'une suite géométrique (somme des annuités d'un emprunt) $a\,\dfrac{1-(1+t)^{-n}}{t}$

$$S = 1\,720\,885\;\frac{1-(1+t_{rv})^{-10}}{t_{rv}}$$

Soit $$M = 10\,000 \times 950 - 500\,000 = 1\,720\,885\;\frac{1-(1+t_{rv})^{-10}}{t_{rv}}$$

$$\frac{1-(1+t_{rv})^{-10}}{t_{rv}} \approx 5{,}22986719$$

La table financière III permet de déterminer la valeur de $\dfrac{1-(1+t_{rv})^{-10}}{t_{rv}}$ en fonction de trv.

Par interpolation linéaire

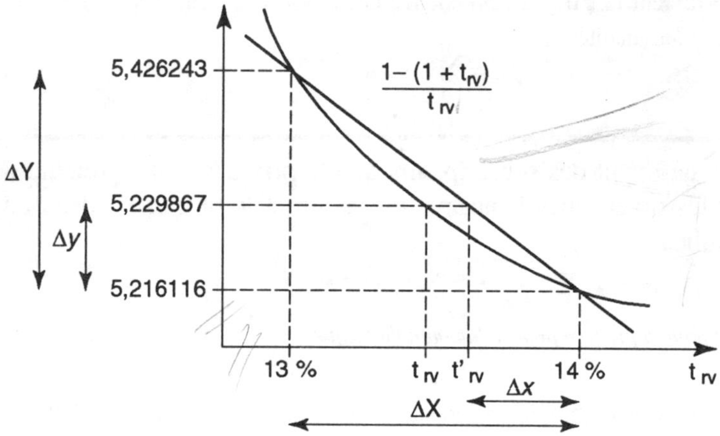

$t_{rv} = 14\% - \Delta x \approx 13{,}93\%$

4.2 Taux de rendement t_{rd}

4.2.1 Taux de rendement pour un tirage

> Au taux de rendement t_{rd}, il y a équivalence entre le prix versé par le souscripteur et les encaissements qu'il réalisera.

Remarque : *Les primes d'émission et de remboursement accentuent la rentabilité. Par le biais de l'actualisation, leur effet sera d'autant plus important que l'obligation sera remboursée rapidement. Le taux de rendement est donc fonction de l'année de tirage.* ***Il n'existe pas un taux de rendement, mais un taux par échéance de tirage.***

Exemple :

En partant de l'exemple précédent, le calcul du taux de rendement d'une obligation tirée l'année 3 se présente ainsi :

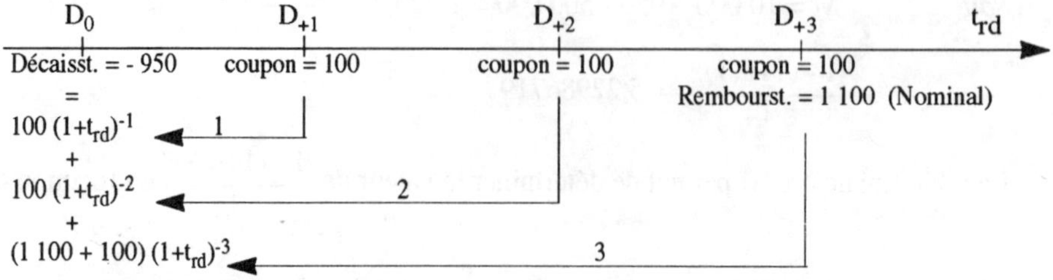

Soit $\quad 950 = 100\,(1+t_{rd})^{-1} + 100\,(1+t_{rd})^{-2} + 100\,(1+t_{rd})^{-3} + 1\,100\,(1+t_{rd})^{-3}$

$$950 = \underbrace{100\,\frac{1-(1+t_{rd})^{-3}}{t_{rd}} + 1\,100\,(1+t_{rd})^{-3}}_{D}$$

Il faut alors procéder par tâtonnements permettant d'encadrer la valeur réelle de t_{rd}.

Pour $t_{rd} = 15\%$ $\qquad D = 951{,}59$

$t_{rd} = 16\%$ $\qquad D = 929{,}31$

Par interpolation linéaire $\quad t_{rd} = 15\% + \dfrac{1{,}59}{22{,}28} \times 1\% \quad \approx$ **15,07%**

4.2.2 Taux de rendement moyen ou taux actuariel t_a

Lors de la souscription, le prêteur ne sait pas à quel tirage sera remboursée son obligation. Dès lors, ce qui l'intéresse, c'est de savoir quel sera en moyenne le rendement de son obligation. Ce taux de rendement moyen est appelé **taux actuariel**.

> Le taux actuariel d'une obligation représente l'espérance mathématique de rendement de cette obligation.

On pourrait le calculer en faisant la somme des taux de rendement pondérés par les probabilités de chaque tirage. Il est plus simple de constater que pour ce taux, l'ensemble des sommes versées par les souscripteurs doit être équivalent à l'ensemble des sommes reçues en contrepartie (amortissements + intérêts, c'est-à-dire les annuités).

Schéma :

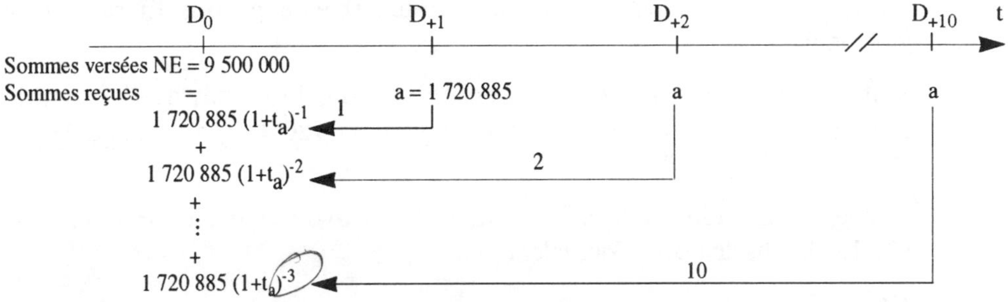

Soit $$9\,500\,000 = 1\,720\,885 \; \frac{1 - (1+t_a)^{-10}}{t_a}$$

Par encadrements et interpolation linéaire $\mathbf{t_a} \approx$ **12,58%**

Remarque : *La différence avec le taux de revient pour l'emprunteur provient uniquement des frais prélevés par les organismes bancaires.*

5. Évolution de la valeur d'une obligation

5.1 Constat

Le taux nominal assure le détenteur d'une rémunération fixe durant toute la durée de vie de celle-ci. À ce titre, une obligation peut être revendue, la bourse assurant la fixation du prix pour les emprunts importants. On constate alors que ce prix fluctue au cours de l'existence de l'obligation.

5.2 Explication

Pour comprendre ces évolutions, il faut se mettre à la place d'un éventuel acheteur. Celui-ci ne sera intéressé que dans la mesure où le taux de rendement de son achat est comparable à celui qu'il obtiendrait en souscrivant à un nouvel emprunt.

Les intérêts et la valeur de remboursement étant fixes, c'est la valeur de rachat qui permettra d'ajuster le taux de rendement à celui des nouveaux emprunts.

5.3 Exemple

En reprenant l'emprunt précédent et en se plaçant en D_{+6}, et en imaginant que les nouveaux emprunts émis au pair ont un taux nominal de 8% (dans ce cas c'est aussi le taux de rendement moyen), il sera intéressant de racheter une obligation ancienne si celle-ci propose un taux de rendement moyen de 8 % au minimum.

5.3.1 Calcul

En D_{+6}, après versement de l'annuité, il reste 5 059 obligations. En raisonnant globalement :

Soit RA la valeur de rachat d'une obligation, le rachat de l'ensemble coûterait 5 059 × RA en D_{+6} et rapporterait a = 1 720 885 en D_{+7}, D_{+8}, D_{+9} et D_{+10}.

Pour que l'opération soit intéressante, il doit y avoir équivalence au taux de 8%. En établissant cette équivalence en D_{+6} :

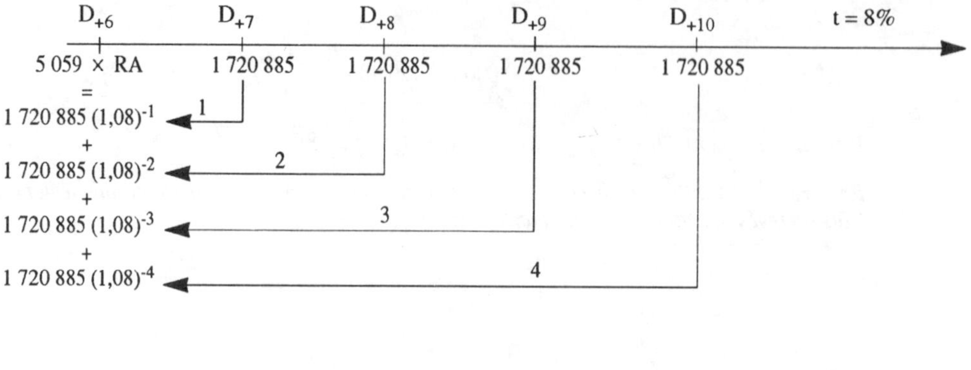

Soit

$$5\,059 \times RA = 1\,720\,885\ \frac{1 - (1{,}08)^{-4}}{0{,}08}$$

$$\mathbf{RA \approx 1\,126{,}66\ F}$$

Cette valeur est plus importante que la valeur de remboursement R. Ceci est dû au fait que l'intérêt versé se calcule sur une base supérieure au nouveau taux en vigueur, ce qui rend attractif l'ancienne obligation.

5.4 Généralisation

Lorsque le taux servi aux nouveaux emprunts diminue, alors l'acheteur acceptera de payer un surcoût lors de l'achat, pour bénéficier de l'ancien taux plus rémunérateur.
Dans le cas contraire, il compensera un ancien taux moins rémunérateur par une décote de la valeur nominale.

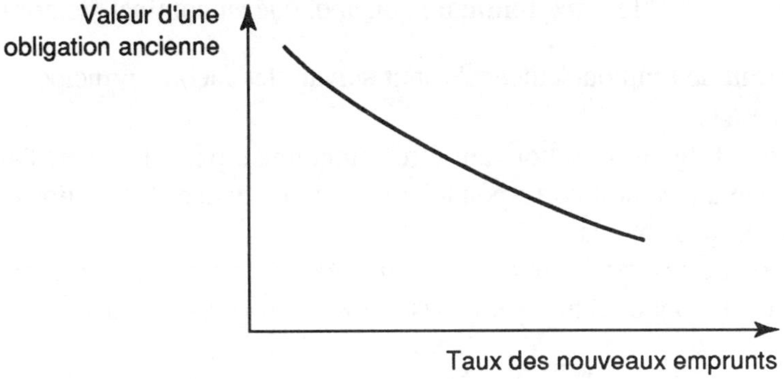

Limites

Il s'agit d'une valeur théorique autour de laquelle se fixera le cours de l'obligation, mais d'autres facteurs entrent en jeu, notamment :

- la durée restante de l'emprunt,
- les caractéristiques spécifiques à chaque emprunt, par exemple :
  - l'indexation de la valeur de remboursement sur une autre valeur,
  - la possibilité d'échanger l'obligation contre des actions de la société émettrice (obligations convertibles),
  - le risque d'insolvabilité de l'émetteur.

Points clefs

- Un emprunt obligataire est un emprunt divisé en parts d'égale valeur, nommées obligations, ce qui permet de faire appel à un grand nombre de prêteurs.

- L'obligation représente la créance du souscripteur sur l'emprunteur, elle est caractérisée par :
  - le **prix d'émission** E versé par le prêteur,
  - la **valeur nominale** C ou **Pair**, qui constitue la base de calcul des intérêts,
  - la **valeur de remboursement** R, remboursée par l'emprunteur,
  - le **taux nominal** t qui, appliqué au nominal, détermine l'intérêt.

- Le tableau de remboursement s'établit suivant les mêmes principes qu'un emprunt indivis, mais :
  - une obligation ne pouvant être remboursée partiellement, l'amortissement d'une année doit correspondre à un nombre entier d'obligations, ce qui oblige à des ajustements ;
  - lorsque les remboursements sont réalisés au dessus du pair (R > C), les calculs sont effectués sur la base de R et d'un taux de calcul t_c :

$$t_c = \frac{C}{R} \times t$$

- Le taux de rendement d'une obligation assure l'équivalence entre les sommes versées et touchées par le souscripteur,

- Le taux actuariel représente l'espérance mathématique des taux de rendement.

1 En avril n, une entreprise émet un emprunt obligataire ayant les caractéristiques suivantes :

- Date de jouissance 1er mai.
- Remboursement au pair par tirage au sort le 1er mai de chaque année pendant quatre ans (premier tirage le 1/5/n+1).
- Émission au pair fixé à 5 000 F.
- Taux nominal 10 % l'an.
- Nombre d'obligations : 10 000

L'emprunt générera 500 000 F de frais.

L'emprunt est remboursable par annuités constantes.

a) Établir le tableau de remboursement.

b) Calculer le taux de revient.

c) Calculer le taux actuariel.

d) Calculer le taux de rendement d'une obligation remboursée au deuxième tirage.

L'emprunt est maintenant remboursable à amortissements constants, mêmes questions.

2 Mêmes questions que l'exercice 1 pour :

- Un prix d'émission de 4 900 F.
- Un prix de remboursement de 5 050 F.

3 Une société émet 100 000 obligations de nominal 2 100 F au taux de 11 %. L'emprunt est remboursé en 12 annuités sensiblement constantes. Le prix de remboursement sera de 2 190 F.

a) Présenter la première et la dernière ligne du tableau de remboursement.

b) L'entreprise supporte 400 000 F de frais. Quel est le taux de revient ?

c) Calculer le taux actuariel.

d) Quel est le taux de rendement pour une obligation remboursée au troisième tirage ?

e) Un prêteur a acquis trois obligations tirées respectivement au 1er, 3ème et 4ème tirages. Quel est son taux global de rentabilité ?

4

Courant septembre 1990, la SA Bel Air avait émis un emprunt-obligations aux caractéristiques suivantes :

- date de jouissance = 1er octobre 1990 ;
- intérêt : 9 % payable le 1er octobre de chaque année, et pour la première fois le 1er octobre 1991 ;
- valeur nominale : 200 F ;
- amortissable à prix constant, au-dessus du pair, sur la base de 8 annuités sensiblements constantes, le 1er octobre de chaque année, et pour la première fois le 1er octobre 1991.

Les exercices comptables coïncidant avec l'année civile, on extrait les renseignements suivants, de deux bilans successifs :

	Bilan au 31/12/91	Bilan au 31/12/92
Intérêts courus sur emprunts-obligations 1990	81 387	72 126

Sachant, de plus, que la société a dû débourser une somme totale de 819 468 F pour le service de l'emprunt au 1er octobre 1992, déterminer :

a) Le prix de remboursement des obligations.

b) Le nombre d'obligations émises.

(D'après BTS CG.)

5

La société OPTIMEX a été constituée en 1970 sous forme d'une société anonyme au capital divisé en actions de 200 F de valeur nominale. Elle emploie 250 salariés et s'est spécialisée dans la fabrication de produits cosmétiques.

L'entreprise vend essentiellement à des grossistes et à des professionnels : son activité est florissante, cela se traduit par un programme d'investissement ambitieux et le lancement de nouveaux produits.

La société OPTIMEX a toujours été assujettie à la TVA sur l'ensemble de ses activités. Son exercice comptable coïncide avec l'année civile.

La Direction de la société vous confie le contrôle de l'emprunt obligataire.

BILAN - ACTIF - (extrait)

		31/12/1989	31/12/1988
Primes de remboursements des obligations (IV)	CM	58 000	66 000

BILAN - PASSIF - (extrait)

		31/12/1989	31/12/1988
Emprunts obligataires convertibles	DS		
Autres emprunts obligataires	DT	9 780 920	10 459 175
Emprunts et dettes auprès des établissements de crédit	DU	3 476 500	3 600 000
Emprunts et dettes financières divers	DV		

COMPTE DE RÉSULTAT DE L'EXERCICE 1989 - en liste - (extrait)

Dotations financières aux amortissements et provisions	GQ	8 000
Intérêts et charges assimilées	GR	3 150 700

- Le 1er avril 1982, la société a émis un emprunt obligataire divisé en obligations de 1 000 F de valeur nominale et remboursable au pair sur 15 ans par annuités sensiblement constantes.
- Le premier remboursement a eu lieu le 31 mars 1983.
- Taux d'intérêt nominal : 13 % l'an.
- Au bilan, les postes « emprunts obligataires » et « primes de remboursement » ne concernent que l'emprunt dont il est question ici. Le poste DT, au passif, concerne à la fois la dette restant à rembourser et les intérêts courus non échus.
- Les primes de remboursement s'amortissent par le procédé de l'amortissement constant sur la durée de l'emprunt avec réduction prorata temporis de la première annuité.
- Le tableau d'amortissement a été réalisé selon la méthode « approchée ». En conséquence le nombre théorique d'obligations à amortir a été arrondi à l'entier le plus proche pour les périodes 7 et 8.

a) Retrouver le nombre d'obligations vivantes au 31 décembre 1989. Justifier.

b) Rechercher, par le calcul, le nombre d'obligations émises à l'origine (on arrondira le nombre trouvé à la centaine la plus proche) et le montant initial emprunté.

c) Présenter les lignes 7 et 8 du tableau d'amortissement (dette restant à rembourser en début de période, nombre d'obligations vivantes en début de période, intérêts, amortissements réels, nombre d'obligations amorties, annuités réelles).

d) Dire quelle est la charge d'intérêt d'emprunt-obligations imputable à l'exercice 1989.

e) Calculer, par obligation, la prime de remboursement, le prix d'émission.

f) Calculer le taux de rendement pour une obligation remboursée au 1/4/1990, sans tenir compte de la fiscalité.

(D'après étude de cas – BTS CG 1990.)

6

L'entreprise OMEGA émet un emprunt obligataire remboursable à l'aide d'annuités sensiblement constantes :

- prix d'émission .... 190 F
- valeur nominale .... 200 F
- valeur de remboursement .... 210 F
- taux d'intérêt nominal .... 10,5 %
- nombre d'obligations émises 10 000
- durée du remboursement .... 4 ans

a) Présenter la première ligne et la dernière ligne du tableau d'amortissement.

b) Un obligataire est remboursé d'une obligation au bout d'un an. Quel est le taux t de rendement réel ?

c) Un obligataire est remboursé d'une obligation chaque année. Soit t le taux moyen de rendement réel de son placement.

- **Poser l'équation qui permet de calculer le taux moyen de rendement de l'ensemble du placement en fonction de t.**
- **Le taux de 15 % vous paraît-il acceptable ?**
- **Comment devrait-on procéder pour le trouver s'il ne vous était pas donné ? Expliquer la méthode que vous auriez employée.**

(D'après BTS CGE, 1988.)

7

La société MATINFO envisage la mise en place de nouveaux équipements industriels. Pour financer ce projet elle étudie l'émission d'un emprunt de 10 000 obligations dont voici les caractéristiques :

- valeur nominale d'une obligation : 5 000 F ;
- prix d'émission : 4 950 F par obligation ;
- durée : 10 ans à compter du 1er octobre 1990 ;
- jouissance et règlement le 1er octobre 1990 ;

- intérêt annuel de 9,50 % soit 475 F par obligation, payable le 1er octobre de chaque année ;
- remboursement au pair (valeur nominale).

Elle hésite entre deux modalités d'amortissement.

Première modalité

Amortissement par annuités constantes, du 1er octobre 1991 au 1er octobre 2 000.

En désignant par :

N_k le nombre d'obligations vivantes immédiatement après le versement de l'annuité de rang k,

m_k le nombre d'obligations amorties lors du versement de l'annuité de rang k ,

a le montant de l'annuité théorique de remboursement,

a) Décomposer en intérêts et amortissements deux annuités consécutives de rang k et k+1 puis montrer que le nombre de titres à amortir chaque année est en progression géométrique de raison 1,095.

b) En déduire le nombre théorique de titres à rembourser le 1er octobre 1991, puis le montant de l'annuité théorique de remboursement.

c) Estimer le montant des coupons à payer le 1er octobre 1996.

d) Déterminer le taux de rendement d'une obligation souscrite à l'émission de l'emprunt et remboursée le 1er octobre 1992.

Deuxième modalité

Amortissement en quatre tranches égales de 2 500 obligations, du 1er octobre 1997 au 1er octobre 2 000.

e) Déterminer le montant annuel des coupons à verser par la société du 1er octobre 1991 au 1er octobre 1996.

f) Montrer que les annuités de remboursement de l'emprunt du 1er octobre 1997 au 1er octobre 2 000 sont en progression arithmétique. En déduire le montant de chacune de ces annuités.

g) Écrire l'équation permettant de déterminer le taux de rendement actuariel de l'emprunt. Vérifier que ce taux de rendement est à peu près de 9,68 %.

(D'après DECF 90 UV n° 5.)

10

PRÉSENTATION ET REPRÉSENTATION DES DONNÉES

Démarche statistique et apport à la gestion

1. La statistique : des données à l'information

1.1 Notion d'information

1.2 Rôle de la statistique

2. Apports de la statistique au gestionnaire

1. La statistique : des données à l'information

1.1 Notion d'information

Imaginons deux journaux radiodiffusés rendant compte des mêmes évènements, l'un de ces journaux est en français, l'autre en chinois. Pour un francophone, seul le premier sera porteur de sens et lui apportera de l'information.

Les données de base (compte rendu des mêmes évènements) étant identiques, la seule différence tient au sens de ces données pour l'auditeur.

> Les données ne constituent pas en soi de l'information. Pour qu'elles le deviennent, elles doivent être porteuses de sens pour l'utilisateur.

A l'état brut, les données ne constituent que de l'information potentielle.

1.2 Rôle de la statistique

Toute décision rationnelle repose sur de l'information. Celle-ci est en quelque sorte la matière première de la décision. On ne pourra par exemple décider d'accroître la fabrication d'un produit sans information sur la capacité du marché à l'acheter.

Le rôle de la statistique est justement de produire cette information. Elle le remplit à partir d'un processus constitué de deux étapes de base.

Étape 1 : **Collecte** des données de base que l'on nomme les statistiques. A ce stade, elles sont en général inassimilables et donc dénuées de sens pour l'utilisateur.

Étape 2 : **Extraction** du sens contenu dans ces données.

1.2.1 Collecte des données

Exemple :

L'entreprise PREDON, spécialisée dans la fabrication d'aliments pour animaux domestiques, cherche à adapter sa politique tarifaire aux caractéristiques de sa clientèle.

♦ **Démarche :**

La première étape consistera donc à recueillir les données sur les clients. Mais ceux-ci se différencient les uns des autres par de nombreux aspects, comme par exemple :

- Activité : particuliers, détaillants, grossistes...
- Adresse
- N° de téléphone
- Nom du responsable
- Âge du responsable
- Taille du responsable

- Ancienneté du client
- Volume d'achats réalisé
- etc.

Il n'est évidemment pas possible de recueillir et d'étudier toutes les données relatives aux clients. De plus, certaines seraient manifestement inutiles en fonction du but recherché.

La taille du responsable serait non seulement inutile mais masquerait les données utiles.

Il faudra donc sélectionner les critères semblant a priori les plus significatifs en fonction du but recherché.

Remarque : Ce choix introduit d'emblée une part de subjectivité à laquelle l'ensemble de la démarche statistique ne peut échapper.

> La première étape de la démarche statistique consiste à sélectionner les critères amenant à collecter les données pouvant devenir les plus significatives.

1.2.2 Extraction du sens

Exemple :

Après sélection sur les critères d'activité et de volume, l'entreprise PREDON a recueilli les 300 données suivantes sous formes de couples (activité, volume) :

(grossiste, 35315), (détaillant, 10112), (particulier, 315),
........................., (grossiste, 40215), ...
(détaillant, 21230), (particulier, 5315), (grossistes, 25215)

♦ ***Démarche***

En l'état, ces données sont trop nombreuses pour être assimilées par l'esprit humain. Faute de l'être, les informations qu'elles contiennent resteront masquées au décideur.

La statistique va avoir pour rôle de transformer ces données en en modifiant la forme afin d'en extraire le ou les sens. Plusieurs transformations peuvent être menées de manière complémentaire, cette partie a pour objet de présenter les principales méthodes élémentaires. Quelle que soit la transformation effectuée, elle aboutit généralement à une réduction du nombre initial de données permettant d'en accentuer la lisibilité.

Exemple :

On pourra ainsi regrouper les clients ayant des volumes d'affaires proches.

de 0 à 4999	: 40
de 5000 à 9999	: 60
[10 000, 15 000 [	: 70
[15 000, 20 000 [	: 40
[20 000, 30 000 [	: 40
[30 000, 50 000 [	: 48
≥ 50 000	: 2

Les 402 couples d'origine sont remplacés par 7 couples (fourchette d'achat, nombre).

Ce regroupement enrichit la série d'origine en la rendant lisible, mais l'appauvrit en réduisant la précision. L'opération aboutit à sacrifier une partie de l'information potentielle pour faire émerger de l'information réelle.

L'art de la statistique consiste donc en un compromis entre l'émergence d'informations utiles et la perte d'informations potentielles contenues dans les données d'origine.

2. Apports de la statistique au gestionnaire

Le gestionnaire attend de l'outil statistique une aide à deux niveaux : la compréhension du passé ; la prévision de l'avenir.

Cela suppose :

- une présentation lisible des données recueillies qui fait l'objet de la partie : **Présentation et Représentation des données,**
- l'analyse des liens mathématiques entre les différentes caractéristiques de la population étudiée aboutissant à des modèles mathématiques sur lesquels reposent la prévision. C'est l'objet de la partie : **Analyse et Prévision.**

11

PRÉSENTATION ET REPRÉSENTATION DES DONNÉES

Tableaux et représentations graphiques

1. Organisation des données : les tableaux

1.1 Classification : vocabulaire

1.2 Tableaux à une variable (ou un caractère)

1.3 Tableaux à deux variables ou plus

2. Graphiques descriptifs

2.1 Variables discrètes

2.2 Variables continues

2.3 Échelles logarithmiques

Le rôle de ces outils est de faire émerger l'information contenue dans les données en les rendant assimilables.

Les tableaux permettent d'organiser les données pour faciliter leur traitement ultérieur.

Les représentations graphiques font appel à nos capacités de perception visuelle et constituent un premier outil d'analyse pour connaître les caractéristiques générales de la population (**graphiques descriptifs**), les liens entre ces caractéristiques (**graphiques d'analyse factorielle des correspondances**).

1. Organisation des données : les tableaux

L'organisation suppose un travail préalable de classification qui nécessite un vocabulaire spécifique.

1.1 Classification : vocabulaire

1.1.1 Caractères ou Variables

Ce sont les critères suivant lesquels les données sont recueillies. Ils constituent les "angles d'approche" suivant lesquels la population est étudiée. On distingue les caractères :

Quantitatifs : Ils se mesurent par des nombres permettant de hiérarchiser et d'effectuer des opérations algébriques. Le critère "volume d'affaires" est un exemple de caractère quantitatif.

Qualitatifs : On peut les définir par défaut comme ceux qui ne sont pas quantitatifs. Ce qui est le cas par exemple du caractère "activité" puisqu'on ne peut pas établir de relation hiérarchique ou effectuer des opérations entre détaillants, grossistes et particuliers.

Une autre distinction porte sur le caractère discret ou continu de ces variables :

Discret : Le caractère ne peut prendre qu'un nombre fini de valeurs. C'est le cas du nombre de commandes par client.

Continu : Le caractère peut prendre un nombre infini de valeurs. C'est le cas par exemple de la dimension d'une pièce usinée.

1.1.2 Modalités

Les modalités représentent les différentes formes ou valeurs que peut prendre le caractère (détaillant, grossiste, particulier pour le caractère "activité").

1.1.3 Effectifs et Fréquences

L'effectif d'une modalité est le nombre d'observations correspondant à la forme prise par le caractère. On dénombrera par exemple un effectif de 80 particuliers. On dénomme aussi parfois **fréquence absolue** l'effectif d'une modalité.

La **fréquence** correspond à l'effectif de la modalité divisé par l'effectif total. Cela revient à exprimer la part de la modalité dans l'ensemble des observations.

Si le nombre total d'observations est de 300, la fréquence de la modalité "particulier" sera de 80/300 ≈ 0,266.

On peut également l'appeler **fréquence relative,** par opposition à la fréquence absolue.

La **distribution** est la répartition des effectifs entre les différentes modalités du caractère. Le tableau des (x_i, n_i) où x_i est la valeur du caractère et n_i le nombre d'observations de cette valeur est appelé **tableau de distribution**.

Exemple :

Les 30 (effectif) étudiants d'une classe (population) sont ainsi répartis suivant leur année de naissance (caractère ou variable discrète) :

Année de naissance	Effectifs
n-1	5
n	10
n+1	8
n+2	7

Distribution ← (lignes du tableau) → Distribution

↓ Modalités ↓ Fréquences

1.2 Tableaux à une variable (ou un caractère)

1.2.1 Caractère qualitatif

Les données concernant l'activité pourront par exemple être présentées ainsi (en colonne) :

Valeurs du caractère	Nombre d'observations (effectif)	Fréquence (relative)
Particuliers	80	0,2666..
Détaillants	170	0,5666..
Grossistes	50	0,1666..
Total	N = 300	1

Si l'on appelle X la variable ou le caractère, on pourra nommer :

X_i = [X_1, X_2, X_3] les modalités que peut prendre la variable : X_1 pour Particulier, X_2 pour Détaillant, X_3 pour Grossistes.

Remarque : en général, seuls les effectifs ou les fréquences sont présentés.

$n_i = [n_1, n_2, n_3]$ le nombre d'observations pour ces modalités.

$n_1 = 80$..............particuliers

$n_2 = 170$.............détaillants

$n_3 = 50$..............grossistes

N le nombre total d'observation $N = \sum_{i=1}^{n} n_i$ soit ici $N = n_1 + n_2 + n_3 = 300$ (Total)

Remarque : on pourrait de la même manière présenter le tableau en ligne

Modalités X_i	X_1 Particuliers	X_2 Détaillants	X_3 Grossistes	Total
Effectifs n_i	$n_1 = 80$	$n_2 = 170$	$n_3 = 50$	300

1.2.2 Caractère quantitatif

En supposant qu'aucun des achats effectués par les clients ne soit identique, le caractère volume d'affaires prend 300 modalités.

On pourrait certes représenter les données sous forme d'un tableau à 300 lignes ou colonnes mais sa lisibilité serait très mauvaise.

Pour améliorer cette lisibilité, on regroupe généralement les modalités dans dcs **classcs** aboutissant à un tableau pouvant se présenter ainsi :

Classes X_i	X_1]0,5000[	X_2 [5000,10000[	X_3 [10000,15000[	X_4 [15000,20000[	X_5 [20000,25000[	X_6 [25000,30000[	X_7 ≥ 50000	Total N
Effectifs n_i	n_1 40	n_2 60	n_3 70	n_4 40	n_5 40	n_6 48	n_7 2	N 300

Remarques :

- Dans le cas d'une variable continue, cette opération est inévitable. Lorsque, comme dans l'exemple précédent, la variable est discrète mais peut prendre un très grand nombre de valeurs, on opère généralement ce regroupement, ce qui revient à assimiler ce caractère discret à un caractère continu.
- Ce regroupement fait perdre de la précision aux données initiales. La lisibilité obtenue se paie au prix d'une perte d'information potentielle.
- Le regroupement des données sera différent suivant le choix des classes effectué par le statisticien. Même si l'on peut s'appuyer sur des critères mathématiques, l'opération introduit ici aussi une part de subjectivité.

1.3 Tableaux à deux variables ou plus

La présentation séparée des données suivant les deux critères ne rend aucun compte des liens statistiques qui existent entre ces deux caractères. On ne pourrait pas par exemple étudier la répartition du CA réalisé avec telle ou telle catégorie de client ou le lien existant entre l'activité du client et le montant de ses achats.

Les tableaux à double entrée croisant les modalités des deux caractères permettent d'éviter cette perte d'information potentielle.

Exemple

Volume Classes i / Activité j	1]0,5[	2 [5,10[	3 [10,15[	4 [15,20[	5 [20,30[	6 [30,50[	7 ≥ 50	$n_{.j}$
1 Particuliers	20	30	16	13	1	0	0	80
2 Détaillants			$n_{3,2}$ 50					
3 Grossistes			4					
$n_{i,.}$			70					$N=n_{..}$ $= 300$

Les données sont ainsi classées suivant deux critères i = volume et j = activité. La variable peut alors prendre $7 \times 3 = 21$ modalités (nbre de modalités du premier critère × nbre de modalités du second critère). On retrouvera ainsi les informations.

1.3.1 Modalités

Elles correspondent aux 21 cases claires et on pourra les noter $X_{i,j}$ où i représente le premier critère et j le second critère.

$X_{3,2}$ représentera la modalité achats compris entre 10 000 et 15 000 F pour les détaillants (à ne pas confondre avec $X_{2,3}$ qui représentera les achats entre 5 et 10 000 F pour les grossistes.)

1.3.2 Effectifs des modalités

Ils sont représentés par les nombres que contiennent les cases. $n_{i,j}$ représente l'effectif de la modalité $X_{i,j}$.

$n_{3,2} = 50$ représentera le nombre de détaillants (j = 2) ayant réalisé des achats compris entre 10 000 et 15 000 F (i = 3).

1.3.3 Effectifs marginaux

On peut également retrouver dans ce tableau les informations contenues dans les tableaux à une variable. Il suffit pour cela de neutraliser l'autre variable.

$n_{i,.}$ représentera les effectifs en fonction des achats quelle que soit l'activité. Ce sont les nombres contenus dans la dernière ligne (ligne grisée).

$n_{3,.} = 70$ représente le nombre de clients ayant réalisé des achats compris entre 10 000 et 15 000 F quelle que soit leur activité. On le calcule en faisant la somme de la colonne.

$n_{.,j}$ représentera de manière symétrique les effectifs en fonction du seul critère activité ($n_{.,1} = 80$ représente le nombre de particuliers).

1.3.4 Effectif total

L'effectif total N se trouve à l'intersection de la dernière ligne et de la dernière colonne. On le trouve indifféremment en sommant la dernière ligne ou la dernière colonne.

1.3.5 Tableaux à plus de deux variables

Il est possible de réaliser des tableaux croisant plus de deux variables en subdivisant chaque case mais la lisibilité directe devient alors très mauvaise.

2. Graphiques descriptifs

Même lorsqu'elles sont synthétisées sous forme de tableaux, l'esprit humain a du mal à embrasser l'ensemble des données. Pour le permettre, les représentations graphiques font appel à nos capacités de perception visuelle et répondent à deux fonctions :

- tirer les premiers constats et orienter les recherches ultérieures,

- illustrer les analyses afin d'en faciliter la compréhension.

La qualité première d'un graphique est son adaptation au phénomène qu'il doit illustrer. Comme la réalité est d'une infinie diversité, les graphiques le sont également. Il est pourtant nécessaire de maîtriser quelques représentations types qui ont pour fonction de démarrer l'étude pour l'orienter et pour avantage d'être facilement "lues" puisque standardisées. Ce manuel présente les représentations les plus fréquemment utilisées qu'il est indispensable de maîtriser.

2.1 Variables discrètes

2.1.1 Diagrammes en bâtons

Le terme de diagramme est synonyme de graphique.

♦ **Caractéristiques**

La représentation se limite à la visualisation des effectifs ou des fréquences de chaque modalité par la hauteur d'un bâton.

♦ **Construction**

Exemple : PREDON

Modalités Activité	Effectifs
Particuliers : P	80
Détaillants : D	170
Grossistes : G	50

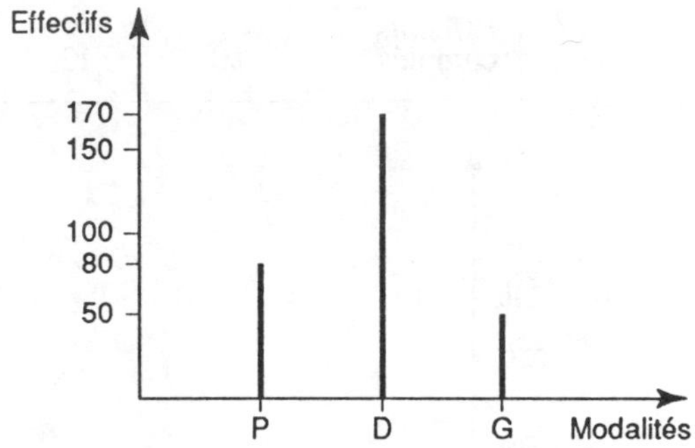

On peut de la même manière l'établir à partir des fréquences relatives.

♦ **Utilisation**

Ce type de diagramme est facile d'utilisation et permet de visualiser des évolutions en juxtaposant des séries différentes (années différentes par exemple).

Exemple :

Si l'année précédente on avait observé la distribution suivante :

Modalités Activité	Effectifs
Particuliers : P	120
Détaillants : D	120
Grossistes : G	20

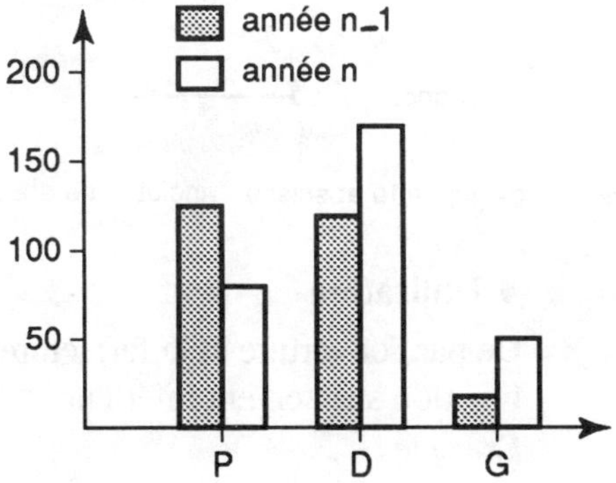

2.1.2 Diagrammes cumulatifs

♦ **Caractéristiques**

La représentation rend compte de l'évolution du cumul.

♦ **Construction**

Exemple :

L'entreprise PREDON a classé ses clients suivant le nombre de commandes qu'ils ont passées dans l'année.

Nombre de commandes	1	2	3	4	5	6
Effectifs	50	75	80	75	10	10
Effectifs cumulés	50	125	205	280	290	300

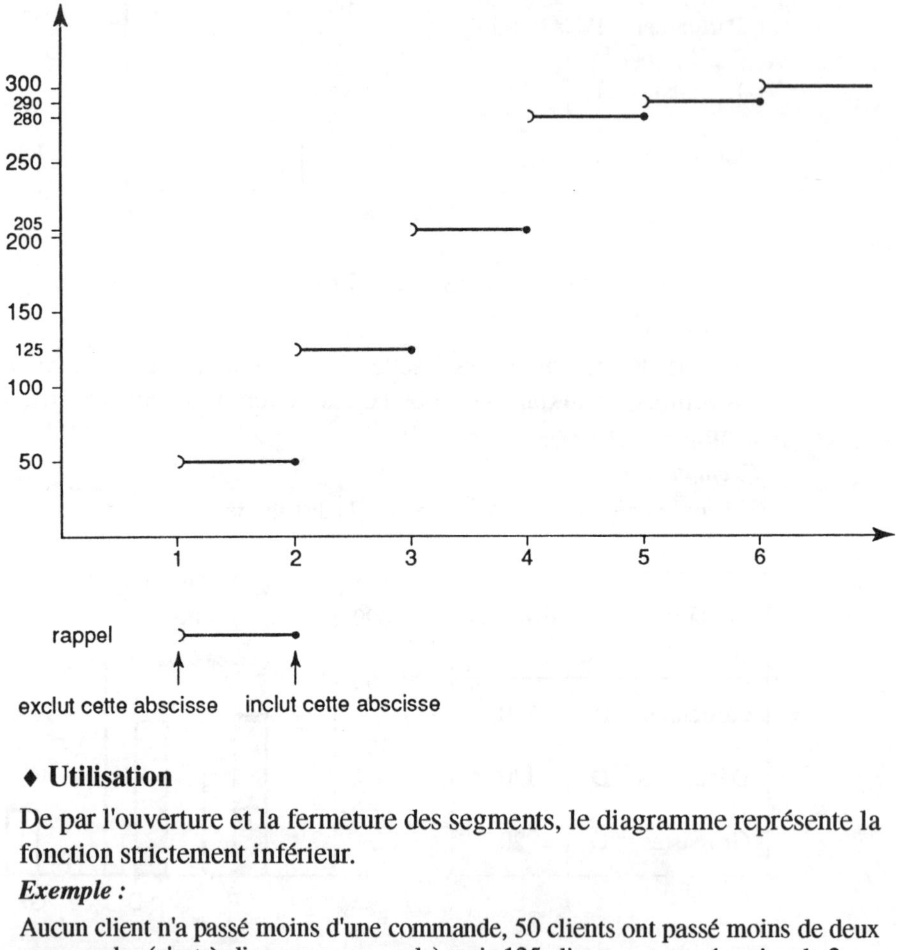

♦ **Utilisation**

De par l'ouverture et la fermeture des segments, le diagramme représente la fonction strictement inférieur.

Exemple :

Aucun client n'a passé moins d'une commande, 50 clients ont passé moins de deux commandes (c'est-à-dire une commande) mais 125 clients ont passé moins de 2 + ε commandes (c'est-à-dire une ou deux commandes).

2.2 Variables continues

Ce type de représentation est également adapté aux variables discrètes assimilées à des variables continues (rappel : on procède à cette assimilation si le grand nombre de modalités conduit à les regrouper en classes).

Contrairement aux modalités d'un caractère discret qui sont représentées par des points sur l'axe des abscisses, les classes le sont par des segments proportionnels à l'amplitude de la classe.

2.2.1 Histogrammes

♦ Caractéristiques

Chaque classe est à la base d'un rectangle. Ce sont les **aires** de ces rectangles qui sont **proportionnelles aux effectifs** (et non les hauteurs).

♦ Construction

Exemple :

L'entreprise PREDON a classé ses clients en fonction du chiffre d'affaires réalisé.

en milliers de F

Classes CA	Effectifs
< 5	40
[5 , 10 [	60
[10, 15[	70
[15, 20[	40
[20, 30[	40
[30, 50[	48
≥ 50	2

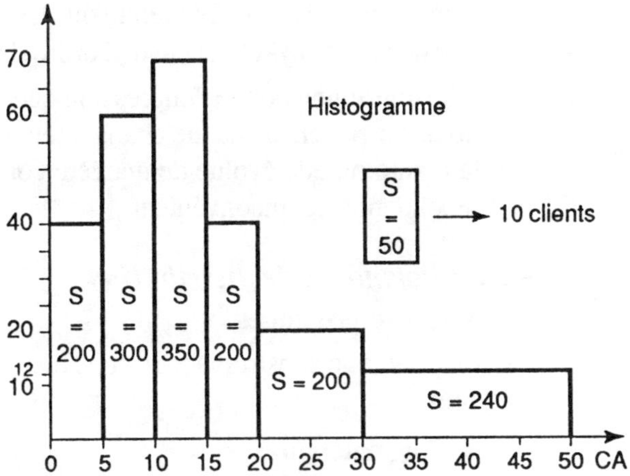

On doit commencer par établir la base de proportionnalité entre les surfaces et les effectifs. Le plus simple est de la définir à partir d'une des classes ayant l'amplitude la plus faible.

La classe [0,5[est représentée ici par une aire de $40 \times 5 = 200$.

Cela fixe la base de proportionnalité :

effectifs		surfaces
40	$\xrightarrow{\times 5}$	200
1	$\xrightarrow{\times 5}$	5

c'est en fait l'amplitude de cette classe qui fixe la **base de proportionnalité**. Pour **cette** amplitude et uniquement celle là, la hauteur est égale à l'effectif.

Tous les autres rectangles peuvent alors être représentés à partir de cette base :

- pour une classe de même amplitude, la hauteur sera également directement égale à l'effectif comme pour la classe [5, 10[,

- si l'amplitude est différente, comme pour la classe [20, 30[:
  . l'effectif étant de 40, la surface doit être de $40 \times 5 = 200$,
  . la base du rectangle étant de 10, la hauteur sera de 200/10 = 20. Soit pour un même effectif une hauteur moitié plus faible que pour la classe [0, 5[, ce qui s'explique par une amplitude double.

Remarque : Puisque la dernière classe n'est pas bornée, son amplitude est infiniment grande, ce qui interdit toute représentation graphique. C'est notamment pourquoi il est toujours souhaitable de borner les classes.

♦ **Utilisation**

L'aire permet de visualiser l'effectif.

La hauteur illustre la **densité** des observations réalisées pour la zone des modalités concernées. Par exemple on visualise par la hauteur que l'on a observé deux fois plus fréquemment des clients ayant acheté environ 2 500 F que de clients ayant acheté de l'ordre de 25 000 F.

L'histogramme donne l'impression que la densité est discontinue : modifications par paliers à chaque changement de classe. Cette image est contraire à la réalité où elle évolue de manière continue. Les polygones de distribution répondent à cet inconvénient.

2.2.2 Polygones de distribution

♦ **Caractéristiques**

Le polygone construit à partir de l'histogramme lisse la distribution des densités.

♦ **Construction**

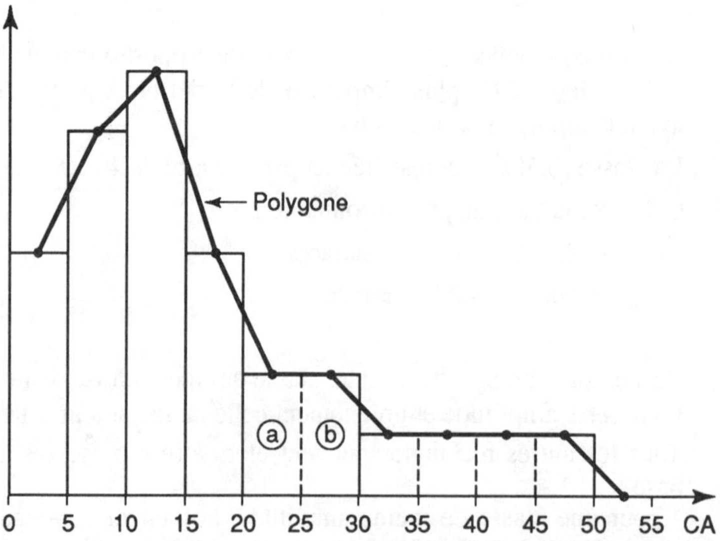

Les classes qui ont des amplitudes supérieures à la base doivent être divisées de manière à n'obtenir que des rectangles de même base.

Exemple :

Le rectangle correspondant à la classe [20, 30[doit être divisé en deux rectangles égaux a et b.

On relie alors les centres des sommets de tous ces rectangles pour former le polygone.

Remarque : la surface globale de l'histogramme est conservée par le polygone.

♦ **Utilisation**

Le polygone donne une vision plus réaliste de la distribution de la population. Par contre il ne donne pas directement l'effectif correspondant à chaque classe.

2.2.3 Polygones des effectifs cumulés.

♦ **Caractéristiques**

On peut réaliser deux types de polygones des cumuls.

Cumulés croissants : l'ordonnée de chaque point correspond alors au nombre d'observations ayant une modalité inférieure.

Exemple : Le nombre de clients avec lesquels on a réalisé **moins** d'un certain niveau de chiffre d'affaires.

Cumulés décroissants : l'ordonnée est alors égale au nombre d'observations ayant une modalité supérieure ou égale.

Exemple : Le nombre de clients avec lesquels on a réalisé **au moins** un certain niveau de CA.

♦ **Construction**

CA	Effectifs	Cumuls	
		Croissants	Décroissants
[0 , 5 [	40	40	300
[5 , 10 [	60	100	260
[10 , 15[	70	170	200
[15 , 20[	40	210	130
[20 , 30[	40	250	90
[30 , 50[	48	298	50
[50 , 60[*	2	300	2
Effectif Total	300		

* On supposera que l'entreprise PREDON a pu, après recherche, borner cette classe.

Les effectifs cumulés croissants correspondent aux bornes supérieures des classes et définissent ainsi les points (CA, effectifs cumulés) (5,40), (10,100),...(60,300) que l'on peut compléter par (0,0), ce sont ces points qui permettent de tracer le polygone.

Les effectifs cumulés décroissants se rapportent aux bornes inférieures, on obtient ainsi les couples : (0,300), (5,260)...(50,2), qui complétés par (60,0) forment le polygone décroissant.

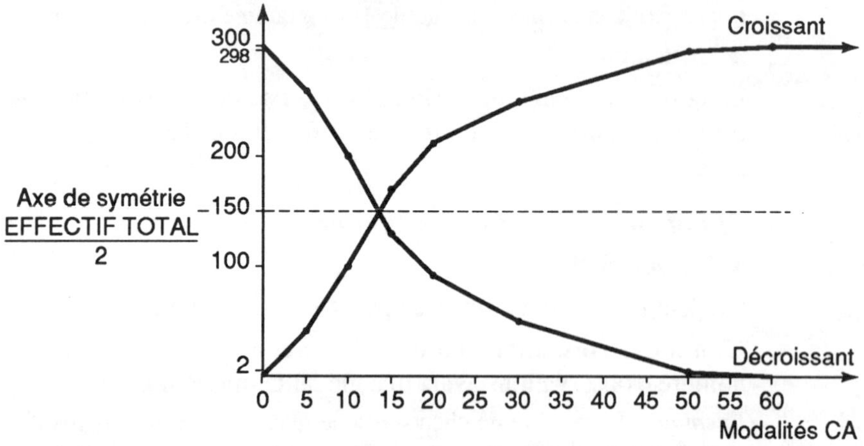

Par exemple on visualise ainsi que :

Polygone croissant : 100 clients ont acheté **moins** de 10 000 F.

Polygone décroissant : 200 clients ont réalisé 10 000 F **au moins** d'achats.

♦ **Utilisation**

Outre le type d'information qui vient d'être décrit, ces polygones permettent de déterminer un paramètre significatif : la médiane (voir chapitre 12).

2.2.4 Courbes chronologiques

♦ **Caractéristiques**

Beaucoup d'évènements sont étudiés en fonction de la variable temps. Celui-ci variant de manière continue, les graphiques chronologiques se construisent suivant les mêmes principes que les histogrammes et les polygones.

Exemple :

L'entreprise PREDON a relevé les chiffres de sa production pour l'année n-1 :

(production en tonnes)

Mois	1	2	3	4	5	6	7	8	9	10	11	12
Production	270	250	280	260	240	250	180	150	280	280	270	260
Cumul	270	520	800	1060	1300	1550	1730	1880	2160	2440	2710	2970

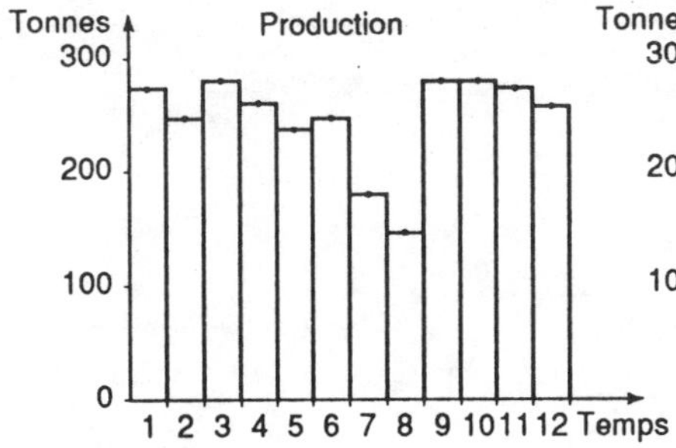

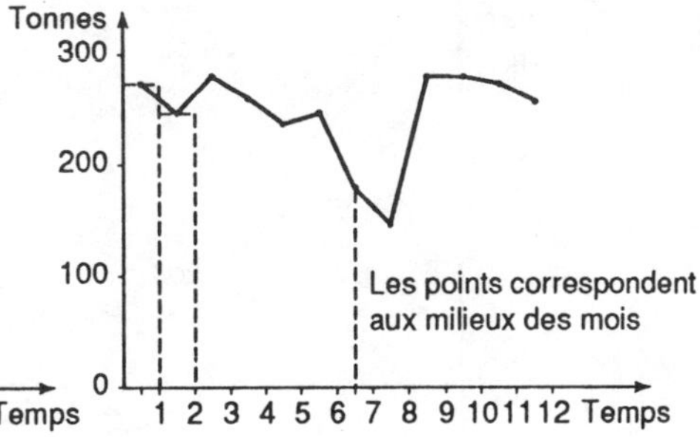

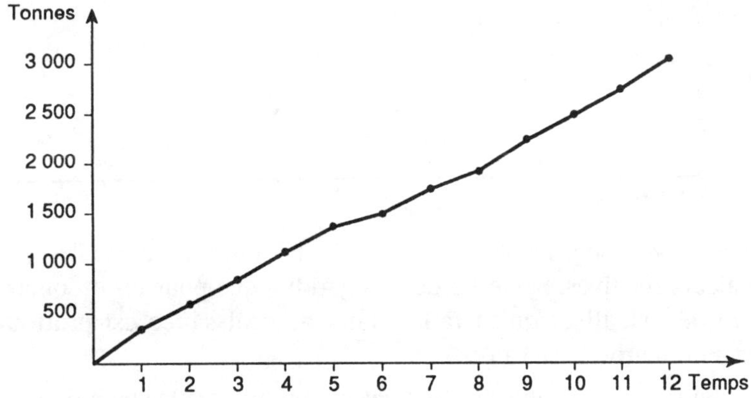

2.3 Échelles logarithmiques

2.3.1 Limites des échelles arithmétiques

Exemple :

L'entreprise PREDON a recensé l'évolution de son chiffre d'affaires depuis sa création en N-17 :

en million de F

Années	N-17	N-16	N-15	N-14	N-13	N-12	N-11	N-10	N-9	N-8	N-7	N-6	N-5	N-4	N-3	N-2	N-1
CA	110	150	200	275	350	475	600	800	1050	1350	1750	2275	2950	3850	5000	6500	8500

Le graphique à échelles arithmétiques (voir page suivante) rend compte de cette évolution.

♦ Constat

Si l'échelle est adaptée aux dernières années puisqu'elle permet de visualiser les évolutions, elle ne l'est pas pour les premières.

Les échelles arithmétiques sont inadaptées lorsque coexistent des variations très fortes et très faibles.

Ce graphique donne l'impression d'un démarrage assez lent de l'entreprise et d'une accélération progressive de la croissance.

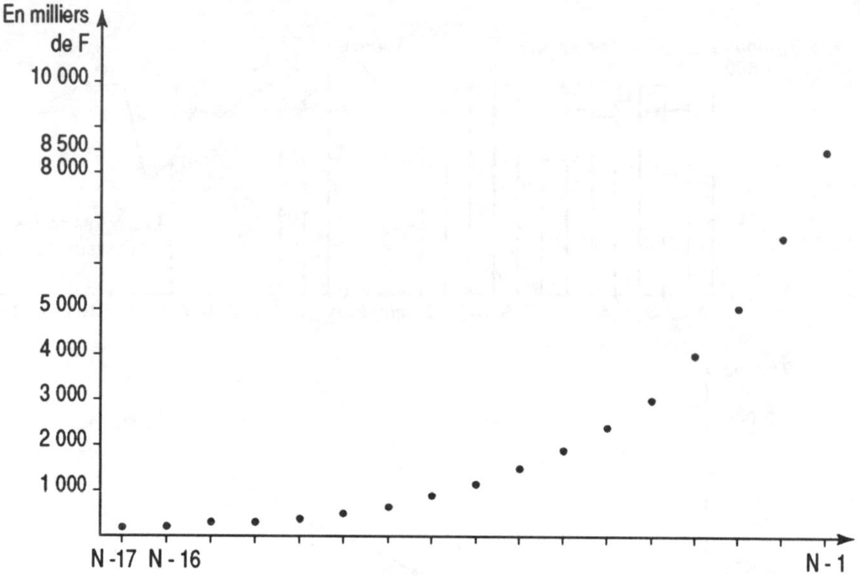

Si cela est vrai pour les variations en valeurs absolues, ce ne l'est pas pour les valeurs relatives. Seule l'échelle logarithmique pour les ordonnées permettra de visualiser qu'en fait le taux de croissance est pratiquement constant (environ 30% l'an).

Les échelles arithmétiques ne mettent pas en lumière les taux de variations (si importants en économie et en gestion), mais les écarts absolus (souvent moins significatifs).

2.3.2 Principes des échelles logarithmiques

♦ Positionnement par rapport aux logarithmes

En reprenant l'exemple précédent, il est possible d'exécuter un graphique représentant le logarithme du CA au lieu du CA.

En utilisant les logarithmes décimaux par exemple, on obtient les données suivantes :

Années	N-17	N-16	N-15	N-14	N-13	N-12	N-11	N-10	N-9	N-8	N-7	N-6	N-5	N-4	N-3	N-2	N-1
CA	110	150	200	275	350	475	600	800	1050	1350	1750	2275	2950	3850	5000	6500	8500
Log CA	2,04	2,18	2,30	2,44	2,54	2,68	2,78	2,90	3,02	3,13	3,24	3,36	3,47	3,59	3,70	3,81	3,93

permettant d'établir le graphique page suivante.

Les deux problèmes sont alors résolus mais :

- Pour construire le graphe il a fallu effectuer les calculs fastidieux des logarithmes.

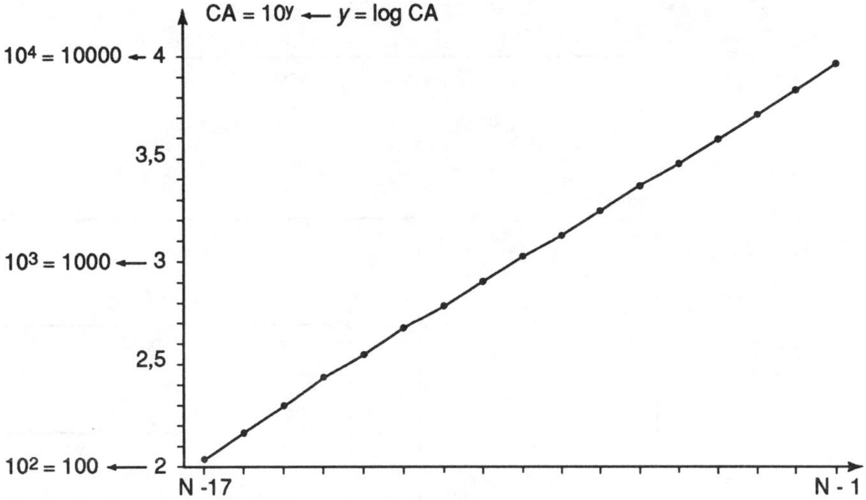

- Le lecteur du graphe ne dispose sur l'axe des ordonnées que de la valeur des logarithmes du CA. Pour retrouver le CA lui même, il est obligé de calculer $10^{\log CA} = CA$.

♦ **Principe de l'échelle logarithmique**

L'échelle logarithmique permet d'éviter ces deux inconvénients en combinant les deux axes. Les logarithmes des nombres donnent l'échelle mais ce sont les nombres eux-mêmes qui sont portés en face de l'échelle pour la graduer (voir graphique page suivante).

> L'échelle logarithmique permet donc :
> - de positionner directement les nombres par rapport à leur logarithme sans avoir à calculer ceux-ci.
> - de lire le nombre directement sur l'échelle (et non son logarithme).

Remarque : on a utilisé les logarithme décimaux, on aurait pu de la même manière utiliser les logarithmes népériens.

2.3.3 Graphiques à échelles logarithmiques

On trouve dans le commerce des feuilles :

- semi-logarithmiques où seul l'axe des ordonnées est à l'échelle logarithmique.
- logarithmiques où les deux axes sont à cette échelle.

♦ **Graphiques semi-logarithmiques**

Ce type de graphique permet de faire porter sur le même graphique des points présentant une disproportion entre les ordonnées les plus fortes et les plus faibles, et d'étudier plus facilement les écarts relatifs.

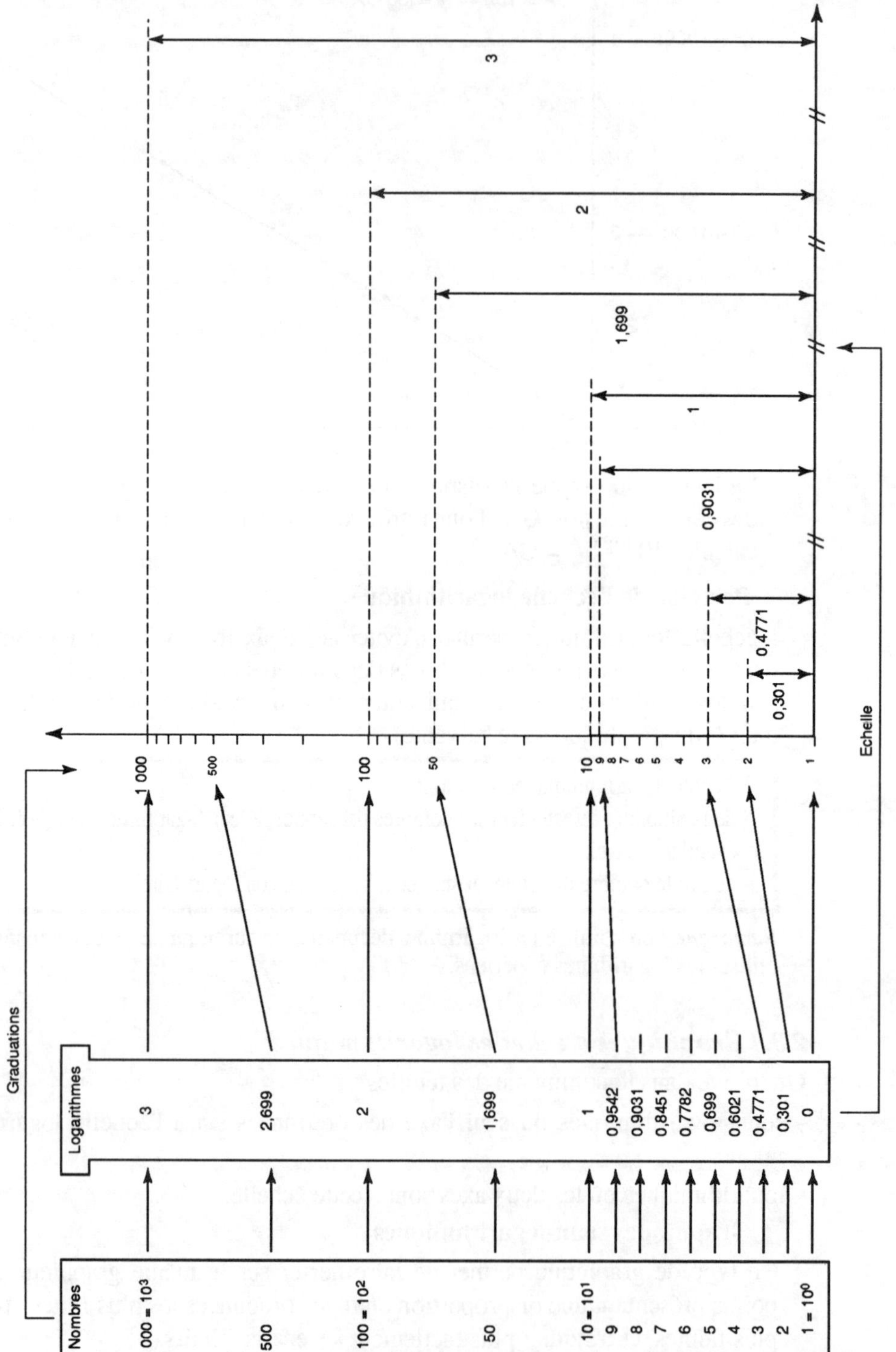
Nombres
1 000 = 10³
500
100 = 10²
50
10 = 10¹
9
8
7
6
5
4
3
2
1 = 10⁰
Logarithmes
3
2,699
2
1,699
1
0,9542
0,9031
0,8451
0,7782
0,699
0,6021
0,4771
0,301
0
Graduations
Echelle
1 000
500
100
50
10
1
3
2
1,699
1
0,9031
0,4771
0,301

Exemple :

L'exemple précédent avait mis en lumière les avantages d'un tel graphique sur les deux points cités. L'exemple suivant illustre le second point dans le cadre de l'étude comparée de deux grandeurs.

Au cours du premier semestre, l'entreprise a étudié la production du produit fini X et la consommation de matière A rentrant dans sa composition.

(production en tonnes)

Mois	1	2	3	4	5	6
Production X	70	60	90	30	20	80
Consommation A	42	36	54	18	12	48

Comparons le graphique cartésien (échelles arithmétiques) et le graphique semi-logarithmique.

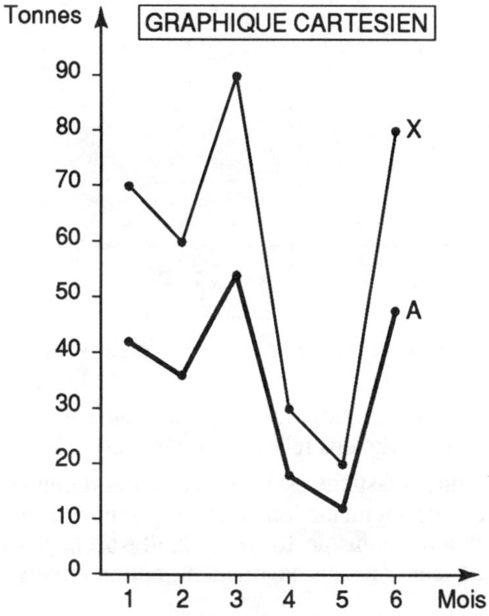

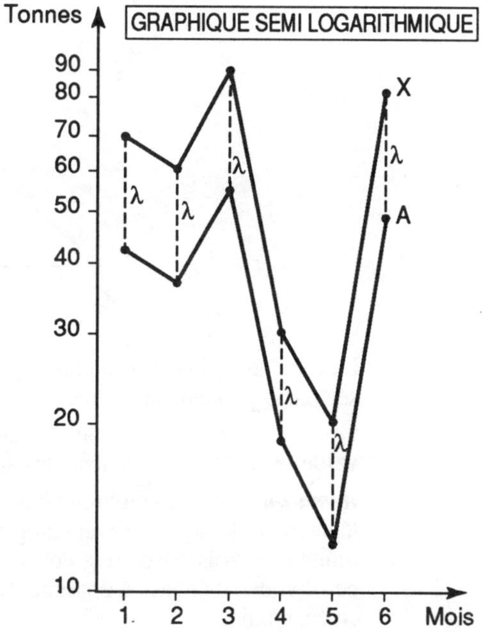

L'écart λ entre les deux courbes est constant dans le graphe semi-logarithmique (autrement dit on peut, par translation, superposer les deux courbes). C'est le signe d'un rapport constant entre A et X (A représente 60% de X). Ce lien si important n'est pas visible sur le graphe cartésien.

♦ Graphiques logarithmiques

Les graphiques logarithmiques permettent de mettre en lumière les liens entre deux évolutions relatives, comme par exemple l'élasticité.

Note : l' élasticité de A par rapport à B, notée $E_{A/B}$, est égale à

$$\frac{\Delta A / A}{\Delta B / B}$$

Exemple :

On a relevé dans un pays les évolutions des revenus et de la consommation des ménages :

Revenus	100	200	300	400	500	600	700	800	900
Consommation	100	190	275	356	422	498	573	647	720

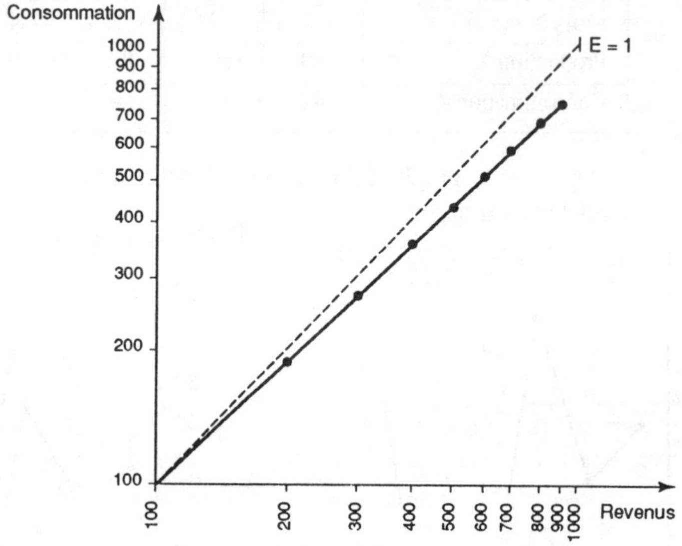

L'élasticité de la consommation par rapport au revenu peut être facilement visualisée par la pente de la courbe.

Cette observation ne serait pas possible avec un graphique cartésien où l'on travaille sur les variations absolues au lieu des variations relatives comme ici.

Remarque : sur ce graphique il apparait que l'élasticité est inférieure à 1 et diminue légèrement lorsque le revenu augmente. Une augmentation de 100% du revenu entraîne une croissance de la consommation de moins de 100%. Cela illustre la propension des ménages à épargner lorsque leurs revenus augmentent, notion étudiée en économie.

Points clefs

- A partir des données collectées sur une population, l'art de la statistique descriptive consiste à extraire l'information qu'elles contiennent en :
  - modifiant la présentation,
  - recherchant des valeurs ou modèles mathématiques caractérisant la population.

- Les angles sous lesquels sont étudiés la population se nomment **variables** ou **caractères**, ceux-ci peuvent être :

  quantitatifs : s'ils sont définis par des nombres sur lesquels on peut réaliser des opérations algébriques,

  qualitatifs : s'ils ne sont pas quantitatifs,

  discrets : s'ils peuvent prendre un nombre fini de formes,

  continu : s'ils ne sont pas discrets.

- Les différentes formes que peuvent prendre un caractère se nomment **modalités** du caractère.
  Dans le cas d'un caractère quantitatif, on peut procéder à des regroupement de modalités que l'on appelle **classes** (opération nécessaire si le caractère est continu).

- Le nombre de fois où l'on a observé la modalité ou la classe se nomme **effectif ou fréquence (absolue)**.

- L'effectif rapporté au nombre total d'observations est la **fréquence relative**.

1 En vue de l'achat de cadeaux de Noël, le comité d'entreprise de l'entreprise PRISMA a effectué une enquête sur le nombre et la répartition des enfants de moins de 10 ans de ses salariés.

Nombre d'enfants de moins de 10 ans	0	1	2	3	4
Nombre de salariés	46	35	45	21	3

Tranches d'âges	[0,1an[	[1,3[	[3,6[	[6,10[
Nombres d'enfants	30	40	60	70

a) Dans les deux séries, caractériser la variable. Est-elle qualitative ou quantitative ? Discrète ou continue ?

b) Présenter les diagrammes en bâtons et cumulatifs de la distribution du nombre d'enfants par salarié.

c) Présenter l'histogramme, le polygone des effectifs et celui des effectifs cumulés de la répartition des enfants par tranche d'âge.

2 Les effectifs de salariés de trois entreprises concurrentes sont ainsi répartis par tranches d'âge :

Tranche d'âge \ Entreprises	A	B	C
[20,25[	80	50	20
[25,30[	70	100	30
[30,35[	70	120	100
[35,40[	80	50	150
[40,45[	100	30	100
[45,50[	150	20	50
[50,55[	230	20	30
[55,60[	220	10	20
Totaux	1 000	400	500

a) À partir des histogrammes, étudier la répartition des effectifs de chaque entreprise.

b) Comparer les situations respectives de chacune des entreprises à l'aide d'un polygone des fréquences relatives cumulées.

c) À quels problèmes, présents et à venir, chacune des entreprises est-elle confrontée ?

3 L'entreprise MYOSOTIS a relevé ses niveaux d'activité et de consommation d'électricité sur les douze derniers mois.

Mois	1	2	3	4	5	6	7	8	9	10	11	12
Activité	600	700	200	100	300	800	600	700	1 000	500	800	900
Consommation d'électricité	260	270	220	210	230	280	260	270	300	250	280	290

a) Représenter les deux polygones dans un seul repère ayant le temps en abscisse.

b) Analyser l'évolution de la consommation d'électricité en fonction de l'activité.

4 L'entreprise NORDIN a classé dans un tableau à double entrée l'ensemble de ses salariés suivant l'ancienneté et le niveau d'étude.

Ancienneté Années / Niveau	[0,5[	[5,10[	[10,15[	[15,20[	[20,30[	Totaux Marginaux
Fin 3e	60	60	220	150	110	
Terminale	100			40	30	300
Supérieur	40	20	20	10	10	
Totaux marginaux		150				1 000

a) Compléter le tableau.

b) Représenter l'histogramme des salariés suivant leur ancienneté et le polygone des effectifs cumulés croissants.

c) Représenter le diagramme en bâtons des salariés suivant le niveau d'étude.

d) Pour chaque catégorie d'ancienneté, représenter les diagrammes des fréquences relatives suivant le niveau d'étude.

e) Commenter ces représentations graphiques.

5 L'entreprise MONALPA a établi les statistiques de ses ventes suivant ses marchés et ses trois gammes de produits.

Produits \ Marchés	France	Exportation		Totaux marginaux
		Europe	Autres	
Haut de gamme	200	400	400	1 000
Moyenne gamme	1 300	2 100	600	4 000
Bas de gamme	3 500	1 500		5 000
Totaux marginaux	5 000	4 000	1 000	10 000

a) Tracer par marché les diagrammes des effectifs répartis par produits. Analyser ces graphiques.
b) Tracer par produit les diagrammes des effectifs répartis par marchés. Analyser ces graphiques.
c) Quelles sont les importances respectives des trois marchés si l'on raisonne en nombre de produits ?
d) Sachant que les marges par produits sont respectivement de :
Haut de gamme : 50
Moyenne gamme : 20
Bas de gamme : 5
Comment s'établissent les importances si l'on raisonne en marge ?

6 **Graphique semi-logarithmique**

L'entreprise DEPHIR cherche à évaluer l'impact de ses campagnes publicitaires sur ses ventes. A cette fin, elle a relevé l'évolution de son chiffre d'affaires et de ses dépenses publicitaires sur les douze derniers mois (en milliers de F).

Mois	1	2	3	4	5	6	7	8	9	10	11	12
Chiffre d'affaires	1 000	1 250	1 200	1 000	850	900	1 000	1 100	1 200	1 250	1 300	1 100
Dépenses publicitaires	180	170	150	120	130	140	160	170	170	180	160	150

a) Tracer les deux graphes sur une échelle arithmétique.
b) Tracer les sur une échelle semi-logarithmique. Quel est l'intérêt de ce changement d'échelle ?
c) Décaler d'un mois la courbe des dépenses publicitaires. Analyser.

7 Graphique logarithmique (élasticité)

Afin d'étudier l'évolution de la consommation C_A et C_B de deux produits A et B en fonction de celle des revenus disponibles R, on a relevé périodiquement les données les concernant.

Revenus	1 200	1 680	2 352	3 057	3 975	4 372	4 810	6 252	8 158
Consommation A	10	12,4	15,4	18,1	21,4	22,7	24,1	28,4	33,5
Consommation B	10	14,8	21,9	29,8	40,5	45,4	50,8	69,1	94

L'étude est effectuée à partir de l'élasticité de la consommation par rapport aux revenus $E_{C/R}$.

$$E_{C/R} = \frac{\text{Variation relative de la consommation}}{\text{Variation relative des revenus}} = \frac{\Delta_C / C}{\Delta_R / R}$$

a) Tracer les courbes des consommations de A et de B par rapport aux revenus dans un repère à échelles arithmétiques.

b) Tracer ces mêmes courbes dans un repère à échelles logarithmiques.

c) Calculer d'une donnée à l'autre l'élasticité. On pourra utiliser un tableau du type suivant :

Revenus				Consommation				
Initial R_1	Suivant R_2	Variation Δ_R	Variation relative Δ_R / R_1 1	Initiale C_1	Suivant C_2	Variation Δ_C	Variation relative Δ_C / C_1 2	$E_{C/R}$ 2/1
1 200	1 680	480	0,4	10	12,4	2,4	0,24	0,6

d) Interpréter l'alignement des points sur le graphique logarithmique.

e) À laquelle des deux catégories suivantes sont supposés appartenir chacun des deux produits A et B : produit de première nécessité ou produit de confort, loisir ou luxe ?

12

PRÉSENTATION ET REPRÉSENTATION DES DONNÉES

Caractéristiques de position et de dispersion

1. Caractéristiques de position

1.1 Mode

1.2 Médiane

1.3 Quantiles

1.4 Moyenne arithmétique

1.5 Moyenne géométrique

1.6 Moyenne harmonique

2. Caractéristiques de dispersion

2.1 Étendue

2.2 Écarts interquantiles

2.3 Écarts moyen

2.4 Variance et écart type

Les paramètres qui caractérisent une distribution doivent concentrer le maximum d'information et la restituer en un seul nombre. Ils couvrent trois domaines dont seuls les deux premiers sont au programme du BTS :

- les **caractéristiques de position** qui reflètent en quelque sorte le centre de gravité de la série statistique.
- les **caractéristiques de dispersion** qui mesurent le degré de concentration de la série.
- les **caractéristiques de forme** qui décrivent le degré de dissymétrie ou d'applatissement de la distribution.

L'étude sera menée à partir des données de l'entreprise PREDON :

Nb de commandes X_i	Nb d'entreprises n_i
1	50
2	75
3	80
4	75
5	10
6	10

Chiffre d'affaires en milliers	Nb d'entreprises n_i
]0 , 5[	40
[5 , 10[	60
[10,15[	70
[15,20[	40
[20,30[	40
[30,50[	48
[50,60[	2

1. Les caractéristiques de position

On les dénomme aussi caractéristiques ou paramètres de valeur centrale.

1.1 Mode : Mo

1.1.1 Définition

C'est en quelque sorte le sommet du graphe de distribution.

> Le mode est la valeur du caractère ayant le plus grand effectif.

1.1.2 Détermination

♦ **Variable discrète**

La détermination est immédiate : connaissant le nombre de commandes le mode est 3.

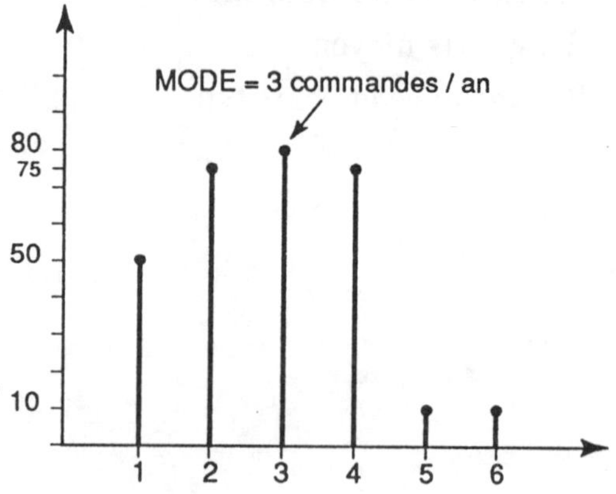

♦ Variable continue

Il s'agit alors ou de la classe entière que l'on appelle **classe modale**, ou du centre de la classe modale.

Dans les deux cas il ne s'agit pas obligatoirement de la classe de plus grand effectif car il faut tenir compte de l'étendue (comme dans l'histogramme).

Pour le chiffre d'affaires de l'entreprise PREDON

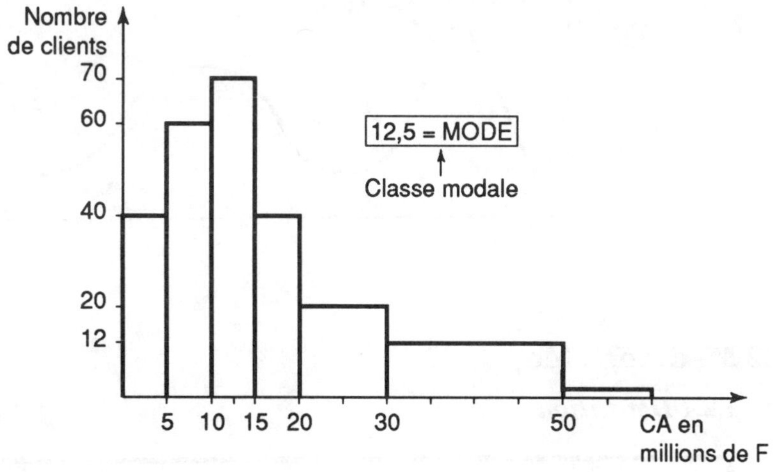

1.1.3 Critique

C'est l'un des paramètres les plus facile à déterminer et il est néanmoins assez significatif dans une grande majorité des cas.

Il dépend très fortement du regroupement par classe effectué ; si par exemple les classes [10-15[et [15, 20[avaient été regroupées on aurait eu :

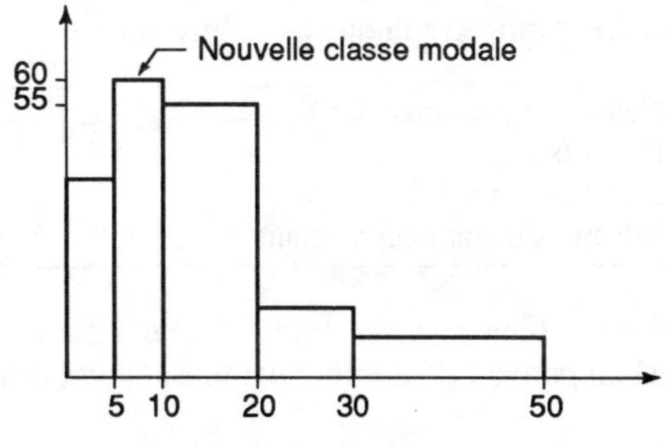

Le mode n'est représentatif qu'à la condition que les effectifs soient bien concentrés autour de lui, c'est à dire qu'il n'existe pas d'autres pics dans la distribution. Dans le cas contraire, comme dans l'exemple suivant, il ne sera pas significatif.

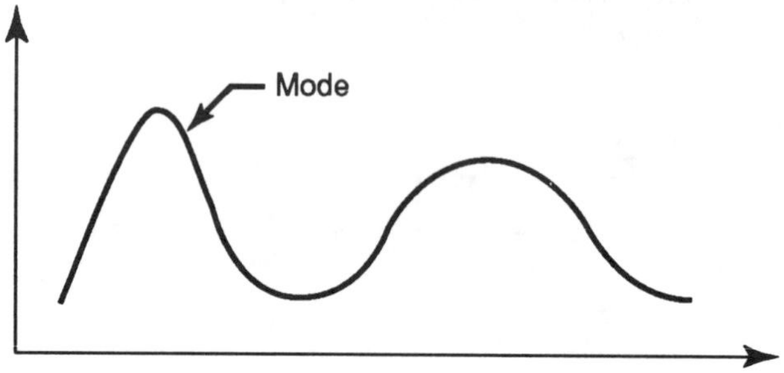

1.2 Médiane : Me

1.2.1 Définition

> La médiane est la valeur du caractère qui partage les effectifs en deux parties égales.

1.2.2 Détermination

Si l'on se situe à la médiane, les effectifs cumulés croissants doivent être égaux aux effectifs cumulés décroissants. On peut donc déterminer simplement la médiane comme le point d'intersection entre les deux courbes.

♦ **Variable discrète** (exemple PREDON)

(représentation graphique page suivante)

Nombres de commandes X_i	1	2	3	4	5	6
Effectifs n_i	50	75	80	75	10	10
Effectifs cumulés croissants	50	125	205	280	290	300
Effectifs cumulés décroissants	300	250	175	95	20	10

L'absence d'intersection entre les courbes signifie l'absence de médiane. Ce que l'on pouvait déterminer par une analyse directe des données :

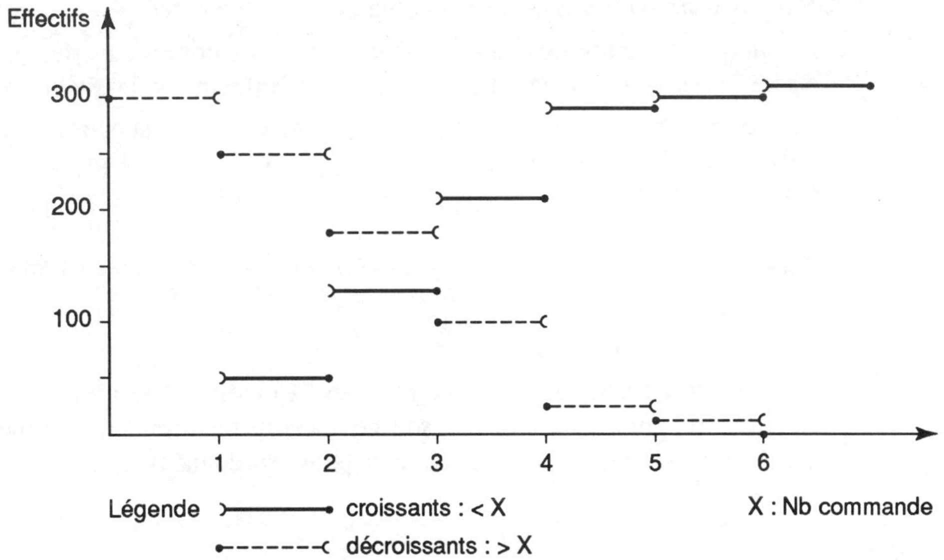

– Pour une valeur de la variable inférieure à 3, les effectifs des modalités supérieures sont de plus de la moitié (175). La médiane, si elle existe, est supérieure ou égale à 3.
– Pour une valeur de la variable supérieure à 3, les effectifs des modalités inférieures sont de plus de la moitié (205). La médiane, si elle existe, est inférieure ou égale à 3.
– La médiane ne pourrait donc être qu'égale à 3. Or, pour cette valeur les effectifs des modalités inférieures sont de 125 contre 95 pour les modalités supérieures ; 3 n'est donc pas la médiane non plus.

> Dans cet exemple la médiane n'existe pas, ce qui sera généralement le cas pour une variable discrète.

♦ **Variable continue** (exemple PREDON)

Si le caractère est continu, la médiane correspond alors à une fréquence cumulée (croissante ou décroissante) de 0,5.

en milliers de F

Chiffre d'affaires	[0,5[	[5,10[	[10,15[	[15,20[	[20,30[	[30,50[	[50,60[
Fréquences relatives f_i	0,133	0,2	0,233	0,133	0,133	0,16	0,007
Cumul croissant (borne supérieure)	0,133	0,333	0,567	0,7	0,833	0,993	1
Cumul décroissant (borne inférieure)	1	0,867	0,667	0,433	0,3	0,167	0,007

Détermination par le calcul (cumuls croissants)

Les fréquences cumulées dans le tableau étant aux bornes supérieures des classes, pour 10 000 F on est à 0,333, pour 15 000 F on est à 0,567.

La médiane correspond à 0,5. Pour la déterminer, il faut supposer que les effectifs sont également répartis dans la classe [10,15[et procéder par interpolation linéaire :

$$\text{Médiane} = 10\,000 + (15\,000 - 10\,000) \times \frac{0{,}5 - 0{,}333}{0{,}567 - 0{,}333} \approx 13\,568 \text{ F}$$

Détermination graphique

On peut soit tracer les deux courbes et la médiane est alors égale à l'abscisse du point d'intersection, soit ne tracer qu'une des deux courbes et la médiane est égale alors à l'abscisse du point d'ordonné 0,5.

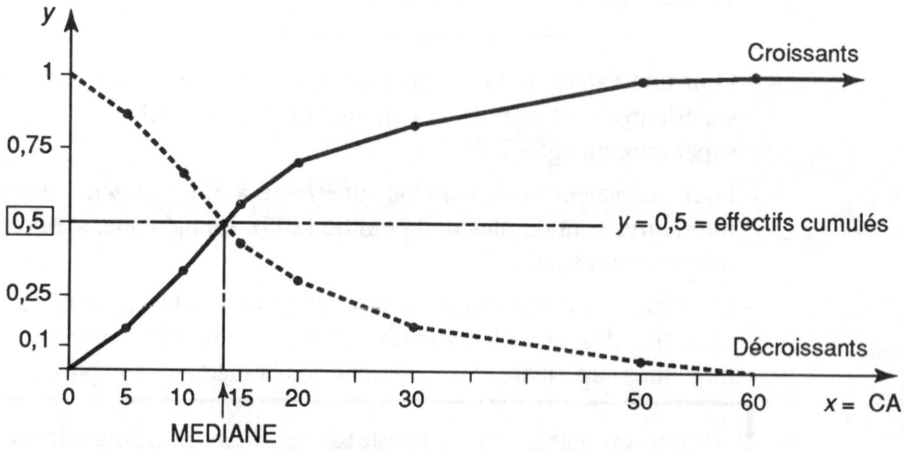

1.2.3 Critique

La médiane est un excellent paramètre lorsque la distribution est relativement **symétrique**. Dans ce cas, sa valeur est proche de la moyenne arithmétique tout en nécessitant moins de calculs (la moyenne arithmétique de cette série est de 13 583 F).

1.3 Quantiles

1.3.1 Définition

Les quantiles sont les valeurs du caractère qui partagent la distribution en parties comprenant le même effectif.

On définit ainsi :

- les quartiles qui la partagent en 4.

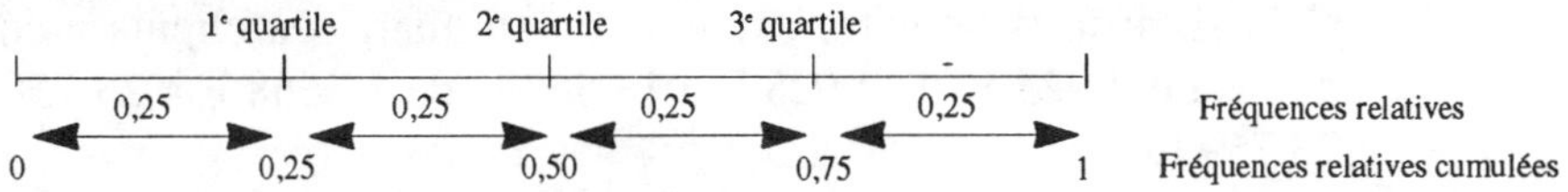

- les déciles qui la partagent en 10,
- les centiles qui la partagent en 100.

1.3.2 Détermination

Tous les quantiles peuvent être considérés comme des médianes de tout ou partie de la série.

Par exemple :

– Le premier quartile est la médiane de la première moitié de la série.

– Le deuxième quartile n'est autre que la médiane de la série.

– Le troisième quartile est la médiane de la deuxième moitié de la série.

Il en résulte que tout ce qui a été dit pour la médiane est valable pour les quantiles.

Exemple :

Détermination des quantiles de la distribution des clients selon le chiffre d'affaires, à partir des cumuls croissants des fréquences relatives.

Chiffre d'affaires	[0,5[	[5,10[	[10,15[	[15,20[	[20,30[	[30,50[	[50,60[
f_i	0,133	0,200	0,233	0,133	0,133	0,160	0,007
f_i cumulées	0,133	0,333	0,567	0,700	0,833	0,993	1,000

Q_1 : premier quartile, il correspond à une fréquence relative cumulée de 0,25. Il se situe donc dans la classe [5,10 [, soit :

$$Q_1 = 5 + \frac{(0,25 - 0,133)}{0,2} \times (10 - 5) \text{ milliers de F} \approx 7\ 925 \text{ F}$$

Q_2 : c'est la médiane déjà calculée ($Q_2 \approx$ 13 568 F)

Q_3 : troisième quartile correspondant à une f_i cumulée de 0,75. Il se situe dans la classe [20 , 30[.

$$Q_3 = 20 + \frac{0,75 - 0,7}{0,133}(30 - 20) \text{ en milliers de F} \approx 23\ 759 \text{ F}$$

On pourra retrouver ces résultats à partir du graphique des fréquences cumulées (cf. 1.2 Médiane) :

– Q_1 est l'abscisse du point d'ordonné 0,25 (courbe cumulée croissante),

– Q_3 est l'abscisse du point d'ordonné 0,75 (courbe cumulée croissante).

1.3.3 Utilisation

♦ **Première interprétation**

Cela signifie pour notre exemple qu'un quart des clients a commandé : moins de 7 925 F, de 7 925 F à 13 568 F, de 13 568 F à 23 759 F, plus de 23 759 F.

♦ **Deuxième interprétation**

La population initiale étant répartie en quatre groupes d'effectifs égaux (pour les quartiles), on peut par exemple mesurer leur importance relative par rapport au CA total de l'entreprise.

On pourra ainsi déterminer que les clients commandant plus de 23 759 F ne représentent qu'un quart du nombre total de clients mais assurent 55% (par exemple) du CA, alors qu'étant égaux en nombre, ceux qui ont commandé moins de 7 925 F n'ont assuré par exemple que 10% du CA.

1.4 Moyenne arithmétique

1.4.1 Définition

La moyenne arithmétique est la somme de toutes les valeurs prises par le caractère divisée par le nombre total d'observations.

Mise en garde

Le caractère peut prendre plusieurs fois la même valeur. Par exemple, 50 clients ayant passé une seule commande, le caractère prend 50 fois la valeur 1. Dans ce cas, la valeur rentre autant de fois dans le calcul de la moyenne. (on décomptera dans la moyenne 50 fois 1), ce qui aboutit à la formule :

$$\overline{X} = \frac{\sum n_i x_i}{N}$$ avec x_i les différentes valeurs de la variable,

n_i les effectifs correspondants, $N = \sum_{i=1}^{n} n_i$

1.4.2 Détermination

Nombre de commandes x_i	Effectifs n_i	Effectifs pondérés $x_i n_i$
1	50	50
2	75	150
3	80	240
4	75	300
5	10	50
6	10	60
Totaux	$\sum n_i = 300$	$\sum x_i n_i = 850$

$\overline{X} = \frac{850}{300}$ soit 2,833

Les clients ont passé en moyenne un peu moins de trois commandes.

Remarque : On peut également procéder à un calcul direct à partir des fréquences relatives f_i en appliquant la formule :

$$\overline{X} = \sum x_i f_i$$

x_i	f_i	$x_i f_i$
1	0,167	0,167
2	0,25	0,5
3	0,267	0,8
4	0,25	1
5	0,033	0,167
6	0,033	0,2
Totaux	1	2,834

$\leftarrow \overline{X}$

♦ **Variable continue**

Le principe reste le même, mais lorsque les observations ont été regroupées en classes, il convient de prendre les centres de ces classes comme valeurs des x_i :

Classes	Centres x_i	Effectifs n_i	Effectifs pondérés $x_i n_i$
[0 , 5 [	2,5	40	100
[5 ,10[	7,5	60	450
[10,15[	12,5	70	875
[15,20[	17,5	40	700
[20,30[	25	40	1 000
[30,50[	40	48	1 920
[50,60[	55	2	110
TOTAUX		300	5 155

$$\overline{X} = \frac{5155}{300} = 17,18333$$

Le chiffre d'affaires moyen par client est de 17 183,33 F.

1.4.3 Critique

La moyenne arithmétique donne dans pratiquement tous les cas une image très représentative du centre de gravité de la série, ce qui explique que ce soit le paramètre de position le plus utilisé.

1.5 Moyenne géométrique

Exemple

En reprenant l'évolution du CA de la société PREDON durant les cinq dernières années (ch 11 § 2.3.2)

années	n-5	n-4	n-3	n-2	n-1	Total
CA	2950	3850	5000	6500	8500	26800

$$\overline{X} = \frac{26800}{5} = 5360$$

$\overline{X}$ = 5 360 000 F représente le chiffre d'affaires moyen de cette période, ce chiffre est sensiblement différent du chiffre d'affaires de l'année moyenne (N-3) qui sera mieux approché par la moyenne géométrique.

1.5.1 Définition

La moyenne géométrique $\overline{X_G}$ est égale à la racine $n^{ième}$ du produit des n valeurs prises par le caractère.

Remarque : *Comme en ce qui concerne la moyenne arithmétique, lorsque le caractère prend plusieurs fois la même valeur, celle-ci rentre autant de fois dans le produit.*

Si l' on note $\prod_{i=1}^{n}$ le produit de n termes et N le nombre total d' observation $N = \sum_{i=1}^{n} n_i$

$$\overline{X_G} = \sqrt[N]{\prod_{i=1}^{n} x_i^{n_i}} \text{ ou } \left(\prod_{i=1}^{n} x_i^{n_i}\right)^{\frac{1}{N}} \text{ soit } \prod_{i=1}^{n} x_i^{f_i}$$

ou $\log \overline{X_G} = \dfrac{\sum n_i \log x_i}{N}$

1.5.2 Signification

Dans l'exemple de l'entreprise PREDON on aura

$\overline{X}_G = \sqrt[5]{2\,950 \times 3\,850 \times 5\,000 \times 6\,500 \times 8\,500}$

soit $X_G \approx 5\,004$ F très proche de l'année moyenne.

Cela sera le cas lorsque les données sont (comme ici) en progression géométrique, ce qui est assez fréquent en matière économique.

Remarque : *la moyenne arithmétique est égale au terme moyen lorsque les données sont en progression arithmétique.*

1.6 Moyenne harmonique $\overline{X}_H$

Premier exemple

L'entreprise PREDON dispose pour ses représentants de quatre véhicules consommant cinq litres au 100 km et deux autres consommant dix litres aux 100 km. Chaque véhicule utilise en moyenne dix litres par jour, soit :

Consommation au 100 km x_i	Nombre de véhicules n_i	$x_i n_i$
5	4	20
10	2	20
Totaux	6	40

soit $\overline{X} = \frac{40}{6} \approx 6,67$ litres au 100 km

Recherchons la consommation moyenne de ce parc automobile.

Kilométrage journalier

Véhicules consommant 5 litres/100 : $4 \times \frac{10}{5} \times 100 = 800$

Véhicules consommant 10 litres/100 : $2 \times \frac{10}{10} \times 100 = 200$

Soit un kilométrage total de 1 000 km pour une consommation totale de 6×10 l = 60 litres. La consommation moyenne s'établit donc à 60 litres pour 1 000 km, soit : **6 litres au 100 km.**

Ce résultat différent de la moyenne arithmétique $\overline{X}$ est en fait la moyenne harmonique $\overline{X}_H$ des consommations.

La moyenne arithmétique représenterait la consommation moyenne des véhicules si ceux-ci parcouraient tous la même distance. Ici les véhicules utilisant la même quantité d'essence, les véhicules les plus économiques parcourent deux fois plus de kilomètres et ont donc chacun un poids double des autres, ce que prend en compte la moyenne harmonique.

1.6.1 Définition

Cette formule peut ainsi s'énoncer :

$$\frac{1}{\overline{X}_H} = \frac{\sum n_i \times \frac{1}{x_i}}{\sum n_i} \quad \text{ou} \quad \frac{1}{\overline{X}_H} = \sum_{i=1}^{n} \frac{f_i}{x_i}$$

$$\left(\text{vérification : } \frac{1}{\overline{X}_H} = \frac{4 \times \frac{1}{5} + 2 \times \frac{1}{10}}{6} \text{ soit } \overline{X}_H = 6 \right)$$

L'inverse de la moyenne harmonique est égal à la moyenne arithmétique des inverses.

1.6.2 Signification

Il en découle que la moyenne harmonique n'a de sens que si l'inverse a un sens. Il en est ainsi par exemple :

- *des consommations,*
- *de la vitesse* car le temps mis pour parcourir une distance donnée a autant de sens qu'une distance parcourue dans un temps donné,
- *des prix*, car le prix payé pour une quantité a autant de sens que la quantité détenue pour un prix,
- *du change des monnaies*, car l'inverse de la parité d'une monnaie A par rapport à une monnaie B est la parité de B par rapport à A.

Deuxième exemple

Par trois fois au mois de décembre, l'entreprise PREDON a procédé à 100 000 F d'achat de soja. Lors de ces opérations, les cours se sont situés à 1 000 F, 1 250 F et 1 500 F la tonne. Quel prix moyen l'entreprise a-t-elle payé ?

La réponse sera donnée par la moyenne harmonique que l'on peut calculer à partir du tableau suivant.

Prix x_i	Sommes payées n_i	f_i
1 000	100 000	1/3
1 250	100 000	1/3
1 500	100 000	1/3

Soit $\frac{1}{\overline{X_H}} = \frac{1/3}{1000} + \frac{1/3}{1250} + \frac{1/3}{1500}$

$\overline{X_H} = 1216,22$ F

Vérification

Le premier achat a permis de se fournir $\frac{100000}{1000} = 100$ tonnes.

Le deuxième achat a permis de se fournir $\frac{100000}{1250} = 80$ tonnes.

Le troisième achat a permis de se fournir $\frac{100000}{1500} = 66,67$ tonnes.

Soit 246,67 tonnes pour 300 000 F, ce qui fait bien $\frac{300000}{246,67} \approx$ 1216,22 F la tonne.

Remarque : *Ce prix moyen aurait été égal à la moyenne arithmétique si l'on avait acheté à chaque fois une quantité constante (pour une somme différente en fonction du prix).*

2. Caractéristiques de dispersion

2.1 Étendue

2.1.1 Définition

> L'étendue est égale à la différence entre la valeur maximum et la valeur minimum prises par le caractère.

♦ **Variable discrète**

En ce qui concerne le nombre de commandes passées par les clients, l'étendue est 6 - 1 = 5.

♦ **Variable continue**

Dans ce cas, on prend pour valeur maximum la borne supérieure de la dernière classe et pour valeur minimum la borne inférieure de la première classe. Soit en ce qui concerne le chiffre d'affaires client :

60 000 F - 0 = 60 000

2.1.2 Critique

Ce paramètre ne dépend que de deux valeurs extrêmes qui pourraient être des anomalies non représentatives de la série. Ainsi l'étendue de la taille de la population adulte française qui compte plusieurs dizaines de millions d'individus ne dépend que de deux individus ! La rusticité de ce paramètre est à la mesure de sa simplicité de calcul.

2.2 Écarts interquantiles

2.2.1 Écarts interquartiles

♦ **Définition**

> L'écart interquartile est égal à la différence entre le troisième et le premier quartile.
> Écart interquartile = $Q_3 - Q_1$

On peut en déduire que l'intervalle ainsi défini regroupe 50 % de l'effectif.

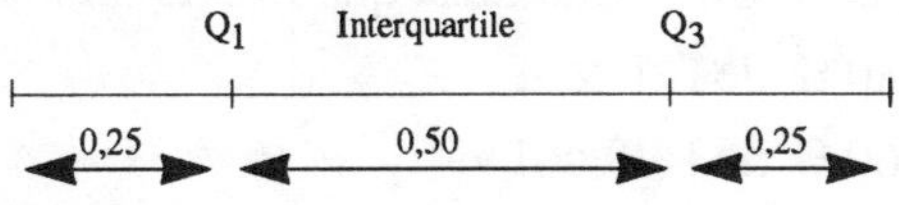

Exemple

La répartition du chiffre d'affaires réalisé par client présente une dispersion caractérisée par l'écart interquartile : $Q_3 - Q_1$ = 23 759 F - 7 925 F = 15 834 F.

***Remarque** : Un tel écart n'a de sens qu'en fonction de l'importance du chiffre d'affaires par client en général ; c'est pourquoi on peut le relativiser en le rapportant à la valeur médiane ce qui définit un **écart interquartile relatif** :*

$$\frac{Q_3 - Q_1}{Q_2} \quad \text{soit ici} \quad \frac{15\ 834}{13\ 568} \approx 1{,}17$$

Ce paramètre étant indépendant de l'unité choisie, permet en outre les comparaisons avec d'autres séries.

♦ Critique

L'écart interquartile est un paramètre souvent significatif qui possède l'avantage d'être facile à calculer.

Pourtant, il est indépendant de la manière dont les effectifs sont distribués dans les intervalles interquartiles comme le montrent les deux séries suivantes ayant le même écart interquartile.

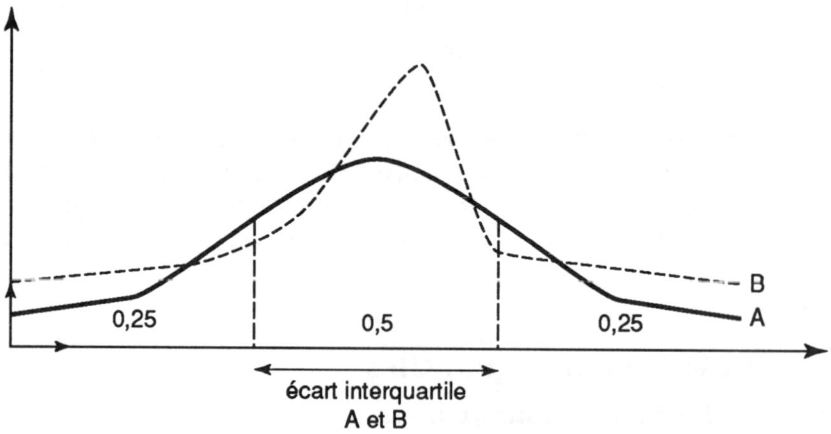

L'écart interquartile croît avec la dispersion de la distribution, ainsi plus l'écart interquartile relatif est faible, plus la série est concentrée.

2.2.2 Écarts interdéciles et intercentiles

Un écart interdécile est égal à la différence entre deux déciles symétriques par rapport à la médiane (décile 5). On définit ainsi quatre écarts interdéciles :

$D_9 - D_1$ regroupe 80 % de l'effectif

$D_8 - D_2$ regroupe 60 % de l'effectif

$D_7 - D_3$ regroupe 40 % de l'effectif

$D_6 - D_4$ regroupe 20 % de l'effectif

Les écarts intercentiles sont définis suivant le même principe.

2.3. Écart moyen : E_M

2.3.1 Définition

L' écart moyen E_M est égal à la moyenne arithmétique des valeurs absolues des écarts par rapport à la moyenne arithmétique $\overline{X}$

$$E_M = \sum \frac{n_i\left|x_i - \overline{X}\right|}{N} \quad \text{ou} \quad E_M = \sum f_i\left|x_i - \overline{X}\right|$$

avec $N = \sum n_i$

Remarque *: On cherche à mesurer des écarts quel que soit leur sens par rapport à la moyenne, ce qui justifie l'utilisation des valeurs absolues. À défaut, et compte tenu de la définition de la moyenne, tous les écarts se compenseraient pour donner 0 en final.*

$$\left(\frac{\sum n_i\left(x_i - \overline{X}\right)}{N} = \frac{\sum n_i x_i}{N} - \frac{\sum n_i\overline{X}}{N} = \overline{X} - \frac{N\overline{X}}{N} = 0\right)$$

♦ **Variable discrète**

(Rappel : le nombre moyen de commandes par client est de 2,8333).

x_i	n_i	$\lvert x_i-\overline{X}\rvert$	$n_i\lvert x_i-\overline{X}\rvert$
1	50	1,8333	91,67
2	75	0,8333	62,50
3	80	0,1667	13,33
4	75	1,1667	87,50
5	10	2,1667	21,67
6	10	3,1667	31,67
Totaux	300		308,33

$$E_M = \frac{308,33}{300} \approx 1,028$$

(Valeur exacte)

♦ **Variable continue**

(Rappel : le chiffre d'affaires moyen par client est de 17 183,33 F).

Dans le cas d'une variable continue, on travaille à partir des centres des classes.

Classes en milliers	Centres x_i	n_i	$\lvert x_i-\overline{X}\rvert$	$n_i\lvert x_i-\overline{X}\rvert$
[0,5[	2,5	40	14,68333	587,3332
[5,10[	7,5	60	9,68333	580,9998
[10,15[	12,5	70	4,68333	327,8331
[15,20[	17,5	40	0,31667	12,6668
[20,30[	25	40	7,81667	312,6668
[30,50[	40	48	22,81667	1095,20016
[50,60[	55	2	37,81667	75,63334
TOTAUX		300		2992,3332

$$E_M \approx \frac{2992,3332}{300}$$

$$E_M \approx 9,97444$$

$$E_M \approx 9\ 974,44 \text{ F}$$

Les commandes sont en moyenne de 17 183,33 F mais écartées en moyenne de 9 974,44 F de cette valeur.

2.3.2 Critique

L'écart moyen est particulièrement significatif. Pourtant l'usage des valeurs absolues entraîne deux obstacles à son utilisation :

– il ne facilite pas les calculs nécessaires à son établissement,

– il interdit d'y avoir recours pour des traitements algébriques ultérieurs.

Cela explique qu'on lui préfère généralement l'écart type fondé sur les carrés et non les valeurs absolues.

2.4. Variance V(x) et écart type σ(x)

2.4.1 Définitions

♦ **Variance**

La variance est égale à la moyenne arithmétique des carrés des écarts à la moyenne.

$$V(x) = \frac{\sum n_i\left(x_i-\overline{X}\right)^2}{N} \quad \text{avec } N = \sum n_i \quad \text{ou } V(x) = \sum f_i\left(x_i-\overline{X}\right)^2$$

La neutralisation du sens des écarts est ici assurée par les carrés qui remplacent les valeurs absolues.

♦ **Écart type**

L'écart type est égal à la racine carrée de la variance.

$$\sigma(x) = \sqrt{V(x)} \qquad \sigma(x) = \sqrt{\frac{\sum n_i(x_i - \overline{X})^2}{N}}$$

Le fait d'extraire la racine après avoir élevé au carré permet de se **rapprocher de l'écart moyen** E_M.

♦ **Autre formulation de la variance**

En développant la formule initiale :

$$V(x)=\frac{\sum n_i\left(x_i^2-2x_i\overline{X}+\overline{X}^2\right)}{N}$$

$$V(x)=\frac{\sum n_i x_i^2}{N}-2\overline{X}\frac{\sum n_i x_i}{N}+\overline{X}^2\frac{\sum n_i}{N}$$

Ceci est la moyenne arithmétique des x_i^2 que l' on peut noter $\overline{X^2}$

Soit $V(x)=\overline{X^2}-\overline{X}^2$

Ce que l'on peut formuler ainsi :

La variance est égale à la moyenne des carrés diminuée du carré de la moyenne.

Remarque *: Cette formule a un double avantage : une mémorisation facile ; elle évite d'avoir à calculer les écarts. Mais elle présente l'inconvénient majeur de ne pas donner la signification du paramètre.*

2.4.2 Détermination

♦ **Variable discrète** (nombre de commandes : $\overline{X}\approx 2{,}8333...$)

Utilisation de la première formule $V(x)=\frac{\sum n_i\left(x_i-\overline{X}\right)^2}{N}$

x_i	n_i	$x_i-\overline{X}$	$(x_i-\overline{X})^2$	$n_i(x_i-\overline{X})^2$
1	50	-1,833	3,361	168,05
2	75	-0,833	0,694	52,08
3	80	0,1667	0,028	2,22
4	75	1,1667	1,361	162,09
5	10	2,1667	4,6945	46,95
6	10	3,1667	10,028	100,28
Totaux	300			471,67

$V(x)=\frac{471{,}67}{300}$

$V(x)\approx 1{,}572$

$\sigma(x)=\sqrt{1{,}572}$

$\sigma(x)\approx 1{,}254$

♦ **Variable continue** $\left(\text{CA/client} : \overline{X} \approx 13{,}583 \text{ millions de F}\right)$

Utilisation de la seconde formule $\sqrt{(x)} = \frac{\sum n_i x_i^2}{N} - \overline{X}^2$

Classes	Centres x_i	n_i	x_i^2	$n_i x_i^2$
[0 , 5[	2,5	40	6,25	250
[5 ,10[	7,5	60	56,25	3375
[10,15[	12,5	70	156,25	10937,5
[15,20[	17,5	40	306,25	12250
[20,30[	25	40	625	25000
[30,50[	40	48	1600	76800
[50,60[	55	2	3025	6050
TOTAUX		300		134 662,50

$V(x) \approx \frac{134\ 662{,}5}{300} - 17{,}18333^2$

$V(x) \approx 448{,}875 - 295{,}2668$

$V(x) \approx 153{,}60817$ (millions)*

$\sigma(x) \approx \sqrt{V(x)}$

$\sigma(x) \approx \sqrt{153{,}60817} \times \sqrt{10^6}$

$\sigma(x) \approx 12{,}39388$ milliers de F

$\sigma(x) \approx 12\ 393{,}88$

***Remarque** : Si l'on avait exprimé les centres des classes en F on aurait travaillé à partir de $y_i = 1000\, x_i$. On aurait alors obtenu :*

$$\overline{Y} = \overline{1000X} = \frac{\sum n_i 1000 x_i}{N} = 1000 \frac{\sum n_i x_i}{N} \quad \text{soit } \overline{Y} = 1000\overline{X}$$

$$V(y) = V(1000x) = \frac{\sum n_i (1000 x_i)^2}{N} - \left(1000\overline{X}\right)^2$$

$$= 1000^2 \frac{\sum n_i x_i^2}{N} \quad 1000^2 \overline{X}^2$$

$$V(y) = V(1000x) = 1000^2\, V(x)$$

On peut généraliser à un réel K quelconque.

$$V(kx) = k^2 V(x)$$

et

$$\sigma(kx) = |k|\sigma(x) \quad \text{quel que soit k décimal}$$

2.4.3 Signification

Les deux exemples étudiés ont donné les résultats suivants :

Nombre de commandes par client : $E_M = 1{,}028$, $\sigma(x) = 1{,}254$

Chiffre d'affaires par client : $E_M = 9974{,}44$, $\sigma(x) = 12\ 393{,}88$

Dans les deux cas l'écart type est supérieur à l'écart moyen. Ce résultat est généralisable à tous les cas.

L'écart type ne donne donc pas l'écart moyen mais un nombre supérieur.

On peut relativiser l'écart type trouvé en le rapportant à la moyenne arithmétique pour neutraliser les différences d'échelles et faciliter la comparaison.

Le rapport $\frac{\sigma(x)}{\overline{X}}$ ainsi défini est appelé coefficient de variation.

2.4.4 Critique

Outre les qualités décrites, son importance, notamment dans l'induction statistique (connaissance d'une population à partir d'un échantillon), fait de l'écart type le paramètre de dispersion le plus utilisé.

Points clefs

- Degré maximum de synthétisation de l'information, les paramètres de position et de dispersion cherchent à caractériser en un seul nombre :
  - la tendance centrale pour les paramètres de position,
  - la plus ou moins grande dispersion de la distribution (généralement autour d'un paramètre de position) pour les paramètres de dispersion.

- Les paramètres de **position** les plus significatifs sont :
  - la **médiane** Me qui partage les effectifs en deux parties égales et surtout
  - **la moyenne arithmétique** $\overline{X} = \frac{\sum n_i x_i}{N}$ avec $N = \sum n_i$

- La **dispersion** est le plus souvent caractérisée par :
  - **la variance V(x)** moyenne arithmétique des carrés des écarts à la moyenne soit :

$$V(x) = \frac{\sum n_i (x_i - \overline{X})^2}{N} \quad \text{ou} \quad \left(V(x) = \frac{\sum n_i x_i^2}{N} - \overline{x}^2 \right)$$

  - sa racine carrée **l'écart type** $\sigma(x) = \sqrt{V(x)}$

1 Lors d'un tour du monde à la voile, les temps mis par les treize concurrents s'établissent ainsi (en jours) :
98, 99, 100, 100, 101, 102, 103, 104, 106, 108, 110, 111, 115

a) Comparer la médiane et le temps moyen

b) Comparer l'écart moyen et l'écart type par rapport à ce temps moyen.

2 Dans une entreprise les salaires sont ainsi distribués (en unité monétaire du pays)

Salaires	Nbr	Salaires	Nbr	Salaires	Nbr
[5 000, 6 000[	2 000	[10 000, 12 000[	1 000	[20 000, 25 000[	150
[6 000, 7 000[	3 000	[12 000, 14 000[	500	[25 000, 30 000[	80
[7 000, 8 000[	1 000	[14 000, 17 000[	400	[30 000, 40 000[	50
[8 000, 10 000[	1 500	[17 000, 20 000[	300	[40 000, 60 000[	20

a) Tracer l'histogramme et le polygone des fréquences, en déduire le mode.

b) Tracer le polygone des fréquences cumulées, en déduire la médiane.

c) À partir du polygone des fréquences cumulées, déterminer les quartiles et l'intervalle interquartile.

d) Déterminer le salaire moyen et l'écart type.

On prend pour hypothèse que les salariés appartenant à une classe touchent le salaire médian de celle-ci.

e) Quel pourcentage des salariés représentent les employés payés moins de 7 000 F ? Quel part de la masse totale des salariés représentent-ils ?

f) Même question pour les salariés payés 25 000 F et plus.

3 On étudie la taille des joueurs de deux équipes de 12 joueurs de basket-ball.

en cm

Équipe A	192	195	198	200	200	201	201	205	207	208	214	218
Équipe B	185	190	195	200	201	202	202	203	205	205	216	224

a) Comparer les médianes et les tailles moyennes de chaque équipe.

b) Déterminer l'écart moyen et l'écart type dans chacune des équipes.

c) Commenter.

d) Sachant que seulement cinq joueurs par équipe sont simultanément sur le terrain, on effectue la même étude que précédemment mais sur les cinq joueurs les plus grands de chaque équipe. Commenter.

4 Le nombre d'exploitations agricoles françaises réparties suivant la superficie a évolué de la manière suivante depuis 1955 en milliers.

Nb ha \ Années	1955	1963	1967	1975	1981	1985
< 5 ha	800	549	447	377	327	263
[5, 20[	1 013	849	724	456	379	315
[20, 50[	377	394	399	359	339	317
[50, 100[	75	85	92	106	117	123
>100	20	23	26	32	35	38
Total	2 285	1 900	1 688	1 330	1 197	1 056

(Cahiers Français n° 255)

a) Comparer la répartition des années 55, 75 et 85 à l'aide de diagrammes en bâtons des fréquences relatives.

b) Étudier la situation en 1985 à l'aide de l'histogramme et du polygone des fréquences absolues.

c) Même question à partir de la médiane, la moyenne arithmétique et l'écart type. On prendra pour hypothèse que les exploitations de 100 ha ou plus font en moyenne 125 ha.

5 Soit le tableau suivant :

x_i	2	4	6	8
n_i	30	20	10	40

Calculer les moyennes arithmétique, géométrique et harmonique.

6 La population active agricole a ainsi évolué en France depuis 1970.

en milliers

Années	1974	1977	1980	1983	1985
Population active	≈ 2 300	2 022	1 869	1 695	1 597

a) Calculer les moyennes arithmétique et géométrique.

b) Comparer ces deux moyennes à la population active agricole de l'année moyenne 1980. Pourquoi la moyenne géométrique est-elle la plus proche ?

7 L'entreprise RADFOR a réglé un achat en deux versements : le premier de 30 000 marks s'est effectué sur la base de 1 mark = 3,40 F, le deuxième de 90 000 marks sur la base de 3,42 F contre 1 mark.

a) Calculer le prix moyen auquel ont été payés les marks.

b) Vérifier le résultat en calculant le nombre de F dépensés à chaque opération, et la somme totale en F, puis en divisant cette somme par le nombre total de marks.

8 Les approvisionnements en matière A de l'entreprise HARMO ont été les suivants en janvier.

Numéro de commande	Prix à la tonne	Montant payé
1	1 500	49 500
2	1 650	99 000
	Total	148 500

a) Calculer la moyenne arithmétique des prix pondérés par les montants payés.

b) Calculer la moyenne harmonique.

c) Calculer les tonnages achetés respectivement 1 500 F et 1 650 F.

d) Calculer le prix moyen à la tonne payé en janvier en divisant le coût global par le tonnage total.

e) Vérifier que ce prix est égal à la moyenne harmonique précédement calculée et à la moyenne arithmétique des prix pondérés par les tonnages.

9

Une grande surface spécialisée dans la vente de TV-Hifi a relevé la durée des interventions de son atelier de réparation.

Durée des interventions	Effectif
moins de 20 minutes	2
de 20 à 40 minutes	18
de 40 minutes à 1 heure	32
de 1 heure à 1 heure 20 minutes	40
de 1 heure 20 minutes à 1 heure 40 minutes	29
de 1 heure 40 minutes à 2 heures	12
plus de 2 heures	7

a) Calculer et comparer la moyenne, la médiane et le mode de cette série.

b) Calculer le pourcentage des interventions comprises dans les intervalles suivants :

– moyenne plus ou moins 1 écart type,

– moyenne plus ou moins 2 écarts types,

– moyenne plus ou moins 3 écarts types.

(d'après BTS Service Informatique)

10 On envisage de comparer les salaires des ouvriers dans une entreprise. La répartition des salaires est la suivante :

Salaire en F	Nombre d'ouvriers	Nombre d'ouvrières
3 500 à moins de 3 700...	21	42
3 700 à moins de 4 100...	49	48
4 100 à moins de 4 300...	100	10
4 300 à moins de 4 700...	24	0
4 700 à moins de 5 300...	6	0

a) Calculez la moyenne, la médiane et l'écart-type des salaires des ouvriers.

b) Le salaire moyen des ouvrières de ce tableau est 3 804 F, le salaire médian est 3 767 F et l'écart type 193,9F. Comparer les deux répartitions à l'aide de ces résultats.

(Extrait DPECF 85)

13

PRÉSENTATION ET REPRÉSENTATION DES DONNÉES

Les indices statistiques

1. Indices simples

1.1 Notion d'indice

1.2 Propriétés d'un indice simple

2. Indices synthétiques

2.1 Composition d'un indice synthétique

2.2 Indice de Laspeyres

2.3 Indice Paasche

2.4 Remarques

1. Indices simples

1.1 Notion d'indice

1.1.1 Données de base

L'entreprise PREDON cherche à étudier l'évolution de la consommation de matières premières rentrant dans la composition d'un aliment. À cette fin, elle a relevé les données suivantes sur les six dernières années.

Années	Rang /n-6	MATIÈRE A		MATIÈRE B		GLOBAL		
		Prix	Quantités	Prix	Quantités	Prix*	Quantités	Coût total
n-6	0	$P_0 = 2000$	$Q_0 = 200$	$P_{0'} = 500$	$Q_{0'} = 100$	1500,00	300	450 000
n-5	1	$P_1 = 2200$	$Q_1 = 190$	$P_{1'} = 525$	$Q_{1'} = 130$	1519,53	320	486 250
n-4	2	$P_2 = 2420$	$Q_2 = 180$	$P_{2'} = 551$	$Q_{2'} = 160$	1540,47	340	523 760
n-3	3	$P_3 = 2662$	$Q_3 = 170$	$P_{3'} = 579$	$Q_{3'} = 200$	1536,05	370	568 340
n-2	4	$P_4 = 2928$	$Q_4 = 160$	$P_{4'} = 608$	$Q_{4'} = 220$	1584,84	380	602 240
n-1	5	$P_5 = 3222$	$Q_5 = 150$	$P_{5'} = 638$	$Q_{5'} = 250$	1607,00	400	642 800

*Prix Moyen Pondéré = coût total/quantités

Exemple d'indice

Si l'entreprise veut caractériser les évolutions du prix de la matière A par rapport à une année de référence servant de base, elle pourra le faire à l'aide des rapports

$$\frac{P_i}{P_0} \times 100$$

Ce type de rapport définit un indice noté :

$I_{i/0}$

I pour Indice — année comparée — année servant de base

On aura pour le prix de la matière A

$$I_{0/0} = \frac{P_0}{P_0} \times 100 = \frac{2000}{2000} \times 100 = 100$$

$$I_{1/0} = \frac{P_1}{P_0} \times 100 = \frac{2200}{2000} \times 100 = 110$$

$$I_{2/0} = \frac{P_2}{P_0} \times 100 = \frac{2420}{2000} \times 100 = 121$$

$$\vdots \quad \vdots \quad \vdots \quad \vdots \quad \vdots$$

$$I_{5/0} = \frac{P_5}{P_0} \times 100 = \frac{3222}{2000} \times 100 = 161{,}1$$

On peut aussi définir d'autres nombres indices en changeant de base. Par exemple :

$$I_{4/2} = \frac{P_4}{P_2} \times 100 = \frac{2928}{2420} \times 100 \approx 120{,}99$$

1.1.2 Généralisation

L'indice $I_{i/j} = \frac{P_i}{P_j} \times 100$ caractérise l'évolution d'une grandeur P d'une année *i* par rapport à l'année *j*.

L'indice est **simple** si la grandeur est constituée d'un seul élément.

Exemples : prix de la matière A ou de la matière B, quantités consommées de matière A ou de matière B.

L'indice est **synthétique (ou composé)** si la grandeur est constituée de plusieurs éléments.

Exemples : prix de l'ensemble des matières, consommation globale de matières.

1.2 Propriétés d'un indice simple

1.2.1 Réversibilité

Un indice simple est réversible : cela signifie que

$$\frac{I_{j/i}}{100} = \frac{100}{I_{i/j}} \text{ ou } \frac{I_{j/i}}{100} \times \frac{I_{i/j}}{100} = 1$$

en effet : $\frac{I_{i/j}}{100} \times \frac{I_{j/i}}{100} = \frac{P_i}{P_j} \times \frac{P_j}{P_i} = 1$

Exemple :

$I_{2/0} = 121$

$I_{0/2} = \frac{2000}{2420} \times 100 \approx 82{,}6446281$

$\frac{I_{2/0}}{100} \times \frac{I_{0/2}}{100} = 1{,}21 \times 0{,}826446281 = 1$

1.2.2 Transférabilité

Un indice simple est transférable : cela signifie que

$$\frac{I_{j/k}}{100} \times \frac{I_{k/i}}{100} = \frac{I_{j/i}}{100}$$

en effet : $\frac{I_{j/k}}{100} \times \frac{I_{k/i}}{100} = \frac{P_j}{P_k} \times \frac{P_k}{P_i} = \frac{P_j}{P_i} = \frac{I_{i/j}}{100}$

Exemple :

$$\frac{I_{2/0}}{100} = 1,21$$

$$\frac{I_{2/1}}{100} = \frac{P_2}{P_1} = \frac{2420}{2200} = 1,1$$

$$\frac{I_{1/0}}{100} = \frac{P_1}{P_0} = 1,1$$

$$\text{soit } \frac{I_{2/1}}{100} \times \frac{I_{1/0}}{100} = 1,1 \times 1,1 = 1,21$$

1.2.3 Conséquence sur la base

Les indices illustrent des évolutions par rapport à la base choisie. Il est souvent souhaitable d'actualiser la base de comparaison. L'entreprise PREDON peut par exemple considérer que la base n-6 est trop ancienne et décider de prendre n-2 pour nouvelle référence.

Une telle opération est dans tous les cas possible mais les propriétés précédentes permettent aussi de retrouver l'indice en fonction de l'ancienne base s'il en est besoin.

Exemple :

L'entreprise PREDON décide donc de choisir n-2 comme nouvelle base.

Il suffira alors d'appliquer un coefficient égal à $\frac{I_{n-2/n-6}}{100}$ à tout nombre indice exprimé dans la nouvelle base pour retrouver ce qu'il serait dans l'ancienne.

$$\text{Soit } \frac{I_{n-2/n-6}}{100} = \frac{2928}{2000} = 1,464$$

$$\text{Dans la nouvelle base } I_{n-1/n-2} = \frac{3222}{2928} \times 100 \approx 110,04$$

Dans l'ancienne base $I_{n-1/n-2} = 110,04 \times 1,464 = 161,10$

On retrouve bien le résultat obtenu directement.

2. Indices synthétiques

Au delà de l'évolution de chaque élément pris séparément, il est souvent très utile de mesurer l'évolution globale de l'ensemble.

Exemples :

- évolution globale des prix à la consommation permettant notamment d'ajuster les salaires,
- mesure de la production industrielle d'un pays tous secteurs confondus,
- évolution du prix de l'ensemble de ses matières pour l'entreprise PREDON.

C'est cette nécessité qui amène à l'élaboration d'indices synthétisant les informations sur l'ensemble des éléments.

2.1 Composition d'un indice synthétique

Il existe deux modes de base de construction d'un indice synthétique : moyenne des indices simples ou moyenne des éléments.

2.1.1 Moyenne des indices simples

Exemple :

Pour l'entreprise PREDON, si l'on ne pondère pas, l'indice synthétique sera :

$I_{5/0} = (I^A_{5/0} + I^B_{5/0})/2$ avec I^A indice matière A, I^B indice matière B

$$\text{soit } I_{5/0} = \frac{\frac{P_5}{P_0}\times 100 + \frac{P'_5}{P'_0}\times 100}{2} = \frac{\frac{3222}{2000}\times 100 + \frac{638}{500}\times 100}{2} = \frac{161{,}1 + 127{,}6}{2} \approx 144{,}35$$

2.1.2 Moyenne des éléments

Exemple :

On aura alors :

$$I_{5/0} = \frac{P_5 + P'_5}{P_0 + P'_0}\times 100 = \frac{3222 + 638}{2000 + 500}\times 100 = \frac{3860}{2500}\times 100 = 154{,}40$$

Remarque *: On constate que les deux modes de construction n'aboutissent pas au même indice.*

2.1.3 Pondération

Dans les deux calculs précédents, les poids des deux matières sont identiques. Cela est critiquable dans la mesure où au départ la quantité de matière A consommée est le double de celle de la matière B (200 contre 100).

De même, s'il est juste de faire rentrer dans l'indice des prix à la consommation aussi bien le prix d'une place de cinéma que celui des carburants, il ne serait pas normal de leur accorder la même importance.

Ainsi apparaît la nécessité de pondérer chaque élément suivant son importance. Il existe de nombreux modes de pondération, mais seuls les deux principaux sont étudiés ici : pondération de **Laspeyres**, pondération de **Paasche**.

2.2 Indice de Laspeyres

2.2.1 Principe

La pondération de Laspeyres s'effectue sur la base de l'année de référence.

Dans le cas présent, ce sont les quantités initiales $Q_0 = 200$ et $Q_{0'} = 100$ qui serviront à pondérer les prix des matières A et B.

$$I_{5/0} = \frac{P_5 \times Q_0 + P'_5 \times Q'_0}{P_0 \times Q_0 + P'_0 \times Q'_0} \times 100 = \frac{3222 \times 200 + 638 \times 100}{2000 \times 200 + 500 \times 100} \times 100 = \frac{708200}{450000} \times 100 \approx 157,38$$

2.2.2 Généralisation

L'indice Laspeyres (moyenne arithmétique) d'une année i par rapport à une base année j est égal à :

$$I_{i/j} = \frac{\sum_{k=i}^{n} P_i^k Q_j^k}{\sum_{k=i}^{n} P_j^k Q_j^k} \times 100$$

avec n : nombre d'élément composant l'indice

$P_{i\,:\,\text{année}}^{k\,:\,\text{élément (produit)}}$

soit, si j est l'année 0 de référence

$$I_{i/0} = \frac{\sum_{k=i}^{n} P_i^k Q_0^k}{\sum_{k=i}^{n} P_0^k Q_0^k} \times 100$$

2.2.3 Signification

L'indice mesure ici l'évolution des prix sur la base de la consommation à l'origine (200 pour A et 100 pour B) sans prendre en compte les modifications qui interviennent ensuite.

> L'indice Laspeyres mesure l'évolution d'un élément sur la base de la structure à l'origine sans prendre en compte les modifications qui peuvent intervenir dans ce domaine.

Si, par exemple, on voulait établir un indice Laspeyres des prix base 1900, celui-ci reflèterait l'évolution des prix des produits consommés en 1900.

2.2.4 Changement de base

Évidemment un tel résultat n'offre que peu d'intérêt. De manière générale, à toute modification sensible de la structure, l'indice perd beaucoup de sa signification. Il devient alors indispensable d'actualiser la base.

Ainsi, afin de rester significatif, l'indice INSEE de la hausse des prix change de base tous les ans pour tenir compte des évolution intervenues dans la structure de la consommation du fait de l'apparition de nouveaux produits et services et des modifications des habitudes des consommateurs.

2.2.5 Conséquences du changement de base sur la continuité de l'indice

Exemple :

L'entreprise PREDON choisit pour nouvelle base n-2. On aura alors pour indice en n-1 :

$$I_{n-1/n-2} = \frac{P_5Q_4 + P'_5Q'_4}{P_4Q_4 + P'_4Q'_4} \times 100 = \frac{3222 \times 160 + 638 \times 220}{2928 \times 160 + 608 \times 220} \times 100 \approx 108,91$$

Pour retrouver le nombre indice sur la base de l'année n-6, il faut alors multiplier par

$$\frac{I_{n-2/n-6}}{100}$$

soit : $$\frac{I_{n-2/n-6}}{100} = \frac{P_4Q_0 + P'_4Q'_0}{P_0Q_0 + P'_0Q'_0} = \frac{2928 \times 200 + 608 \times 100}{2000 \times 200 + 500 \times 100} \approx 1,4364$$

On aura alors $I_{n-1/n-6} \approx 108,91 \times 1,4364 \approx 156,44$

résultat sensiblement différent du résultat trouvé directement ($I_{5/0} \approx 157,38$)

> L'indice Laspeyres n'étant pas transférable, la continuité des indices en cas de changement de base n'est pas assurée. Il n'est pas réversible non plus.

2.3 Indice Paasche

2.3.1 Principe

> La pondération Paasche s'effectue sur la base de l'année en cours.

On aura par exemple :

$$I_{5/0} = \frac{P_5Q_5 + P'_5Q'_5}{P_0Q_5 + P'_0Q'_5} \times 100 = \frac{3222 \times 150 + 638 \times 250}{2000 \times 150 + 500 \times 250} \times 100 \approx 151,25$$

2.3.2 Généralisation

L'indice Paasche (moyenne arithmétique) d'une année i par rapport à une année de base j est égal à

$$I_{i/j} = \frac{\sum_{k=i}^{n} P_i^k Q_i^k}{\sum_{k=i}^{n} P_j^k Q_i^k} \times 100 \quad \text{avec} \quad \begin{array}{l} n \text{ : nombre d'élément} \\ P_{i\,:\,\text{année}}^{k\,:\,\text{élément}} \end{array}$$

$$\boxed{I_{i/0} = \frac{\sum_{k=i}^{n} P_i^k Q_i^k}{\sum_{k=i}^{n} P_0^k Q_i^k} \times 100}$$

2.3.3 Signification

L'indice mesure l'évolution sur la base de la structure finale de la consommation sans tenir compte de ce qu'elle était à l'origine.
L'indice Paasche des prix base 1900 reflèterait l'évolution des prix sur la base des produits consommés aujourd'hui. Encore faudrait-il que ces produits eussent existé en 1900 !

Remarque *: Pour pouvoir utiliser la pondération Paasche, il faut connaître la structure actuelle. Souvent lorsque l'on établit l'indice, cette information n'est pas encore disponible, ce qui empêche alors d'avoir recours à cette pondération.*

2.3.4 Changement de base

Comme dans le cadre d'une pondération Laspeyres, des modifications de structure, comme l'apparition de produits nouveaux, rendent nécessaires les changements périodiques de base.

2.3.5 Discontinuité de l'indice

Exemple :

En reprenant l'entreprise PREDON on aura :

$$I_{n\text{-}1/n\text{-}2} = \frac{P_5Q_5 + P'_5Q'_5}{P_4Q_5 + P'_4Q'_5} \times 100 = \frac{3222 \times 150 + 638 \times 250}{2928 \times 150 + 608 \times 250} \times 100 \approx 108,73$$

Pour retrouver le nombre-indice sur la base de l'année n-6 il faut multiplier par

$$\frac{I_{n\text{-}2/n\text{-}6}}{100} \text{ soit : } \frac{I_{n\text{-}2/n\text{-}6}}{100} = \frac{P_4Q_4 + P'_4Q'_4}{P_0Q_4 + P'_0Q'_4} = \frac{2928 \times 160 + 608 \times 220}{2000 \times 160 + 500 \times 220} \approx 1,4006$$

On aura alors $I_{n-1/n-6} \approx 108{,}73 \times 1{,}4006 \approx 152{,}29$

résultat là aussi sensiblement différent du résultat obtenu directement ($I_{5/0} = 151{,}25$)

> L'indice Paasche n'étant ni transférable ni réversible, la continuité en cas de changement de base n'est pas assurée.

2.4 Remarques

2.4.1 Autres indices

On peut être amené à établir d'autres indices que les indices de prix. Dans les formules, P ne représente pas alors le prix, mais le critère étudié.

La pondération peut également s'effectuer sur un autre critère que les quantités, Q ne représente pas alors une quantité mais le critère de pondération (qui peut être le prix).

Exemple :

Si l'entreprise veut établir l'indice de sa consommation pondérée par les prix, les rôles de P et Q sont inversés dans les formules. On aura alors :

$$I_{5/0} = \frac{Q_5P_0 + Q'_5P'_0}{Q_0P_0 + Q'_0P'_0} \times 100 \text{ pondération : } P_0 \text{ et } P'_0$$

$$I_{5/0} = \frac{150 \times 2000 + 250 \times 500}{200 \times 2000 + 100 \times 500} \times 100 \approx 94{,}44$$

(On constate que la consommation pondérée par les prix a baissé alors que les quantités consommées sont passées de 300 à 400. Cela s'explique par le fait que la part de la matière A la plus chère est passée de 66,6% en n-6 à 37,5% en n-1).

2.4.2 Prix moyen pondéré

Si l'on considère l'indice I du prix moyen pondéré, il est composé d'un seul élément, c'est donc un indice simple et l'on aura par exemple :

$$I_{5/0} = \frac{1607}{1500} \times 100 \approx 107{,}13$$

Ce résultat est sensiblement différent des indices de prix établis précédemment. C'est qu'en fait l'évolution du prix moyen pondéré est la résultante des modifications des prix unitaires mais aussi des changements intervenus dans la structure de la consommation.

Points clefs

- L'indice simple de l'évolution d'un élément P de l'année 0 servant de base de référence à l'année i, est égal à : $I_{i/0} = \frac{P_i}{P_0} \times 100$

  (P ne représentant pas obligatoirement un prix mais tout aussi bien une quantité, une valeur, etc).

- Lorsqu'il est composé de plusieurs éléments, l'indice est alors synthétique. On l'établit directement ou à partir des indices simples de chaque élément.

- Dans les deux cas, on est généralement amené à pondérer à partir de la situation :
  - à l'origine : Laspeyres,
  - actuelle : Paasche.

  Ce qui conduit à calculer les moyennes arithmétiques pondérées à l'aide des formules suivantes :

  Laspeyres :

  $$I_{i/0} = \frac{\sum_{i=1}^{k} P_i^k Q_0^k}{\sum_{i=1}^{k} P_0^k Q_0^k}$$ où

  P^k : les k éléments étudiés

  Q^k : la structure

  P_i^k — k : l'élément ; i : l'année

  Paasche

  $$I_{i/0} = \frac{\sum_{i=1}^{k} P_i^k Q_i^k}{\sum_{i=1}^{k} P_0^k Q_i^k}$$

  Remarque : les éléments étudiés P_i^k peuvent tout aussi bien représenter des quantités que des prix, de même pour Q.

1 Le prix d'un produit a évolué de la manière suivante au cours des cinq dernières années.

Année	n - 5	n - 4	n - 3	n - 2	n - 1	n
Prix	2 532	2 634	2 686	2 710	2 730	2 742

a) Calculer l'indice du prix de ce produit base 100 en n - 5.

b) Déterminer le prix de ce produit en n + 1 sachant que l'indice vaut alors 110.

c) Quel est alors l'indice base 100 année n ?

d) L'augmentation du prix en n + 2 étant de 2 %, quel sera l'indice base 100 année n ?

2 Le tableau suivant retrace l'évolution de la population active en France depuis 1906.

Années	Total population active (a)	Indice 100 = 1921	Population active agricole (a)	Indice 100 = 1921	% population active agricole (b)
1906	20 482	96,7	8 845	98,1	43,2
1921	21 183	100,0	9 014	100,0	42,6
1931	21 159	99,9	7 694		36,4
1936	19 396	91,6	7 171		37,0
1946	20 520	96,9	7 484		36,5
1954	19 123	90,3	5 127		26,8
1962	19 251	90,9	3 870		20,1
1970	21 443	101,2	2 814		13,1
1973	22 005	103,9	2 373		10,8
1977	22 469	106,1	2 022		9,0
1980	23 240	109,7	1 869		8,0
1983	23 703	111,9	1 695		7,2
1985	23 886	112,8	1 597		6,7

(a) en milliers d'individus
(b) par rapport à la population active totale *Source : Cahiers français n° 255*

a) Compléter l'indice base 1921 de l'évolution de la population active agricole.

b) Représenter l'évolution des deux indices sur le même graphique et commenter.

c) Calculer l'indide 1921 de la population active en prenant 1985 pour base et vérifier la réversibilité.

d) Calculer pour la population active, l'indice 1921 base 1906, l'indice 1985 base 1906. Vérifier sur ces trois données la transférabilité de l'indice.

3 Le tableau suivant retrace l'évolution des investissements directs France-Allemagne.

Investissements directs allemands en France en millions de DM		Investissements directs français en Allemagne en millions de DM	
1978	543,30	1978	274,70
1979	721,90	1979	86,90
1980	453,70	1980	175,10
1981	621,60	1981	281,30
1982	304,40	1982	429,70
1983	383,20	1983	352,70
1984	494,10	1984	359,00
1985	494,50	1985	93,40
1986	486,00	1986	356,00
1987	758,00	1987	156,00
1988	898,00	1988	626,00
1989	1 678,00	1989	4 251,00
1990	1 860,00	1990	502,00

Source : Bundesministerium für Wirtschaft.

a) Calculer les indices base 1978 dans les deux cas.

b) Représenter l'évolution des deux indices sur le même graphique (on ne représentera pas l'indice 89 des investissements français en Allemagne).

c) Dans le cadre des investissements allemands en France, calculer pour les années 86 à 90 les indices base 1985. Vérifier que l'indice est transférable.

4 Dans une entreprise, les salariés sont classés en quatre catégories. Entre les années n - 5 et n, les données ont évolué ainsi :

Années	Nombre		Salaires moyens*	
	n - 5	n	n - 5	n
Catégorie A	50	60	80	100
Catégorie B	30	50	125	140
Catégorie C	15	30	180	200
Catégorie D	5	10	250	300

* annuel en milliers de F

a) Calculer l'évolution de l'indice des salaires base 100 en n - 5 avec la pondération Laspeyre.

b) Même question avec la pondération Paasche.

5 La « Société de Restauration Rapide » étudie l'évolution du coût des ingrédients rentrant dans la composition de ses sandwichs au jambon.

quantités en grammes, prix en F au Kg

Ingrédients	Année n - 2			Année n - 1			Année n		
	Quantité	Prix	Coût.	Q.	P.	Coût.	Q.	P.	Coût.
Pain	50	5	0,25	45	5,00	0,225	40	4,9	0,196
Beurre	10	20	0,2	7,5	22	0,165	6	24	0,144
Jambon	50	40	2,00	45	42	1,89	40	41	1,64

a) Calculer les indices du prix des différents ingrédients base 100 en n - 2.

b) Calculer l'indice synthétique du prix de l'ensemble des ingrédients, base 100 en n- 2 avec la pondération Laspeyres puis avec la pondération Paasche.

c) Même question pour une base 100 en n - 1.

d) Montrer que l'indice n'est pas transférable.

6

Trois qualités d'acier rentrent dans la fabrication d'un produit. On a relevé les renseignements suivants concernant les trois dernières années.

	Année 1		Année 2		Année 3	
	Quantité	Prix U	Quantité	Prix U	Quantité	Prix U
Acier A	40	150	40	155	40	160
Acier B	30	110	40	112	50	114
Acier C	30	90	40	92	50	90
Totaux	100		120		140	

a) Calculer l'indice synthétique des prix de l'acier consommé (base 100 année 1) par la pondération Laspeyres puis par la pondération Paasche.

b) Calculer l'indice synthétique des quantités pondérées par les prix (base 100 année 1) par la pondération Laspeyres, puis par la pondération Paasche.

c) Calculer l'indice des valeurs globales de l'acier consommé (100 année 1).

d) Commenter les résultats, sachant que l'indice de la production a ainsi évolué.

Années	**1**	**2**	**3**
Production	**100**	**120**	**140**

14

ANALYSE ET PRÉVISION

Ajustements et Prévisions

1. Ajustement

1.1 Notion d'ajustement

1.2 Ajustement linéaire par les moindres carrés

2. Régression - corrélation

2.1 Régression

2.2 Corrélation

3. Prévisions

3.1 Principe

3.2 Conditions de validité et limites

1. Ajustements

1.1 Notion d'ajustement

1.1.1 Qu'est-ce qu'un ajustement ?

Exemple :

L'entreprise PREDON a relevé mois par mois depuis 5 ans, les couples (activité, consommation d'électricité) :

Activité en tonnes	Consommation en KWh
200	4 500
350	6 000
250	5 000
....	....
....	....

Ces 60 données, représentées dans un repère, forment un nuage de points.

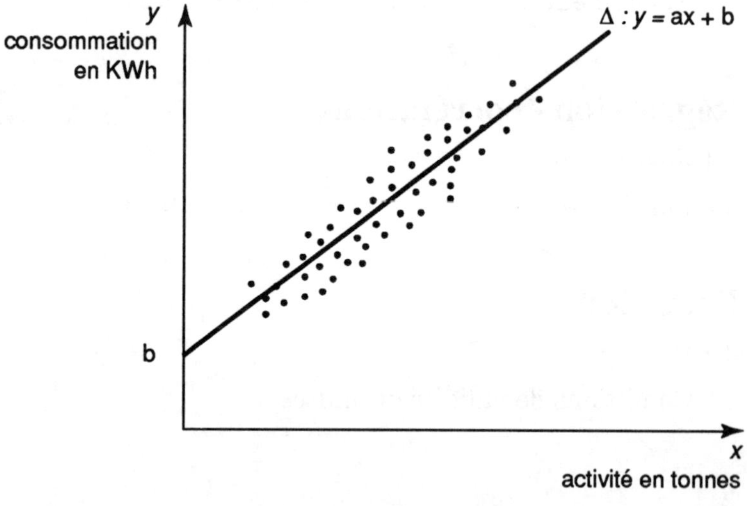

On peut tracer une droite Δ proche des points. Son équation constitue un modèle mathématique simulant d'autant mieux l'évolution d'une grandeur par rapport à l'autre que la droite est proche des points.

1.1.2 Types d'ajustements

♦ **Ajustement linéaire**

La droite précédente représentait un ajustement linéaire reflétant un lien mathématique entre les deux variables y et x du type $y = ax + b$.

Ce type d'alignement correspondra aux cas suivants :

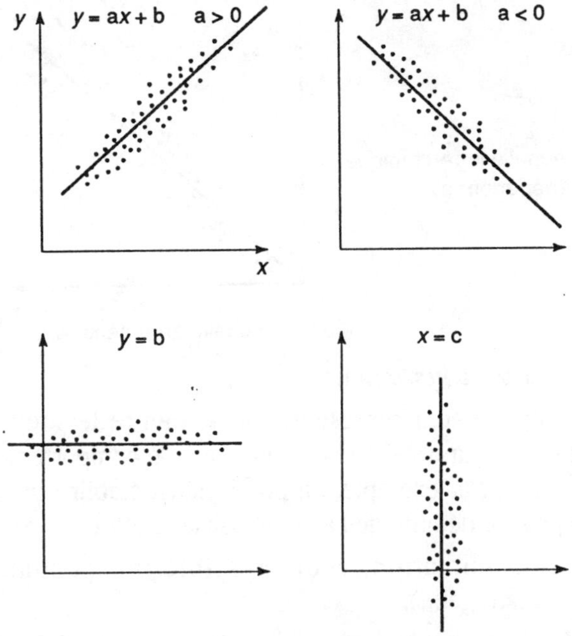

♦ Autres ajustements

On peut imaginer autant de types d'ajustements qu'il existe de fonctions mathématiques. Dans ce livre, on n'étudiera que ceux qui peuvent revenir à un ajustement linéaire par un simple changement de variable.

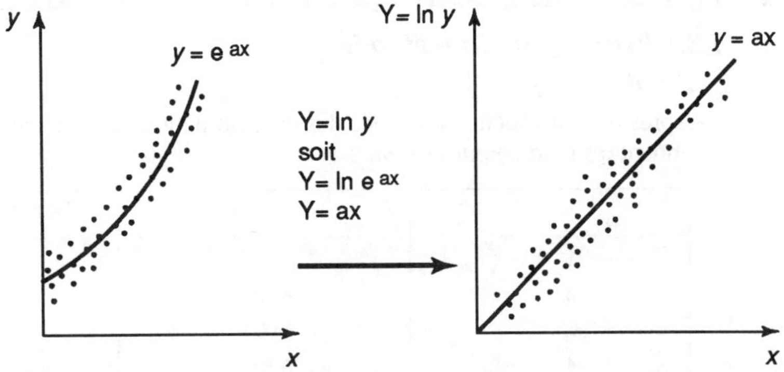

***Remarque** : On pourrait directement trouver la forme de droite en utilisant une échelle adaptée pour les ordonnées (échelle logarithmique népérienne).*

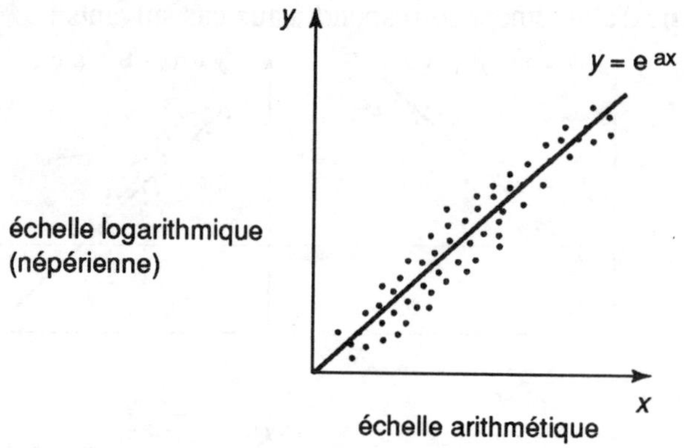

1.1.3 Intérêt d'un ajustement

La courbe d'ajustement représente un lien entre les deux variables. Son équation détermine un modèle mathématique de comportement de la variable y par rapport à x. Par exemple, on pourra ainsi établir que la consommation d'électricité peut se déduire de l'activité par la relation $y = ax + b$, où

- b sera la consommation incompressible indépendante de l'activité (chauffage, éclairage,...),
- a : le coefficient de proportionnalité de la partie dépendant de l'activité (alimentation des machines, etc).

Cela permettra notamment de **prévoir** y connaissant x. Ainsi la connaissance de l'activité prévisionnelle permettra d'estimer la consommation d'électricité.

1.2 Ajustement linéaire par les moindres carrés

1.2.1 Principe de la méthode

Premier exemple :

Après regroupement sur l'année des consommations d'électricité et de l'activité, on obtient les cinq couples suivants :

i	Activité x_i	Consommation en MWh y_i
1	3 000	58
2	4 500	70
3	5 000	84
4	6 500	94
5	8 500	119

La meilleure droite d'ajustement est celle qui est la plus proche des cinq points. Pour l'obtenir, on va minimiser la somme des segments S_i qui relient chaque point à la droite parallèlement à l'axe des y.

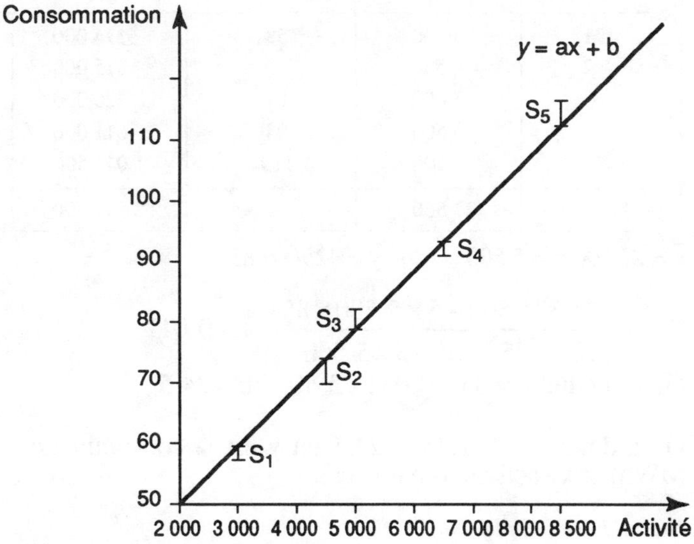

Cela revient mathématiquement à minimiser $\sum_{i=1}^{n}[y_i - f(x_i)]^2$ où les $f(x_i)$ sont les ordonnées des points de la droite ayant pour abscisse x_i,c'est-à-dire les consommations théoriques d'après le modèle.

D'après cet objectif de minimisation, on peut déterminer (démonstration en annexe en fin de chapitre) les paramètres a et b de la droite d'ajustement par les moindres carrés.

$$a = \frac{\sum_{i=1}^{n} x_i y_i - n\bar{x}\bar{y}}{\sum_{i=1}^{n} x_i^2 - n\bar{x}^2} \quad \text{ou } a = \frac{\sum_{i=1}^{n} X_i Y_i}{\sum_{i=1}^{n} X_i^2} \quad \text{avec } X_i = x_i - \bar{x},\ Y_i = y_i - \bar{y}$$

X_i et Y_i sont les variables centréees.

$b = \bar{y} - a\bar{x}$ (la droite d' ajustement passe par les points $\bar{x}$, $\bar{y}$)

Remarque : $\sum_{i=1}^{n} x_i y_i - n\bar{x}\bar{y}$ définit la **covariance de x et y**, la formule de a peut s'écrire :

$$\frac{\text{cov}(x, y)}{V(x)}$$

i	x_i	y_i	x_iy_i	x_i^2
1	3 000	58	174 000	9×10^6
2	4 500	70	315 000	$20{,}25 \times 10^6$
3	5 000	84	420 000	25×10^6
4	6 500	94	611 000	$42{,}25 \times 10^6$
n = 5	8 500	119	1 011 500	$72{,}25 \times 10^6$
S	27 500	425	2 531 500	$16\,875 \times 10^4$

$\overline{x} = 27\,500/5 = 5\,500$ $\overline{y} = 425/5 = 85$

Soit $a = \dfrac{2\,531\,500 - 5 \times 5\,500 \times 85}{16\,875 \times 10^4 - 5 \times 5\,500^2}$ $a \approx 0{,}011$

On en déduit $b = 85 - 0{,}011 \times 5\,500$ $b \approx 24{,}5$

On a donc $y \approx 0{,}011x + 24{,}5$ où y est la consommation d'électricité (en MWh) et x l'activité (en tonnes).

Deuxième exemple :

La direction des ressources humaines a étudié le nombre moyen de commandes par client en fonction de l'ancienneté du représentant.

x : ancienneté	2	4	5	6	7
y : nbre annuel moyen de commandes	3	2	5	3	4

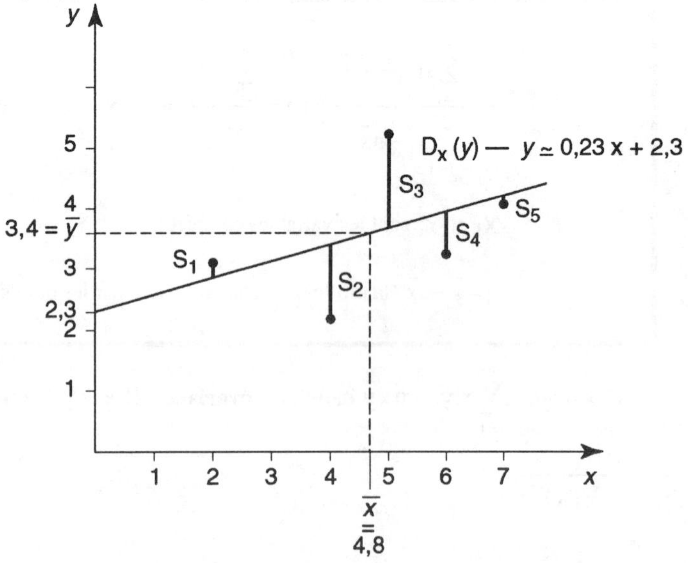

$$a = \frac{\text{cov}(x,y)}{V(x)} = \frac{\sum x_i y_i - n\bar{x}\bar{y}}{\sum x_i^2 - n\bar{x}^2} \approx 0{,}23 \quad \bar{y} = a\bar{x} + b \ ; \ b = 3{,}4 - 0{,}23 \times 4{,}8 \approx 2{,}3$$

1.2.2 Tableaux de contingence

Exemple :

L'entreprise PREDON a pénétré récemment un marché étranger. Elle a relevé la répartition du CA annuel moyen réalisé avec les clients en fonction de leur ancienneté. Ces données ont été regroupées dans le tableau suivant :

CA* y_i \ ancienneté x_i	1	2	3	$n_{\cdot,j}$
5	7	1	0	8
15	2	2	1	5
30	1	3	3	7
$n_{i,\cdot}$	10	6	4	20

*en milliers de F (centre des classes)

On peut représenter ce tableau ainsi (l'aire de chaque disque étant proportionelle à l'effectif).

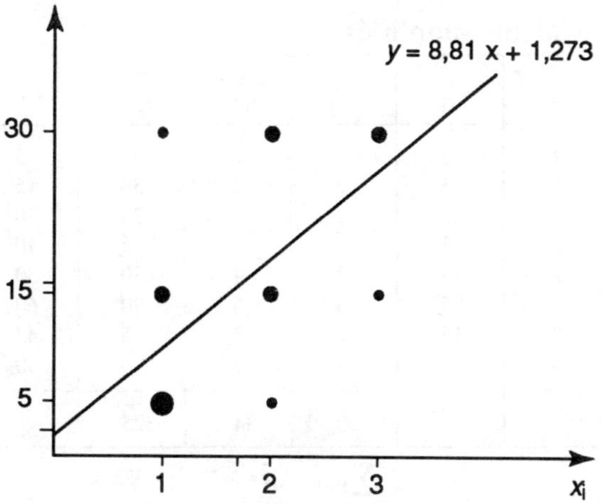

♦ Méthode développée

Le tableau de contingence n'est qu'une présentation synthétique des 20 couples (ancienneté, CA) et l'on peut ajuster à partir du tableau développé.

	x_i	y_i	x_iy_i	x_i^2
	1	5	5	1
	1	5	5	1
	1	5	5	1
7 fois	1	5	5	1
	1	5	5	1
	1	5	5	1
	1	5	5	1
2	1	15	15	1
	1	15	15	1
1	1	30	30	1
1	2	5	10	4
2	2	15	30	4
	2	15	30	4
3	2	30	60	4
	2	30	60	4
	2	30	60	4
1	3	15	45	9
3	3	30	90	9
	3	30	90	9
	3	30	90	9
	34	325	660	70

Soit

$\bar{x} = 34/20 = 1,7$

$\bar{y} = 325/20 = 16,25$

$$a = \frac{\sum x_i y_i - n\bar{x}\bar{y}}{\sum x_i^2 - n\bar{x}^2}$$

$$a = \frac{660 - 20 \times 1,7 \times 16,25}{70 - 20 \times 1,7^2} \approx 8,81$$

$$b = \bar{y} - a\bar{x} = 16,25 - 8,81 \times 1,7 \approx 1,273$$

$$y \approx 8,81x + 1,273$$

Certes l'application de cette méthode est toujours possible mais peut nécessiter un très grand nombre de calculs dont une grande partie de manière répétitive. On peut simplifier la méhode en regroupant les calculs identiques.

♦ Calculs simplifiés

x_i	y_i	$n_{i,j}$	$x_in_{i,j}$	$y_in_{i,j}$	x_iy_i	$n_{i,j}x_iy_i$	x_i^2	$n_{i,j}x_i^2$
1	5	7	7	35	5	35	1	7
1	15	2	2	30	15	30	1	2
1	30	1	1	30	30	30	1	1
2	5	1	2	5	10	10	4	4
2	15	2	4	30	30	60	4	8
2	30	3	6	90	60	180	4	12
3	15	1	3	15	45	45	9	9
3	30	3	9	90	90	270	9	27
		20	34	325		660		70
		$\sum n_{i,j}$	$\bar{x} = 34/20$	$\bar{y} = 325/20$				

$$a = \frac{\sum n_{i,j}x_iy_j - \sum n_{i,j}\bar{x}\bar{y}}{\sum n_{i,j}x_i^2 - \sum n_{i,j}\bar{x}^2} = \frac{660 - 20 \times 1,7 \times 16,25}{70 - 20 \times 1,7^2} \approx 8,81$$

On retrouve évidemment le même résultat mais le tableau de calcul ne comportera qu'un nombre de lignes égal à celui du nombre de cases non vides (8) du tableau de contingence et non de l'effectif total.

2. Régression - corrélation

2.1 Régression

2.1.1 Régression de y en x

Les ajustements précédents ont permis d'exprimer y en fonction de x : (y = ax + b).

On appelle

- régression de y en x cette opération,
- droite de régression de y en x, la droite $D_x(y)$ tendant à minimiser la somme des écarts "verticaux" (parallèles à l'axe des y).

2.1.2 Régression de x en y

On peut de la même manière exprimer x en fonction de y et définir la droite de régression $D_y(x)$ de la forme x = a'y + b'.

Les rôles de x et de y sont alors inversés, ce qui conduit à minimiser la somme des écarts "horizontaux" (parallèlement à l'axe des x).

On a alors :

$$a' = \frac{\mathrm{cov}(x,y)}{V(y)} = \frac{\sum x_i y_i - n\overline{x}\overline{y}}{\sum y_i^2 - n\overline{y}^2} \quad b' \text{ tel que } \overline{x} = a'\,y + b'$$

Dans le cas de notre deuxième exemple, l'étude de l'ancienneté x par rapport au nombre de commandes y donnerait le résultat suivant :

	x_i	y_i	$x_i y_i$	y_i^2
	2	3	6	9
	4	2	8	4
	5	5	25	25
	6	3	18	9
	7	4	28	16
Σ	24	17	85	63

$$\overline{x} = \frac{24}{5} = 4,8$$

$$\overline{y} = \frac{17}{5} = 3,4$$

$$a' = \frac{85 - 5 \times 4,8 \times 3,4}{63 - 5 \times 3,4^2} \approx 0,65$$

$$b' = 4,8 - 0,65 \times 3,4 \approx 2,59$$

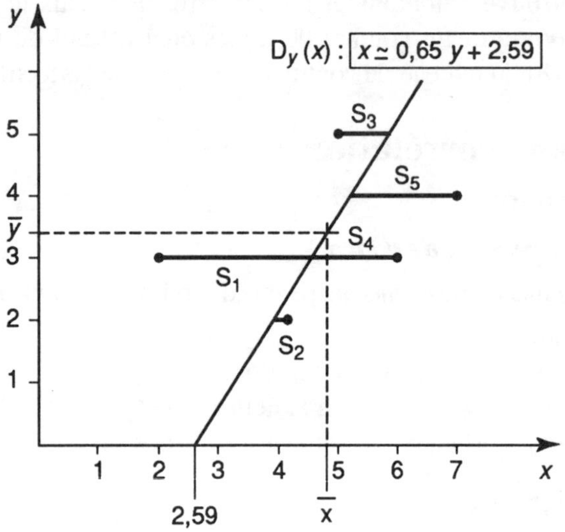

Dans le cas de notre premier exemple, l'activité x par rapport à la consommation d'électricité y donnerait les résultats suivants :
$x \approx 88,5\ y - 2022,5$ soit $y \approx 0,0113\ x + 22,85$

2.1.3 Position respective des deux droites

Le coefficient directeur de $D_x(y)$ est $a = \dfrac{cov(x,y)}{V(x)}$, $V(x)$ étant toujours positif, a est du signe de cov (x,y).

Le coefficient directeur de $D_y(x)$ est $a' = \dfrac{cov(x,y)}{V(y)}$ et sera pour une raison analogue du signe de cov(x,y).

Les deux coefficients directeurs sont donc de même signe, si celui-ci est :
- positif : x et y varient de manière proportionnelle (x et y augmentent et diminuent ensemble),
- négatif : x et y varient de manière inversement proportionnelle (y diminue lorsque x augmente et vice-versa).

2.2 Corrélation

2.2.1 Objet

La corrélation mesure la qualité du modèle mathématique c'est à dire :
- la précision de l'ajustement,
- l'intensité de la dépendance **mathématique** entre les deux variables.

Si l'ajustement est linéaire, cela revient à mesurer l'alignement des points.

Dans le cadre de l'ajustement linéaire, c'est la position des deux droites de régression qui mesure la corrélation. L'ensemble des situations possibles se répartit entre deux tendances opposées.

2.2.2 Forte corrélation

La corrélation sera d'autant plus forte que les points auront tendance à l'alignement.

♦ Alignement parfait, corrélation absolue

Si les points sont alignés, la droite passant par l'ensemble des points minimise la somme des écarts qu'ils soient horizontaux et verticaux (puisque ceux-ci sont tous nuls). Cette droite est donc à la fois $D_x(y)$ et $D_y(x)$.

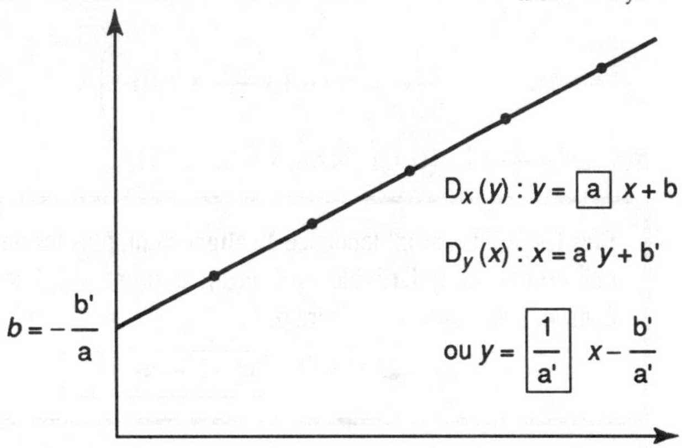

par conséquent $a = \frac{1}{a'}$ ou $aa' = 1$

> Un ajustement parfait peut donc être caractérisé par aa' = 1 où a et a' sont les coefficients directeurs des deux droites $D_x(y)$ et $D_y(x)$.

♦ Tendance à l'alignement

Reprenons le premier exemple. Dans ce cas, les deux droites de régression ont tendance à se confondre :

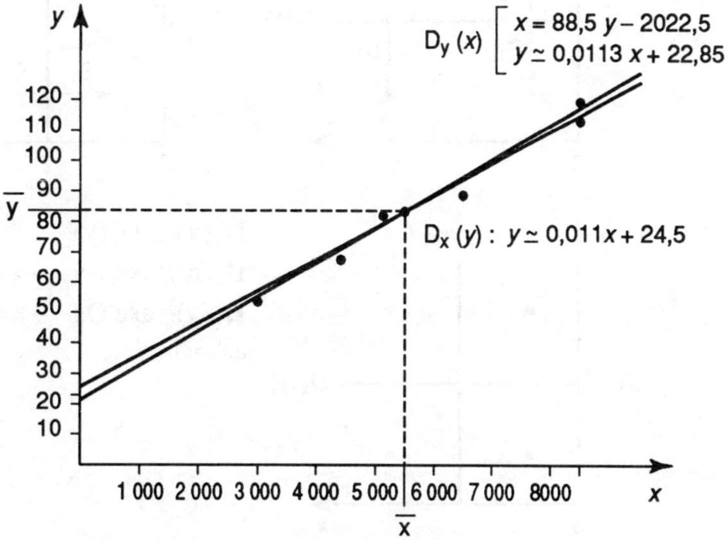

On a donc $D_y(x) \longrightarrow D_x(y)$

$$x = a'y + b' \longrightarrow y = ax + b$$

$$y = \frac{1}{a'}x - \frac{b'}{a'} \longrightarrow y = ax + b$$

$$\frac{1}{a'} \longrightarrow a \qquad \left(\frac{1}{88,5} = 0,0113 \longrightarrow 0,011\right)$$

Soit $aa' \longrightarrow 1 \quad (0,011 \times 88,5 \approx 0,9735)$

> Plus les points auront tendance à l'alignement, plus les deux droites seront proches des points, ce qui révèle un bon ajustement, et plus les deux droites seront confondues, ce qui se traduira par :
>
> $\frac{1}{a'} \longrightarrow a$ soit $\boxed{aa' \longrightarrow 1}$

2.2.3 Faible corrélation

La corrélation sera d'autant plus faible que les point auront tendance à être dispersés.

♦ **Absence totale d'alignement et de corrélation**

Dans ce cas, le nuage de points sera de type carré ou circulaire et on obtiendra pour les deux droites de régression le schéma suivant :

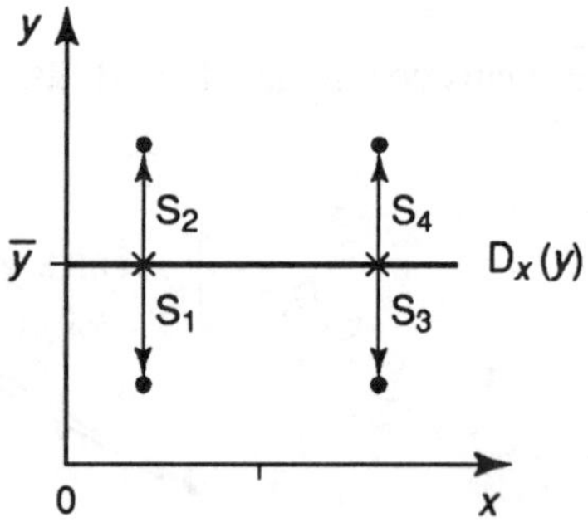

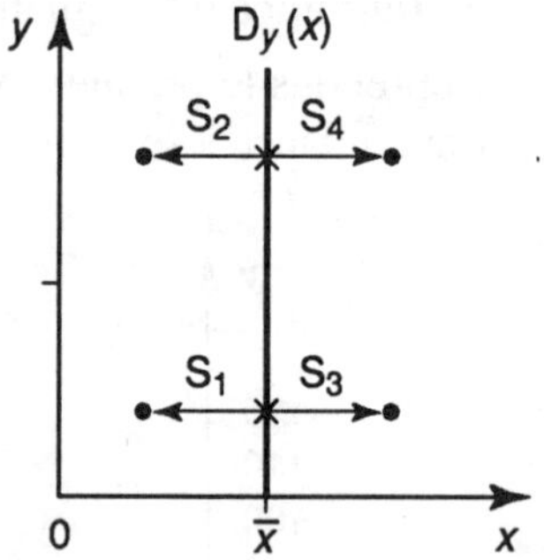

soit

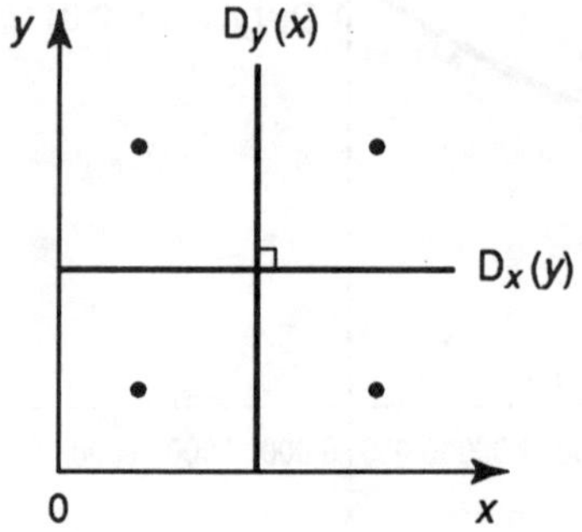

$D_y(x) \perp D_x(y)$

$D_y(n)$// axe Oy $\rightarrow a' = 0$

$D_x(y)$// axe Ox $\rightarrow a = 0$

$aa' = 0$

> Une absence totale d'alignement est caractérisée par aa' = 0

♦ Tendance à la dispersion

Le deuxième exemple est représentatif de ce cas.

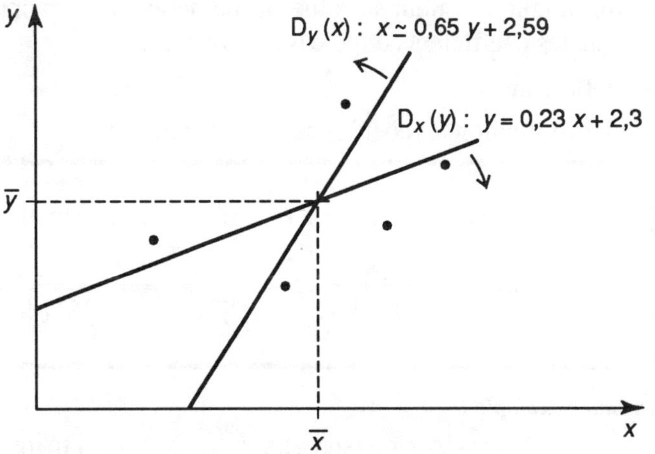

Les deux droites ont tendance :

- à l'orthogonalité $D_x(y) \longrightarrow \perp D_y(x)$

soit $a' \longrightarrow a$ $(0,65 \longrightarrow 0,23)$

- au parallélisme avec les axes $D_x(y)$ // x'Ox $\longrightarrow a \longrightarrow 0$

$(0,23 \longrightarrow 0)$

soit $aa' \longrightarrow 0$ $(0,65 \times 0,23 = 0,1495)$

> Plus les points auront tendance à la dispersion, plus les deux droites s'éloignent des points, ce qui révèle un mauvais ajustement et plus les deux droites s'éloignent l'une de l'autre pour devenir parallèles aux axes, ce qui se traduira par
>
> $aa' \longrightarrow 0$

2.2.4 Coefficient de corrélation : r

Si le produit aa' des coefficients directeurs apparaît apte à mesurer la corrélation, la racine carré pourra remplir le même rôle.

$$a = \frac{\text{cov}(x,y)}{V(x)} \text{ et } a' = \frac{\text{cov}(x,y)}{V(y)} \qquad aa' = \frac{[\text{cov}(x,y)]^2}{V(x)V(y)}$$

$$\sqrt{aa'} = \frac{\sqrt{[\text{cov}(x,y)]^2}}{\sqrt{V(x)V(y)}} \text{ avec } \sqrt{[\text{cov}(x,y)]^2} = |\text{cov}(x,y)|,\ \sqrt{V(x)} = \sigma(x),\ \sqrt{V(y)} = \sigma(y)$$

$$\sqrt{aa'} = \frac{|\text{cov}(x,y)|}{\sigma(x)\ \sigma(y)}$$

En supprimant la valeur absolue au numérateur, le rapport sera du même signe que les coefficients directeurs des droites.

♦ **Définition**

D'où la définition du coefficient de corrélation r :

$$r = \pm\sqrt{aa'} \quad + \text{ si a est positif, } - \text{ si a est négatif}$$

$$\text{soit } r = \frac{\text{cov}(x,y)}{\sigma(x)\ \sigma(y)} \quad r = \frac{\sum x_i y_i - n\bar{x}\bar{y}}{\sqrt{\sum x_i^2 - n\bar{x}^2}\sqrt{\sum y_i^2 - n\bar{y}^2}}$$

Premier exemple :

$$r = \frac{2531500 - 5\times5500\times85}{\sqrt{168750000 - 5\times5500^2}\sqrt{38317 - 5\times85^2}} = \frac{+194000}{\sqrt{175\times10^5}\sqrt{2192}} \approx +0,9905$$

Remarque : $+\sqrt{aa'} = +\sqrt{0,11\times85,5} \approx 0,9866$, la différence est due aux valeurs arrondies de a et a'.

Deuxième exemple :

$$r \approx +\sqrt{0,23\times0,65} \approx 0,39$$

♦ **Interprétation**

De par sa composition, le coefficient de corrélation apporte deux types différents d'information.

Son signe : indique le sens de variation de y par rapport à x

+ ⟶ informe que les deux variables varient dans le même sens,

- ⟶ qu'elles varient en sens opposé.

Sa valeur absolue :

- Elle diagnostique une qualité de l'ajustement d'autant meilleure que $|r| \to 1$.
- Elle mesure le lien mathématique entre les deux variables.

Remarque : *On estime qu'en deçà de 0,9, le lien établi entre les deux variables n'est pas suffisamment significatif.*

Limites :

Un lien mathématique ne signifie pas nécessairement un lien logique de cause à effet mais juste une simultanéité des évolutions. Il suffit par exemple que deux variables dépendent d'une ou plusieurs causes communes pour évoluer simultanément sans qu'il y ait de liens de cause à effet entre les deux.

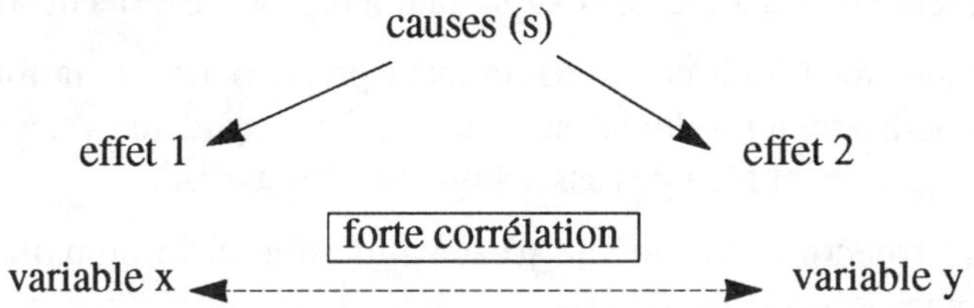

Des causes communes, regroupées sous la dénomination de phénomène de société, expliqueront ainsi une forte corrélation entre la consommation de "petits pots" et celle de couches culottes.

***Remarque :** Le simple hasard peut aussi expliquer parfois la simultanéité des variations.*

3. Prévisions

3.1 Principe

Le modèle mathématique auquel aboutit l'ajustement lie les valeurs observées des deux variables. On peut l'utiliser pour déduire la valeur a priori inconnue à partir de celle de l'autre variable.

Remarque : cette démarche consistant à déduire l'inconnu en projetant le connu se nomme extrapolation.

La connaissance de l'activité de l'année n permettra par exemple de déduire la consommation électrique de cette même année. Soit par exemple pour une activité de 11 000 tonnes :

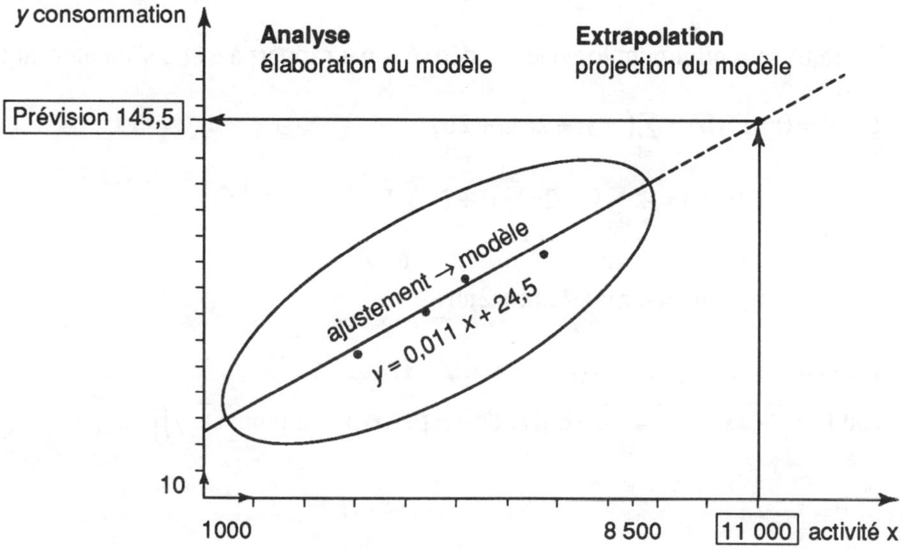

La connaissance de x permet donc d'estimer y à partir de $D_x(y)$:

si x = 11 000 alors y ≈ 0,011 × 11 000 + 24,5 = 145,50.

***Remarque :** On pourrait symétriquement estimer x à partir de y et de $D_y(x)$.*

3.2 Conditions de validité et limites

La valeur significative de l'extrapolation repose sur trois hypothèses :

1) L'ajustement doit être suffisamment précis pour que la fonction mathématique modèlise bien les données observées. En deçà d'une valeur absolue de 0,9 pour r, l'ajustement n'est pas assez bon pour être utilisé.

2) La projection du modèle n'est valide que si le domaine inconnu obéit aux mêmes lois que le connu.

   L'activité de 10 000 tonnes l'année n a pu se réaliser sur des bases différentes des années précédentes (surexploitation des machines, modification de l'outil de production, etc.). Le modèle fondé sur des données dépassées devient alors obsolète.

3) La place laissée au hasard dans la réalité ne peut être prise en compte par le modèle.

Annexe : Démonstration des paramètres a et b de la droite d'ajustement

a et b sont tels que $F(a,b) = \sum_{i=1}^{n}\left[y_i - (ax_i + b)\right]^2$ soit minimum

$$F(a,b) = \sum_{i=1}^{n}\left[y_i^2 - 2y_i a x_i - 2y_i b + a^2 x_i^2 + 2ax_i b + b^2\right]$$

Or F(a,b) sera minimum lorsque ses dérivées par rapport à a et b s'annuleront :

$$F'(b) = 0 : F'(b) = \sum_{i=1}^{n}\left(-2y_i + 2a x_i + 2b\right)$$

$$F'(b) = -2\underbrace{\sum_{i=1}^{n} y_i}_{n\overline{y}} + 2a\underbrace{\sum_{i=1}^{n} x_i}_{n\overline{x}} + 2b\underbrace{\sum_{i=1}^{n} 1}_{n}$$

$$F'(b) = -2n\overline{y} + 2an\overline{x} + 2nb$$

$$F'(b) = 0 \Rightarrow -\overline{y} + a\overline{x} + b = 0$$

soit $b = \overline{y} - a\overline{x}$ et $\overline{y} = a\overline{x} + b$ $\left[\left(\text{la droite passe par le point } (\overline{x}, \overline{y})\right)\right]$

$$F'(a)=0 : F'(a)=\sum_{i=1}^{n}(-2y_ix_i+2ax_i^2+2x_ib)$$

$$F'(a)= -2\sum_{i=1}^{n}x_iy_i+2a\sum_{i=1}^{n}x_i^2+2b\underbrace{\sum_{i=1}^{n}x_i}_{n\bar{x}}$$

$$F'(a)=0\Rightarrow -2\sum_{i=1}^{n}x_iy_i+2a\sum_{i=1}^{n}x_i^2+2n\bar{x}b=0 \text{ avec } b=\bar{y}-a\bar{x}$$

soit
$$-\sum_{i=1}^{n}x_iy_i+a\sum_{i=1}^{n}x_i^2+(\bar{y}-a\bar{x})\,n\bar{x}=0$$

$$-\sum_{i=1}^{n}x_iy_i+a\left(\sum_{i=1}^{n}x_i^2-n\bar{x}^2\right)+n\bar{x}\bar{y}=0$$

$$\boxed{a=\frac{\sum_{i=1}^{n}x_iy_i-n\bar{x}\bar{y}}{\sum_{i=1}^{n}x_i^2-n\bar{x}^2}}$$

Points clefs

- On peut ajuster des données connues concernant deux variables par une fonction qui constitue un modèle mathématique liant les deux variables.
- L'ajustement par la méthode des moindres carrés consiste à minimiser la somme des carrés des écarts entre les valeurs données par la fonction et celles qui ont été observées.
- On obtient ainsi pour la droite des moindres carrés :

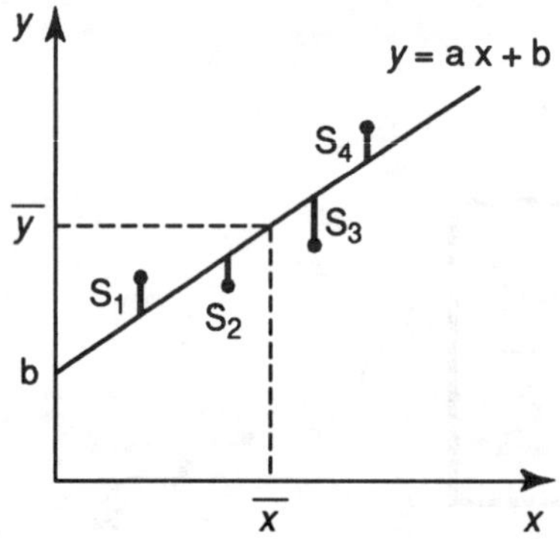

La droite minimisant $\sum_{i=1}^{n} S_i^2$ vérifie :

$$a = \frac{\operatorname{cov}(x,y)}{V(x)} = \frac{\sum x_i y_i - n\bar{x}\bar{y}}{\sum x_i^2 - n\bar{x}^2}$$

et

$$b = \bar{y} - a\bar{x}$$

- La précision de l'ajustement est mesurée par le coefficient de corrélation r :

$$r = \frac{\operatorname{cov}(x,y)}{\sigma(x)\ \ \sigma(y)} = \frac{\sum x_i y_i - n\bar{x}\bar{y}}{\sqrt{\sum x_i^2 - n\bar{x}^2}\sqrt{\sum y_i^2 - n\bar{y}^2}}$$

L'ajustement est d'autant plus précis que r tend vers +1 ou -1 et l'est d'autant moins que $r \to 0$.

On peut, si $r \to \pm 1$, fonder des prévisions sur l'extrapolation du modèle ainsi élaboré.

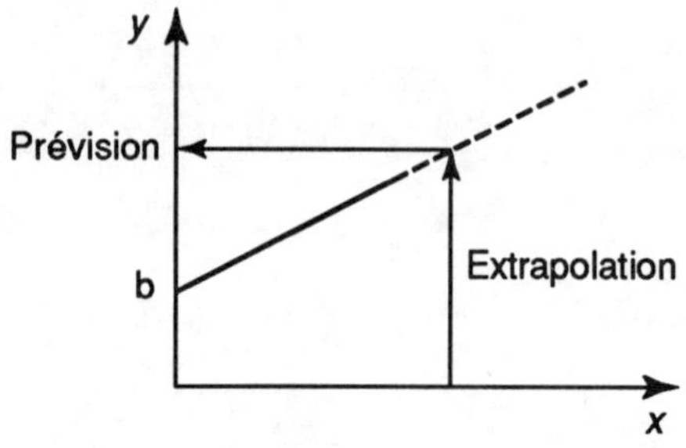

1 Chaque semaine de l'année comportant 6 jours ouvrables, on a relevé la recette en millions de centimes d'un hypermarché le lundi et le samedi.
Un échantillon de 10 semaines a donné :

Semaine n° i	1	2	3	4	5	6	7	8	9	10
Recette du lundi x_i	57	60	52	49	56	46	51	63	49	57
Recette du samedi y_i	86	93	77	67	81	70	71	91	67	82

On donne :

$\sum_{i=1}^{10} x_i = 540$; $\sum_{i=1}^{10} x_i^2 = 29\,426$; $\sum_{i=1}^{10} y_i = 785$; $\sum_{i=1}^{10} y_i^2 = 62\,459$; $\sum_{i=1}^{10} x_i \cdot y_i = 42\,836$

a) Calculer les moyennes et écart types des deux échantillons.

b) Déterminer l'équation de la droite de régression linéaire des recettes du samedi en fonction des recettes du lundi. Quelle peut être la recette du samedi d'une semaine où la recette du lundi est de 55 ?

(Extrait DPECF 1984)

2 La société ARIANE est une société de services et de conseil en informatique (SSCI) implantée à Marseille. La société a mis au point un nouveau logiciel de gestion destiné essentiellement aux PME.
Elle enquête, dans la région Provence – Côte d'Azur, auprès de 500 entreprises déjà équipées d'un matériel (mini ou micro-ordinateur) apte à recevoir ce logiciel, pour déterminer à quel prix chacune de ces entreprises accepterait d'acquérir ce nouveau logiciel.
Les résultats de cette étude sont les suivants :

x : prix proposé pour le nouveau logiciel	y : nombre d'entreprises disposées à acheter le logiciel à ce prix
40 000 F	60
36 000 F	70
32 000 F	130
28 000 F	210
24 000 F	240
20 000 F	340
16 000 F	390
12 000 F	420
10 000 F	440
8 000 F	500

a) Une étude graphique (non demandée ici) a permis de constater que y pouvait être considérée comme une fonction linéaire de x. En utilisant la méthode des moindres carrés, déterminer cette relation.

b) Les frais de conception du logiciel se sont élevés à 500 000 F ; les frais variables par logiciel vendu sont supposés négligeables. Déduire de l'ajustement précédent l'expression du bénéfice théorique réalisé en fonction du prix choisi x et calculer la valeur de x permettant d'obtenir le bénéfice théorique maximum.

c) À partir des résultats de l'enquête et sans utiliser l'équation de la droite d'ajustement, déterminer, parmi la gamme des prix proposés, celui qui permettra d'obtenir le bénéfice maximum.

(extrait BTS comptabilité-gestion)

3 Dans le cadre d'une étude de comportement de ses charges, l'entreprise ELIPSE a relevé l'évolution de sa consommation téléphonique (en nombre d'unités) et de son activité (en nombre de produits vendus) sur six semestres.

Rang du semestre	1	2	3	4	5	6
Activité	1 010	790	1 200	940	1 360	1 100
Consommation Tel.	3 010	2 600	3 350	2 800	3 750	3 100

a) Représenter sur une échelle arithmétique les couples (activité = x, consommation téléphonique = y).

b) Ajuster par la méthode des moindres carrés.

c) Évaluer la qualité de l'ajustement en calculant le coefficient de corrélation.

d) On estime à 1 500 l'activité du trimestre 7, déterminer la consommation téléphonique prévisionnelle.

4

Le tableau ci-dessous donne, en milliards de francs, le montant global des exportations et la part de la construction automobile dans le commerce extérieur français pour les années 1970 à 1979.

Années	Commerce global (x_i)	Construction automobile (y_i)
1970	99,6	11,4
1971	114,0	13,6
1972	131,5	15,8
1973	159,7	18,2
1974	220,2	22,1
1975	223,3	27,3
1976	266,2	34,7
1977	311,5	42,2
1978	344,6	47,9
1979	416,9	55,9

Bulletin mensuel de l'Institut de l'Entreprise, septembre 1980.

a) Représenter le nuage des points $M_i(x_i, y_i)$.

- **axe des abscisses : 1 cm pour 50 milliards de francs, l'origine sur cet axe est le point d'abscisse 80 milliards ;**
- **axe des ordonnées : 1 cm pour 5 milliards de francs, l'origine sur cet axe est le point d'ordonnée 10 milliards.**

b) Calculer les valeurs exactes des variances de X et de Y et de la covariance du couple de ces variables statistiques.

c) Calculer le coefficient de corrélation linéaire qui lie ces deux variables statistiques (donner une valeur approchée à 10^{-2} près).

d) Déterminer une équation cartésienne de la droite de régression D_1 de Y en X et une équation cartésienne

de la droite de régression D_2 de X en Y (les coefficients numériques seront arrondis à 10^{-3} près).

e) Déterminer les coordonnées de deux points de chacune des droites D_1 et D_2, puis tracer D_1 et D_2 sur le graphique de la première question.

(d'après BTS Informatique de gestion)

5 On a relevé pour deux échantillons de six pays les données concernant le PNB par habitant (en dollars) et l'espérance de vie (en années).

Échantillon A

PNB/h	Espérance de vie	Pays (à titre indicatif)
120	48	Éthiopie
370	54	Haïti
650	60	Bolivie
1 580	66	Thaïlande
2 020	66	Algérie
2 160	72	Chili

Échantillon B

PNB/h	Espérance de vie	Pays
370	70	Chine
3 780	54	Gabon
6 810	65	Arabie s.
16 590	77	Australie
20 600	77	France
22 560	76	USA

Banque mondiale, données 1991.

a) Calculer le coefficient de corrélation sur l'échantillon A. Qu'en conclure sur le lien éventuel entre l'espérance de vie et le PNB ?

b) Effectuer le même travail sur l'échantillon B.

c) Comment expliquer les divergences ?

6 L'entreprise AJUST SA, spécialisée dans la conception et la distribution de progiciels, a développé un produit d'aide à la prévision dont les ventes ont évolué de la manière suivante sur les six derniers mois.

Mois	Janvier	Février	Mars	Avril	Mai	Juin
Rang du mois	1	2	3	4	5	6
Ventes (unités)	100	120	140	170	210	250

a) Représenter l'évolution des ventes dans un repère à échelles : arithmétiques, semi-logarithmiques, logarithmiques.

b) Déterminer les paramètres de la fonction $y = ba^x$ liant les quantités vendues y au rang du mois (x) en procédant à un ajustement par les moindres carrés. Mesurer la précision de l'ajustement.

c) Déterminer les paramètres de la fonction $y = cx^d$ par la méthode des moindres carrés. Mesurer la précision de l'ajustement.

d) À l'aide du meilleur ajustement, établir une prévision pour les trois mois du troisième trimestre.

7

Les indices (base 100 en 1973) du Produit Intérieur Brut marchand (en volume) et de la consommation d'énergie primaire ont ainsi évolué en France.

(indices arrondis)

Années	PIB	CE	Années	PIB	CE	Années	PIB	CE
70	88	86	76	109	100	82	126	103
71	90	88	77	112	102	83	127	103
72	95	93	78	116	105	84	129	105
73	100	100	79	121	110	85	130	106
74	103	100	80	122	108	86	132	107
75	103	94	81	123	105			

Source : Observatoire de l'énergie

a) Représenter les données dans un repère, en portant en abscisse l'indice du PIB et en ordonnée celui de la consommation.

b) Ajuster l'ensemble des points par une droite et déterminer le coefficient de corrélation entre les deux indices.

c) Effectuer la même analyse par période pour 70 (inclus) à 73 (inclus), 75 (inclus) à 79 (inclus). Que peut-on en déduire pour ces périodes ?

d) Expliquer les ruptures 74 et 80.

8 Sur un échantillon de jeunes couples d'un arrondissement de Paris, on a croisé les variables x = nombre d'enfants et y = taille du logement en nombre de pièces pour aboutir au tableau suivant.

x \ y	1	2	3	4	D. Marginale
0	158	112	22	8	300
1	40	98	87	15	240
2	2	10	21	27	60
D. Marginale	200	220	130	50	600

a) Déterminer les équations des droites de régression $D_y(x)$ et $D_x(y)$.

b) En déduire la valeur du coefficient de corrélation.

c) Peut-on en induire un (ou des) lien(s) de cause à effet entre les deux variables ?

9 L'entreprise Poin SA livre des produits conditionnés en colis cartonnés. On a observé l'évolution du nombre de colis livrés par l'entreprise Poin SA, suivant le tableau ci-dessous :

Année	1980	1981	1982	1983	1984	1985	1986	1987
Rang de l'année x_i...	1	2	3	4	5	6	7	8
Nombre de colis Q_i...	6 500	7 100	8 600	10 800	12 000	15 000	18 500	24 000

On pose $y_i = \log Q_i$, où log désigne le logarithme décimal.
Les calculs seront effectués à l'aide d'un tableau dans lequel les y_i, et seulement les y_i, seront arrondis au nombre le plus proche à 0,001 près.

a) Représenter sur un papier millimétré le nuage des points M_i (x_i, y_i).

b) Afin de vérifier la validité d'un ajustement linéaire de ce nuage de points, calculer le coefficient de corrélation linéaire entre x_i et y_i.

c) Déterminer par la méthode des moindres carrés l'équation de la droite d'ajustement des valeurs de y = log Q à celle de x. Tracer cette droite sur le graphique précédent en indiquant les points choisis.

d) On suppose désormais que $y = 0{,}081\,x + 3{,}701$. Trouver les réels k et c tels que $Q = k.c^x$ (k sera arrondi à l'unité la plus proche et c cera arrondi à 0,01 près au mieux).

e) On suppose que l'évolution du nombre de colis livrés par l'entreprise Poin SA suit la loi trouvée précédemment. Estimer le nombre de colis qui seront livrés par cette entreprise pour l'année 1988 (arrondir ce nombre à la centaine la plus proche).

(d'après DPECF 88)

10 Une enquête statistique chez 1 000 commerçants porte sur le nombre d'heures d'ouverture hebdomadaire ainsi que sur le nombre d'employés. On a obtenu les résultats suivants :

Nombre d'employés *yi*	Nombre d'heures d'ouverture par classe $[e_i ; e_{i+1}[$	Centre des classes x_i	Nombre de commerçants n_i
0....................	[30 ; 35[	32,5	50
1....................	[35 ; 37[	36	100
2....................	[37 : 39[	38	200
3....................	[39 ; 40[	39,5	150
4....................	[40 ; 41[	40,5	120
5....................	[41 ; 43[	42	n_6
6....................	[43 ; 45[	44	130
7....................	[45 ; 50[	47,5	n_8

On considère la distribution des heures d'ouverture (colonnes 2, 3 et 4 du tableau des résultats).

a) Déterminer les effectifs n_6 et n_8 sachant que le nombre moyen d'heures d'ouverture hebdomadaire est égal à 40,38 h.

b) Quelles sont les valeurs modale et médiane de cette distribution ? On justifiera chaque réponse.

c) En prenant comme moyenne provisoire 40 h d'ouverture hebdomadaire, calculer la variance puis l'écart-type de cette distribution.

d) Le 250e établissement qui a le moins d'heures d'ouverture reste ouvert 38 h par semaine. Quelle est la durée d'ouverture du 250e établissement qui a le plus d'heures d'ouverture ?

e) Tirer les conclusions relatives à la tendance centrale et à la dispersion des heures d'ouverture des établissements de l'enquête.

On cherche à verifier l'hypothèse que le nombre d'employés est fonction du nombre d'heures d'ouverture. On utilise alors toutes les informations du tableau initial.
On fournit les calculs suivants :

$$\sum_i n_i y_i = 3\,660 \; ; \quad \sum_i n_i y_i^2 = 17\,500 \; ; \quad \sum_i n_i x_i y_i = 155\,085$$

f) Calculer le coefficient de corrélation linéaire entre le nombre d'heures d'ouverture *(x)* et le nombre d'employés *(y)*.

g) Peut-on envisager un ajustement liné-aire ? Si oui, donner l'équation de la droite des moindres carrés.

h) Un commerçant souhaite rester ouvert pendant 56 h chaque semaine, de combien d'employés peut-il estimer avoir besoin ?

(d'après DPECF 87 Extraits)

11 On donne les deux séries chronologiques suivantes, relatives à la Grande-Bretagne.

Années	Récepteurs de radio en service (centaines de milliers) x_i	Nbr de maladies mentales déclarées (pour 1 000 habitants) y_i	Années	Récepteurs de radio en service (centaines de milliers) x_i	Nbr de maladies mentales déclarées (pour 1 000 habitants) y_i
1924	13	8	1931	46	16
1925	20	8	1932	55	18
1926	23	9	1933	63	19
1927	25	10	1934	70	20
1928	27	11	1935	76	21
1929	31	11	1936	81	22
1930	36	12	1937	85	23

a) Calculer le coefficient de corrélation des deux variables x et y.

b) Commenter le résultat obtenu? Peut-on induire de ce résultat que l'écoute des programmes de radiodiffusion altère la santé mentale des auditeurs ? ou que les Anglais achètent des récepteurs lorsqu'ils devienent fous ?

(d'après Agrégation des techniques économiques de gestion)

15

ANALYSE ET PRÉVISION

Étude des séries chronologiques

1. Analyse et méthode

1.1 Étude des composantes

1.2 Méthodologie

2. Diagnostic du caractère saisonnier

2.1 Objectif

2.2 Méthodes

3. Détermination de la tendance

3.1 Désaisonnalisation par les moyennes mobiles

3.2 Ajustement : modélisation de la tendance

4. Calculs des coefficients saisonniers

4.1 Principes de la méthode des rapports à la tendance

4.2 Mise en oeuvre sur l'exemple

5. Évaluation du modèle

5.1 Valeurs calculées d'après le modèle

5.2 Comparaison

5.3 Utilisation

6. Prévision

Exemple :

L'entreprise PREDON a relevé au cours des douze derniers trimestres ses ventes en volume (exprimées en tonnes).

Trimestres / Années	1	2	3	4
1 (n-2)........................	2 200	1 300	1 000	2 000
2 (n-1)........................	3 000	1 700	1 300	2 500
3 (n)........................	3 800	2 000	1 700	3 300

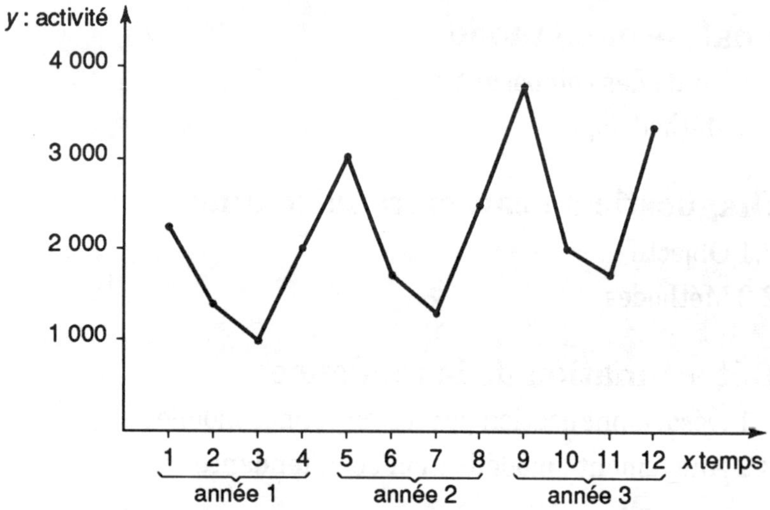

L'analyse de ces données doit déboucher sur une prévision concernant l'année n+1.

1. Analyse et méthode

L'analyse suppose en premier lieu l'étude des composantes de cette série.

1.1 Étude des composantes

1.1.1 Les variables

Cette série est composée d'une variable activité y, d'une variable temps x.

> Dans la mesure où l'une des variables est le temps, une série est dite chronologique.

1.1.2 Composantes de y

Comme toute variable évoluant en fonction du temps, l'activité y résulte de trois composantes principales.

1) Une **tendance** générale (ou TREND).

Il s'agit de la tendance de fond à long terme qui est ici ascendante :

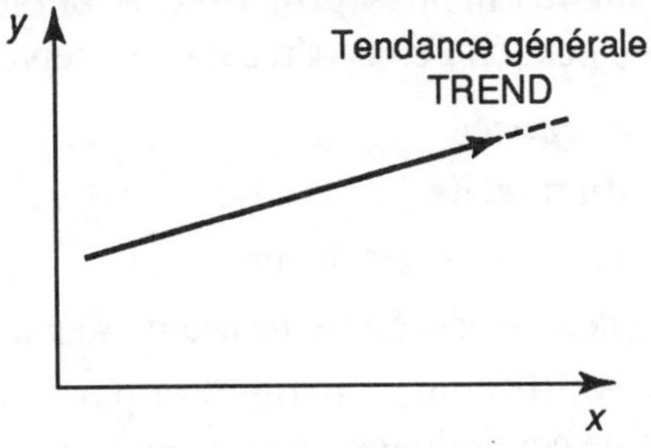

Cette tendance peut éventuellement être complétée par des variations cycliques à long terme assez fréquentes en économie (les cycles de KONDRATIEFF portent par exemple sur 50 - 60 ans).

2) Des **variations saisonnières** à court terme qui découlent du rythme naturel des saisons ou de l'organisation humaine dans le temps. Ces variations peuvent donc porter aussi bien sur l'année que sur des durées plus courtes comme la semaine. Elles expliquent les écarts répétitifs par rapport à la tendance.

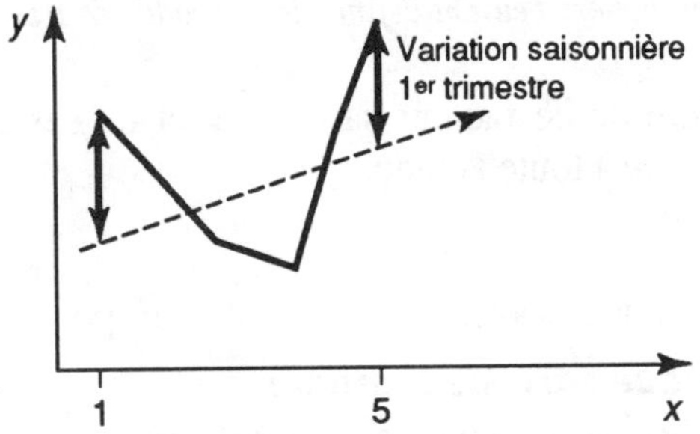

3) Des **éléments accidentels** aléatoires ou inexpliqués.

En plus des éléments décrits dans les chapitres précédents, l'étude d'une série chronologique doit tenir compte de ces composantes, ce qui conduit à une méthodologie spécifique.

Remarque : en fait, seules les deux premières composantes étant analysables, les éléments accidentels ne peuvent être pris en compte dans le modèle.

1.2 Méthodologie

1.2.1 Intérêt de la démarche proposée

Les séries chronologiques ne constituent qu'un cas particulier de l'étude conjointe de deux variables. Leur analyse, qu'elle débouche sur la compréhension du passé ou la prévision de l'avenir, repose donc aussi sur la modélisation de ce que l'on a observé.

Mais le modèle mathématique doit ici distinguer la tendance générale des facteurs saisonniers. S'il existe de très nombreuses techniques pour y arriver, toutes reposent sur les mêmes principes. A défaut d'être universelle, la démarche proposée peut être considérée comme représentative.

1.2.2 Démarche proposée

♦ **Élaboration du modèle**

1) Diagnostic du caractère saisonnier.

2) Calcul de la tendance générale, puis neutralisation des facteurs saisonniers.

3) Calcul des coefficients saisonniers par comparaison des valeurs observées et de celles données par la tendance générale.

♦ **Utilisation du modèle**

Analyse et extrapolation.

2. Diagnostic du caractère saisonnier

2.1 Objectif

Remarques:

1) Tous les phénomènes chronologiques ne sont pas nécessairement saisonniers.

2) Les caractères saisonniers peuvent définir des périodicités très différentes (semaines, mois, année, etc.).

La mise en lumière de ce facteur saisonnier et de ses grandes caractéristiques constitue un préalable à toute l'étude.

2.2 Méthodes

Les méthodes graphiques s'avèrent les plus simples pour cette analyse.

2.2.1 Graphique cartésien unique

Le graphique établi en début de chapitre pour présenter l'exemple constitue l'outil de base mais ne met pas clairement en lumière le facteur saisonnier.

2.2.2 Graphiques cartésiens superposés

Pour mieux mettre en lumière les "pics et creux" intervenant périodiquement, on peut superposer les années comme dans l'exemple suivant.

La superposition par périodes annuelles met mieux en lumière la répétitivité des facteurs saisonniers sur l'activité.

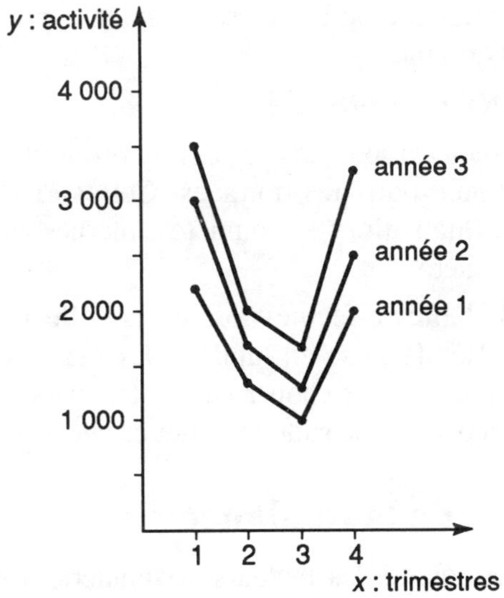

2.2.3 Graphiques polaires

Le repère est alors constitué d'un axe par saison, les axes ayant tous la même origine et étant tous séparés par un même angle.

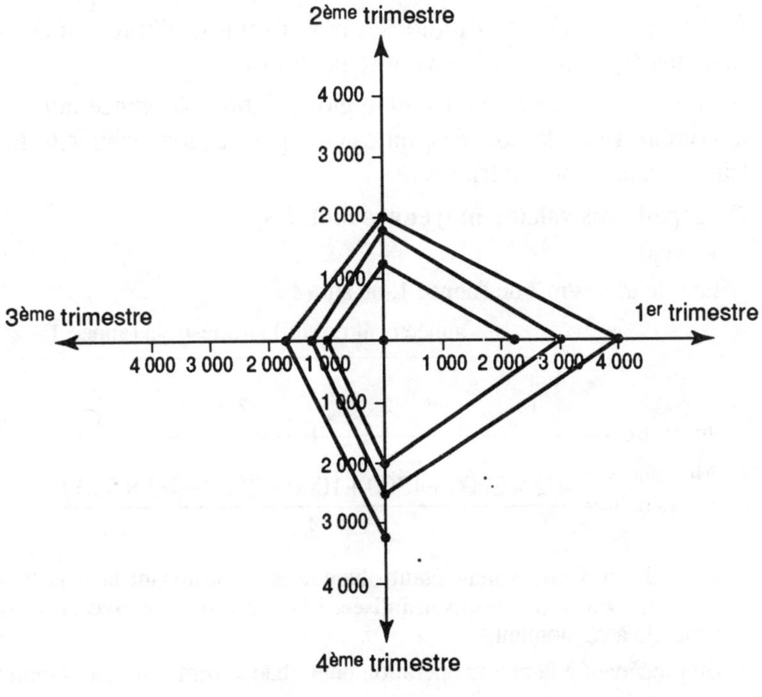

Le graphique indique clairement les facteurs saisonniers si la tendance générale est croissante ou décroissante, mais le graphique devient illisible si elle n'est pas constante.

2.2.4 Limite de ces méthodes

Les représentations graphiques ne peuvent révéler l'information que si celle-ci est déjà contenue dans les données. Celles-ci étant trimestrielles dans l'exemple, les fluctuations saisonnières internes au trimestre ne pourraient être mise en lumière.

Les choix préalables effectués lors de la collecte des données sont donc déterminants dans la mise en lumière des facteurs saisonniers. Dans cette phase, il vaut donc mieux choisir l'unité de temps la plus petite. En fonction de l'analyse, on peut par la suite modifier ce choix initial.

3. Détermination de la tendance

Ayant défini la périodicité des facteurs saisonniers, il est alors possible de les neutraliser pour mettre en lumière la tendance générale en "désaisonnalisant" les données.

3.1 Désaisonnalisation par les moyennes mobiles

3.1.1 Principe

Si l'on regroupe les données sur l'ensemble d'une année, les facteurs saisonniers contradictoires vont se neutraliser.

Au lieu de procéder à une simple globalisation par année qui réduirait à trois le nombre final de données, on calcule pour chaque trimestre la moyenne de l'année centrée sur ce trimestre.

On appelle ces valeurs **moyennes mobiles.**

Exemple :

Pour le trimestre 3 de l'année 1, on aura :

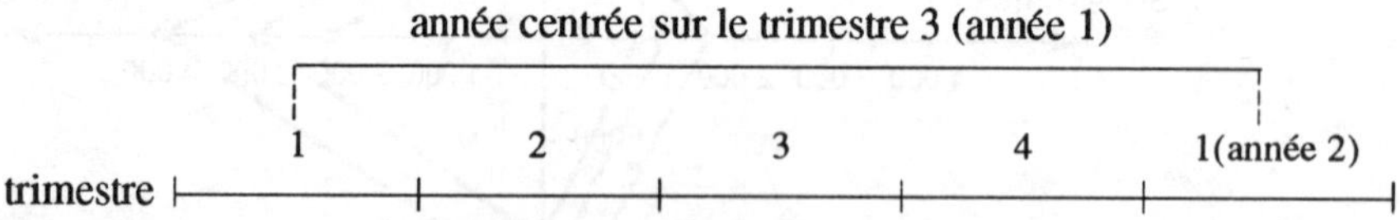

Moyenne trimestrielle = $\dfrac{1/2 \times 2200 + 1300 + 1000 + 2000 + 1/2 \times 3000}{4}$

soit : 1725. Cette valeur étant obtenue en neutralisant la baisse saisonnière du trimestre, on la dit **désaisonnalisée**. Elle est représentative de la seule tendance générale à ce moment.

En procédant à la même opération pour chaque trimestre, on obtient les moyennes mobiles suivantes :

Années	Rang du trimestre	Données réelles	Moyennes mobiles : données désaisonnalisées	
			Calculs	Valeurs
	1	2 200		
	2	1 300		
1	3	1 000	(1/2 × 2200 + 1300 + 1000 + 2000 + 1/2 × 3000) /4	1 725,00
	4	2 000	(1/2 × 1300 + 1000 + 2000 + 3000 + 1/2 × 1700) /4	1 875,00
	5	3 000		1 962,50
	6	1 700		2 062,50
2	7	1 300		2 225,00
	8	2 500		2 362,50
	9	3 800		2 450,00
	10	2 000	(1/2 × 2500 + 3800 + 2000 + 1700 + 1/2 × 3300) /4	2 600,00
3	11	1 700		
	12	3 300		

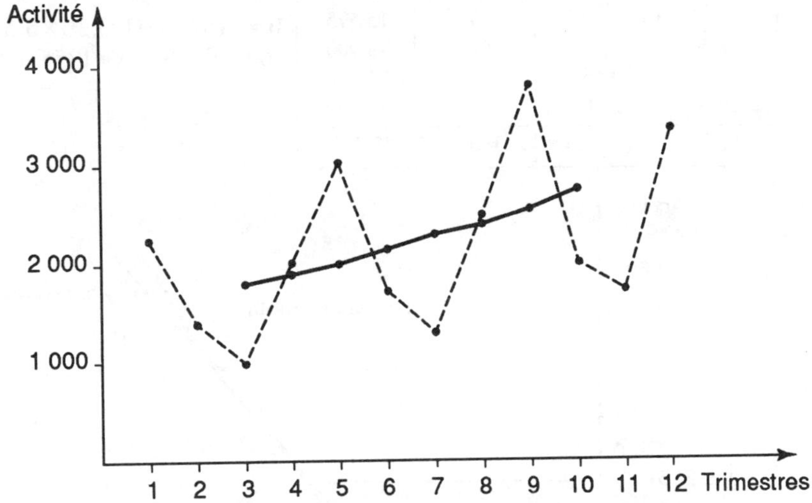

L'opération aboutit à lisser la courbe puisque ne restent plus que la tendance générale et des éléments accidentels venant perturber le cours normal.

3.1.2 Intérêt

Les moyennes mobiles successives permettent de mettre en évidence la tendance générale et de visualiser toute inflexion de celle-ci.

Cela n'est vrai, toutefois, qu'à la condition que l'on regroupe bien suivant une périodicité faisant rentrer chaque saison une et une seule fois dans la moyenne.

3.1.3 Limite

La courbe obtenue ne représente pas une fonction mathématique et ne constitue donc pas un modèle pourtant nécessaire à la prévision.

Par contre, ces moyennes mobiles peuvent servir de base à un ajustement débouchant sur le modèle.

3.2 Ajustement : modélisation de la tendance

On utilisera une méthode d'ajustement comme celle des moindres carrés étudiée au chapitre 14. On peut l'appliquer à partir des données désaisonnalisées.

Calcul à partir des moyennes mobiles

x_i rang du trimestre	y_i moyenne mobile	x_i^2	x_iy_i
3	1 725	9	5 175
4	1 875	16	7 500
5	1 962,5	25	9 812,5
6	2 062,5	36	12 375
7	2 225	49	15 575
8	2 362,5	64	18 900
9	2 450	81	22 050
10	2 600	100	26 000
52	17 265,5	380	117 387,5

$\bar{x} = 52/8 = 6,5$

$\bar{y} = 17262,5/8 = 2157,81$

$$a \approx \frac{117387,5 - 8\times 6,5\times 2157,81}{380 - 8\times 6,5^2} \approx 123,36$$

$b \approx 2157,81 - 123,36\times 6,5 \approx 1355,97$

soit $y \approx 123,36x + 1355,97$

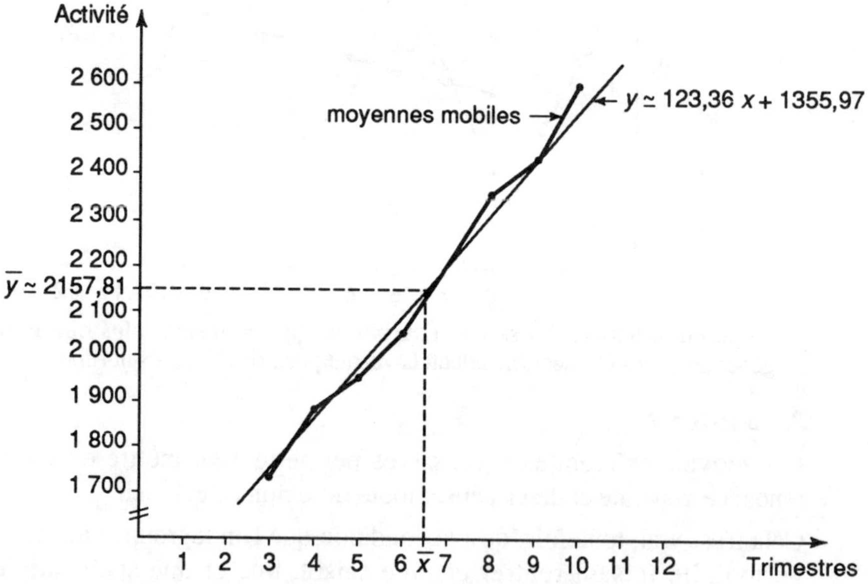

***Remarque** : On aurait pu aussi calculer à partir des 12 données initiales (non désaisonnalisées). On aurait alors obtenu la droite d'équation $y \approx 109,09x + 1\,457,58$ (relativement proche de la précédente). Si l'on procède ainsi, il faut veiller à avoir autant de données pour chaque saison, même s'il faut pour cela renoncer à utiliser les 1, 2 ou 3 premières.*

La tendance générale ainsi modélisée va servir à quantifier les facteurs saisonniers que l'on a mis en lumière.

4. Calcul des coefficients saisonniers

Il existe dans ce domaine aussi de nombreuses méthodes pour calculer les coefficients saisonniers. Parce qu'elle s'enchaine bien avec ce qui précède et qu'elle peut s'appliquer dans tous les cas, on étudiera la méthode des rapports à la tendance.

4.1 Principes de la méthode des rapports à la tendance

L'objectif de la méthode est d'aboutir pour chaque saison à un coefficient permettant de déduire la valeur saisonnalisée de celle de la seule tendance générale.

Soit : valeur saisonnalisée = valeur de la tendance × coefficient.

$$\text{Ou : coefficient saisonnier} = \frac{\text{valeur saisonnalisée}}{\text{valeur de la tendance}}$$

Or les données observées intègrent bien les facteurs saisonniers et l'on dispose d'un modèle pour calculer les valeurs correspondantes de la tendance.
Il suffit donc de calculer pour chaque saison la moyenne des rapports

$$\frac{\text{données observées}}{\text{valeurs calculées de la tendance}} \text{ de chaque année}$$

4.2 Mise en oeuvre sur l'exemple

Les valeurs de la tendance sont obtenues à partir de l'équation de la droite d'ajustement : $y \approx 123{,}36x + 1355{,}97$
Soit par exemple pour le premier trimestre :
année 1 : $123{,}36 \times 1 + 1355{,}97 \approx 1479$
année 2 : $123{,}36 \times 5 + 1355{,}97 \approx 1973$
année 3 : $123{,}36 \times 9 + 1355{,}97 \approx 2466$

Tableau de détermination des coefficients saisonniers

		Année 1	Année 2	Année 3	Moyenne
Trimestre 1	Valeurs observées	2200	3000	3800	
	Valeurs tendance	1479	1973	2466	
	Rapports	1,487	1,521	1,541	1,516
Trimestre 2	Valeurs observées	1300	1700	2000	
	Valeurs tendance	1603	2096	2590	
	Rapports	0,811	0,811	0,772	0,798
Trimestre 3	Valeurs observées	1000	1300	1700	
	Valeurs tendance	1726	2219	2713	
	Rapports	0,579	0,586	0,627	0,597
Trimestre 4	Valeurs observées	2000	2500	3300	
	Valeurs tendance	1849	2343	2836	
	Rapports	1,081	1,067	1,163	1,104
				Σ	4,015

Normalement, la somme des quatre coefficients saisonniers devant être égale à 4, il convient de corriger les résultats obtenus par le rapport 4/4,015 ≈ 0,996.
Les quatre coefficients seront donc de

Trimestre 1	:	1,516	×	0,996	=	1,510
Trimestre 2	:	0,798	×	0,996	=	0,795
Trimestre 3	:	0,597	×	0,996	=	0,595
Trimestre 4	:	1,104	×	0,996	=	1,100
					Σ	4

Avec la droite d'ajustement, ces coefficients constituent un modèle complet dont on peut évaluer la qualité en comparant les données observées avec celles que l'on obtient avec le modèle.

5. Évaluation du modèle

5.1 Valeurs calculées d'après le modèle

Ce sont les valeurs de la tendance générale corrigées par les coefficients.

Exemple :

Trimestre 1 année 1 :	Valeur de la tendance	1 479
	× Coefficient saisonnier	× 1,510
	Valeur calculée	2 233,29

Soit le tableau dc données calculées.

Années \ Trimestre	1	2	3	4
1	2 233	1 274	1027	2 034
2	2 979	1 666	1 320	2 577
3	3 724	2 059	1 614	3 120

5.2 Comparaison

La comparaison avec les données réelles peut se faire :

- en calculant un coefficient d'écart (comme par exemple la moyenne pondérée du carré des écarts),
- par évaluation graphique.

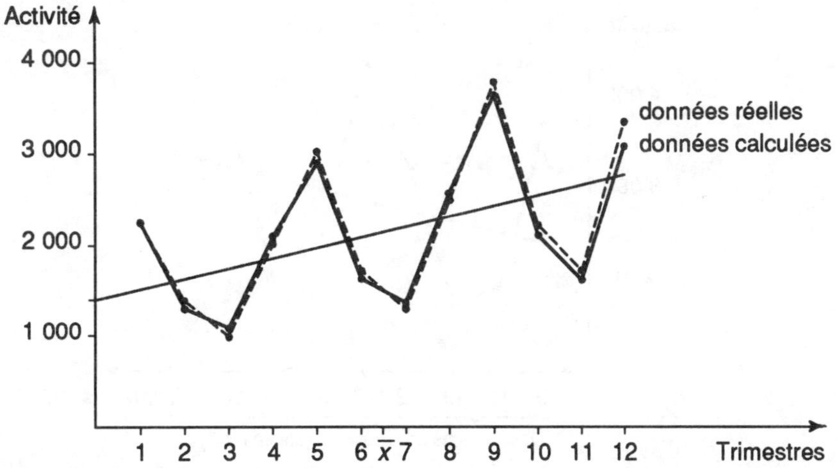

On constate que le modèle donne ici des résultats très proches de la réalité observée dans le passé.

5.3 Utilisation

Lorsqu'il s'ajuste correctement à la réalité observée, le modèle permet d'analyser le passé et d'essayer de prévoir l'avenir.

6. Prévision

De la même manière que l'on a pu recalculer, grâce au modèle, des valeurs proches de celles qui ont été observées, on peut évaluer des données futures.

On pourra ainsi, par simple extrapolation, déterminer l'activité pour l'année n+1.

	Tendance	× coefficient	=	estimation
Trimestre 1 de rang 13	(123,36 × 13 + 1355,97) ×	1,510	≈	4469
Trimestre 2 de rang 14	(123,36 × 14 + 1355,97) ×	0,795	≈	2451
Trimestre 3 de rang 15	(123,36 × 15 + 1355,97) ×	0,595	≈	1908
Trimestre 4 de rang 16	(123,36 × 16 + 1355,97) ×	1,100	≈	3663

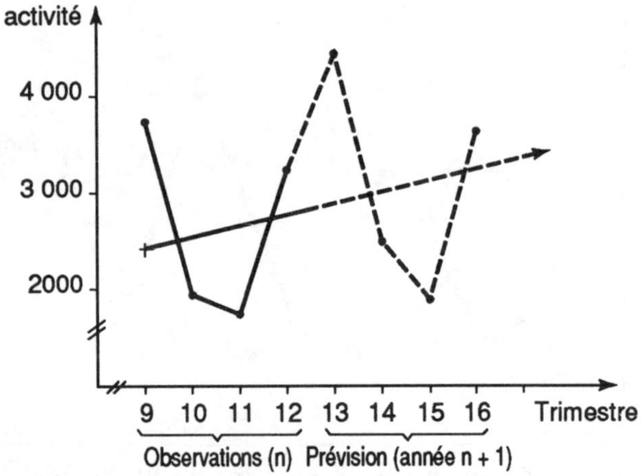

La justesse de la prévision repose sur les deux hypothèses suivantes : l'absence de phénomène aléatoire (par essence imprévisible), l'absence de modification structurelle (qui rendrait totalement inopérant le modèle).

Points clefs

- Une variable évoluant à travers le temps présente trois composantes principales :
  1) une tendance à long terme,
  2) des variations saisonnières à court terme,
  3) des éléments accidentels.

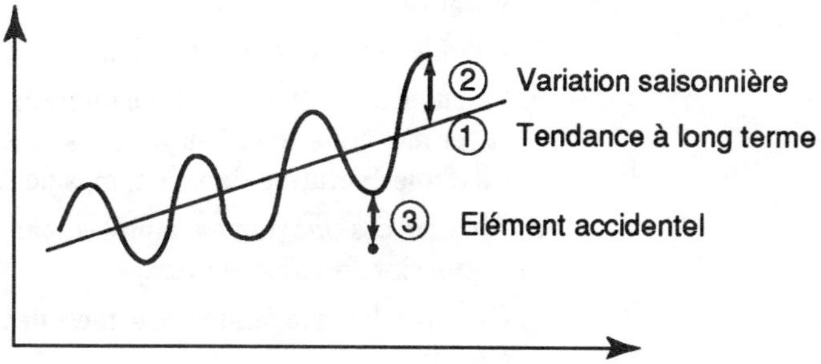

- Le modèle mathématique, support de l'analyse et de la prévision, prend en compte et distingue les deux premières composantes.
  - La **tendance** qui est évaluée par les méthodes d'ajustement appliquées directement sur les valeurs observées ou, de préférence, sur les données désaisonnalisées par les moyennes mobiles.
  - Les **variations saisonnières** que l'on peut modéliser en calculant les rapports des données observées et des valeurs calculées de la tendance.
- Pour reconstituer une donnée théorique, passée ou future :
  - on calcule la valeur désaisonnalisée grâce à la droite d'ajustement,
  - on applique le coefficient de la variation saisonnière à cette valeur.

1 L'activité de l'entreprise DELTAFIBRE a ainsi évolué au cours des trois dernières années.

(en millions de F)

Années \ Trimestres	1	2	3	4
n - 2	24	21	18	26
n - 1	27	23	21	27
n	29	24	22	30

a) Analyser cette série à partir de sa représentation graphique.

b) Calculer les moyennes mobiles.

c) Calculer le coefficient de corrélation entre le temps t et ces moyennes mobiles y. Le résultat trouvé justifie-t-il d'une évolution dans le temps de l'activité ?

d) Ajuster ces moyennes mobiles par une droite de régression fonction du temps.

e) Calculer les moyennes ajustées des rapports à la moyenne.

f) En déduire une prévision pour les quatre trimestres de l'année n + 1.

2 L'activité de l'entreprise ATLANTE a ainsi évolué au cours des trois dernières années.

Années \ T	1	2	3	4
n - 2	98	105	102	109
n - 1	114	108	117	113
n	120	121	121	122

a) Représenter graphiquement ces données dans un repère à échelles arithmétiques.

b) L'activité évolue-telle suivant une tendance générale ? (justifier)

c) Peut-on mettre en lumière des coefficients saisonniers trimestriels ? (justifier)

3 Dynamique station de moyenne montagne, PRESERVAL a vu sa fréquentation évoluer ainsi durant les cinq dernières années.

(en milliers de nuités)

Semestres \ Années	1	2	3	4	5
1	700	717	730	737	738
2	315	405	510	633	775

a) Représenter la série dans un repère arithmétique.

b) Déterminer les moyennes mobiles (sur 1 an).

c) Ajuster ces moyennes par une droite des moindres carrés. Représenter la droite dans le repère.

d) Déterminer les deux coefficients saisonniers semestriels en calculant la moyenne des rapports à la moyenne.

e) Établir une prévision pour l'année 6.

f) La fréquentation année 6 s'avère en fait être de 814 pour le premier semestre et 855 pour le deuxième semestre. Expliquer les écarts par rapport aux prévisions.

g) Critiquer le modèle construit précédemment.

4 Une station service a livré les quantités suivantes au cours des 16 derniers trimestres.

(en hectolitres)

Années \ Trimestres	1	2	3	4
n - 3	2 700	3 300	3 900	3 100
n - 2	2 800	3 800	4 500	3 600
n - 1	3 000	4 100	4 800	3 900
n	3 400	4 700	5 200	4 400

a) Calculer les moyennes mobiles (sur 1 an).

b) Les ajuster par les moindres carrés.

c) Calculer les coefficients saisonniers par la méthode de la moyenne ajustée des rapports au trend.

d) Représenter sur un graphique les données réelles d'une part et les données ajustées d'autre part pour l'année n.

e) Établir une prévision pour l'année n + 1.

5 L'entreprise MULTI-OUEST, fabricant de chocolats fins, a noté l'évolution de ses ventes au cours des trois années précédentes.

(en milliers de boîtes)

Années \ Trimestres	1	2	3	4
n - 2	443	253	225	529
n - 1	489	275	249	574
n	541	351	237	595

a) Représenter ces données dans un repère à échelles arithmétiques.

b) Ajuster la tendance générale à partir des moyennes mobiles annuelles.

c) Modéliser ces données en calculant les coefficients saisonniers à partir de la moyenne des rapports au trend.

d) Recalculer les données du modèle pour l'année n et les comparer aux observations.

16

ANALYSE ET PRÉVISION

Analyse factorielle des correspondances

1. Place et objectifs de l'AFC

2. Présentation de la méthode

2.1 Exemple
2.2 Technique d'élaboration du graphe

3. Interprétation d'un graphe d'AFC

3.1 Interprétation des axes factoriels
3.2 Position des points

4. Élargissement et exemples

4.1 Élargissement : ACM
4.2 Exemples d'interprétation

1. Place et objectifs de l'AFC

L'analyse par la corrélation linéaire ne peut s'appliquer qu'à l'étude de liens **linéaires** entre **deux** caractères **quantitatifs**. Ces trois conditions très restrictives en font un outil certes très intéressant, mais de portée limitée.

Dès la première moitié du XXe siècle, les concepts de l'analyse des données ont permis à travers plusieurs branches d'appréhender des situations beaucoup plus complexes. C'est seulement parce qu'elles nécessitent des masses importantes de calculs qu'il a fallu attendre les années 1960 pour que l'informatique rende possible leur utilisation pratique.

L'analyse factorielle des correspondances qui en représente l'une des branches a été développée dans ces années 60 pour l'étude croisée de deux caractères qualificatifs (autrement dit l'analyse des données d'un tableau de contingence décrit au chapitre 11). Elle a ensuite été élargie à l'étude d'un nombre quelconque de caractères, qu'ils soient qualitatifs ou quantitatifs (il suffit alors d'assimiler ces derniers à des caractères qualitatifs en renonçant à leurs propriétés numériques).

Ces conditions très larges d'utilisation, ainsi que l'intérêt des analyses qu'elle permet de mener, en font l'une des branches majeures de l'analyse des données (particulièrement en France).

2. Présentation de la méthode

La méthode doit conduire à l'élaboration de graphiques où les modalités de chacune des variables sont représentées par des points. C'est la position de ces points les uns par rapport aux autres qui permet de repérer les correspondances. L'exemple suivant, par sa simplicité, ne justifierait pas le recours à l'analyse factorielle des correspondances et n'est destiné qu'à en faciliter la compréhension.

2.1 Exemple

Une enquête a permis d'établir le tableau de contingence suivant, croisant la catégorie sociale d'appartenance des individus et la chaîne de télévision qu'ils regardent le plus.

caractère 1 : catégorie sociale *cs*, trois modalités A, B, C.

caractère 2 : chaîne la plus regardée, trois modalités, 1re, 2e, 3e.

Remarque *: Le nombre de modalités des deux caractères n'est pas nécessairement identique.*

Chaîne j / cs i	1	2	3	Distr. marginale
A	$f_{1,1}$	$f_{1,2}$	$f_{1,3}$	$f_{1,\bullet}$
B	$f_{2,1}$	$f_{2,2}$	$f_{2,3}$	$f_{2,\bullet}$
C	$f_{3,1}$	$f_{3,2}$	$f_{3,3}$	$f_{3,\bullet}$
Distrib. marginale	$f_{\bullet,1}$	$f_{\bullet,2}$	$f_{\bullet,3}$	$f_{\bullet,\bullet}$

Rappels

$f_{i,j}$: effectif de la population possédant :
- la modalité i du premier caractère,
- la modalité j du deuxième caractère.

exemple : *$f_{2,1}$ nombre d'individus appartenant à la catégorie B et préférant la 1re chaîne.*

$f_{i,\bullet}$: effectif de la population possédant la i^e modalité du premier caractère quelle que soit celle du 2e.

exemple : *$f_{3,\bullet}$ les gens de la catégorie C, quelle que soit leur chaîne préférée.*

2.2 Technique d'élaboration du graphe

2.2.1 Étape 1 : positionnement des modalités dans l'espace

Modalités du premier caractère.

Si l'on prend par exemple les gens de la catégorie A, ils se différencieront des autres par une répartition différente entre les trois modalités du caractère « chaîne préférée ». C'est pourquoi chaque modalité du premier caractère sera représentée par un point dans un repère à p dimensions composé des modalités du deuxième caractère. Les coordonnées de chaque point-modalité dans cet espace sont égales aux fréquences relatives $f_{i,j}/f_{i,\bullet}$.

On pourra donc avoir dans notre exemple :

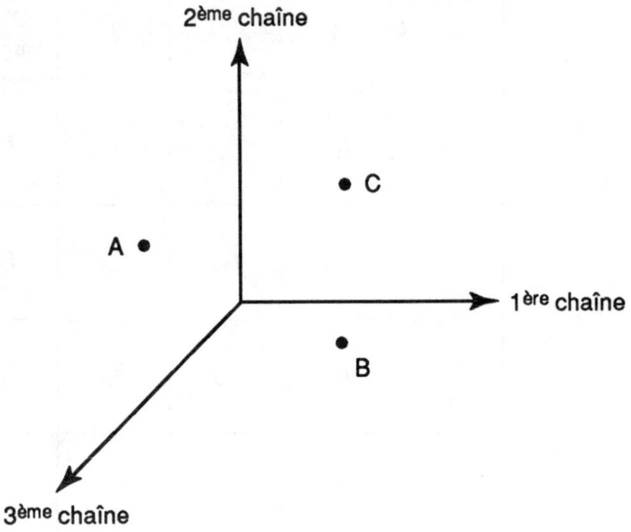

L'analyse doit aussi prendre en compte l'importance relative de chaque modalité dans la population. En supposant que les gens de la catégorie A soient deux fois plus nombreux que les autres, il faut en tenir compte. Pour ce faire, chaque point modalité est affecté d'un poids (inertie) égal à son importance relative dans la population.

En procédant de la même manière pour les modalités du deuxième caractère, on obtiendra un résultat dc ce type :

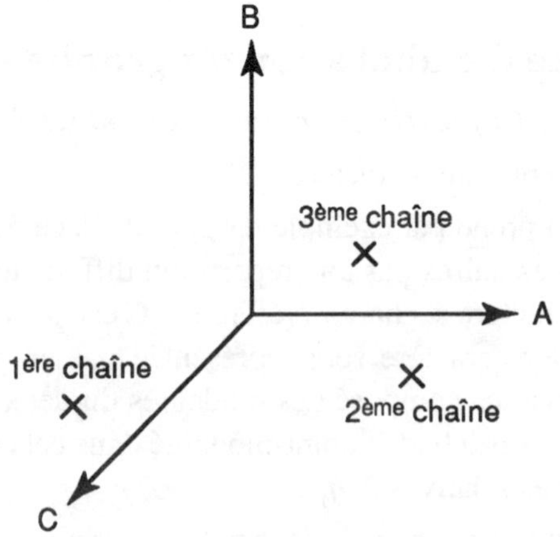

***Remarque :** On rappelle qu'en général le nombre de modalités étant supérieur à 3, le repère et les points ne sont pas visualisables.*

2.2.2 Étape 2 : projection des points sur des plans

♦ **Projection**

La visualisation du nuage de points obtenu à l'issue de la première étape s'effectue grâce à leur projection sur des plans. Or toute projection entraîne des déformations qui correspondent à une perte d'information. Ces déformations seront d'autant plus faibles, et la part d'information restituée d'autant plus forte, que l'axe (ou les axes) traverse le nuage dans une de ses plus grandes longueurs.

♦ **Définition des axes**

C'est ainsi que le premier axe correspond au sens d'étirement maximum du nuage (ou plus exactement au sens de sa plus grande inertie pour tenir compte du poids de chaque point).

On procèdera également ainsi pour les axes suivants mais sous la contrainte qu'ils soient **perpendiculaires** aux précédents (afin que la partie d'information restituée par chacun ne soit contenue dans aucun autre).

♦ **Étude des plans**

Ainsi chaque plan constitué par deux de ces axes donnera une vision particulière du nuage initial et leur ensemble permettra d'accéder à une compréhension globale.

Pour récupérer et étudier toute l'information, il faudrait définir ainsi *n* axes et les plans correspondants. En fait, les premiers axes épuisent rapidement l'essentiel de l'information et sont les seuls à justifier une étude.

Sur l'exemple on pourrait obtenir :

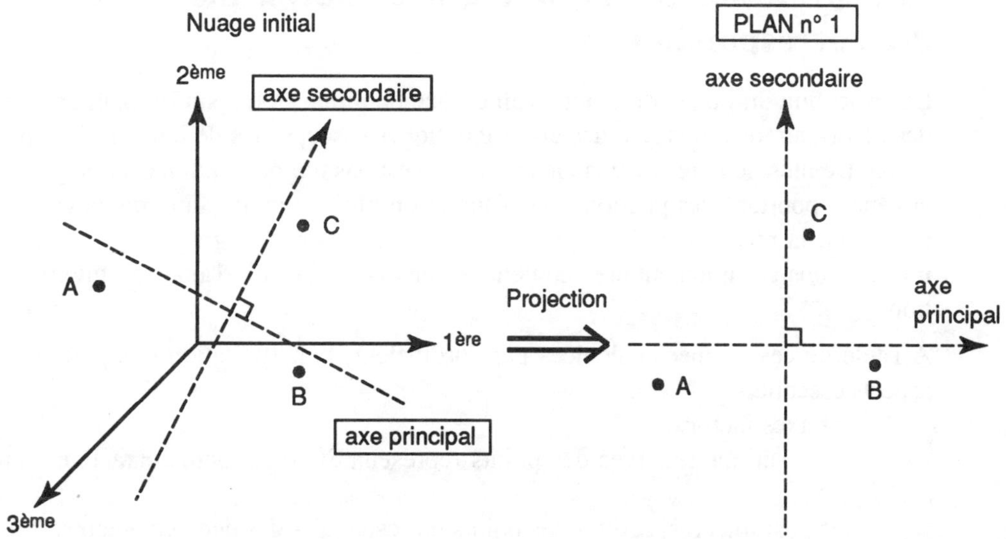

On procède de la même manière pour le deuxième caractère, puis on superpose les plans obtenus pour les deux caractères :

***Exemple** : On obtiendra une représentation de ce type :*

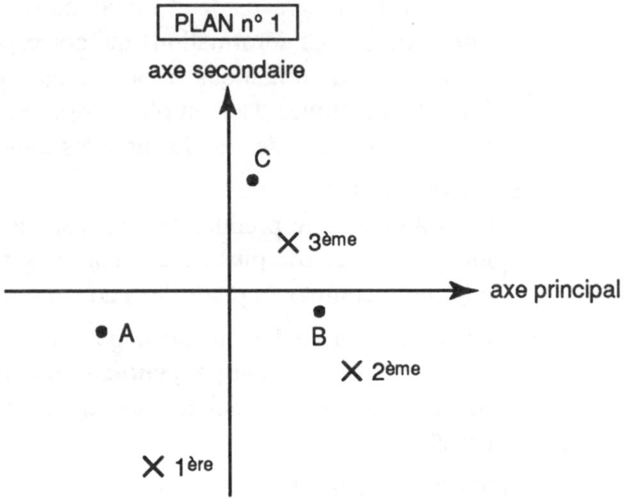

2.2.3 *Étape 3 : interprétation*

L'informatique ayant permis de surmonter la difficulté technique en se chargeant des imposants calculs nécessaires aux deux premières étapes, la difficulté réside aujourd'hui dans la très délicate interprétation des graphiques auxquels on aboutit.

3. Interprétation d'un graphique d'analyse factorielle des correspondances

La projection du nuage de points d'un espace de dimension *n* sur un plan entraîne des déformations qui créent des effets d'optiques susceptibles de fausser l'interprétation. De plus, le poids de chaque modalité n'est pas toujours indiqué sur le graphe et génère pourtant des phénomènes d'attraction plus ou moins importants vers les points qui la représente. C'est pourquoi l'interprétation d'un graphe nécessite des informations complémentaires contenues dans des tableaux d'aides à l'interprétation.

A l'aide de ces données calculées par l'ordinateur, l'interprétation comporte trois aspects essentiels.

- les axes factoriels,
- les positions relatives des points représentatifs d'un même caractère entre eux,
- les positions respectives des points représentatifs des deux caractères.

3.1 Interprétation des axes factoriels

3.1.1 Degré de signification

La projection des points du nuage ne permet pas de restituer la totalité de l'information initiale. La part d'information (ou d'inertie) contenue dans chaque axe est indiquée sur l'axe lui-même ou bien en tableau annexe. Plus cette part est faible, plus le nuage est déformé par la projection et plus l'étude perd de son intérêt.

3.1.2 Signification

Il est essentiel de définir la signification des axes pour interpréter la position d'un point sur le graphe. Par construction, l'axe résulte de l'attirance que les points du nuage ont exercée pour le définir. C'est à partir des points qui ont le plus contribué à sa construction que l'on peut trouver cette signification.

Cette contribution peut être partiellement visualisée puisqu'elle est d'autant plus forte que le point est éloigné du centre du graphe dans la direction de l'axe.

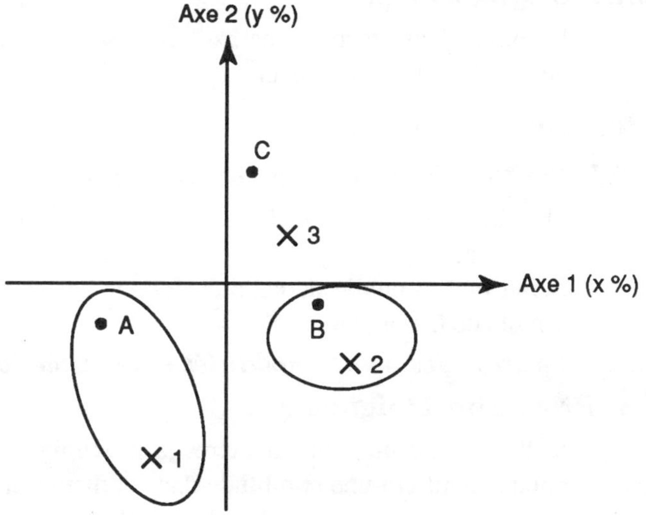

Sous cet angle l'axe 1 oppose : les catégories sociales A et B (variable sociale) qui sont les plus différentes dans leurs préférences télévisuelles et les téléspectateurs des chaînes 1 et 2 (variable chaîne) qui ont un profil sociologique très différent.

Mais il faut aussi tenir compte du poids (inertie) de chaque point qui n'est pas indiqué sur le graphe et des effets d'optiques générés par la projection.

Exemple :

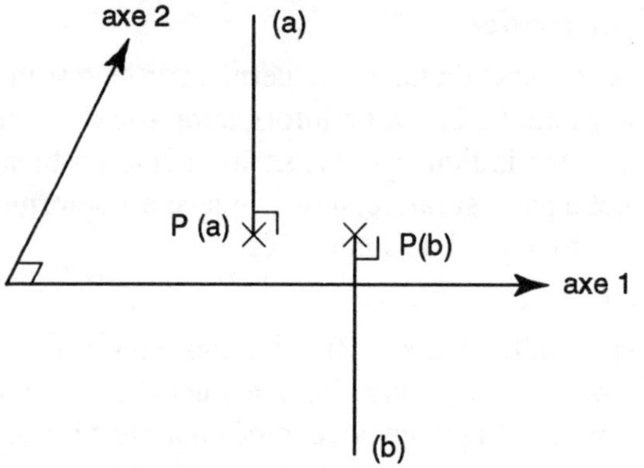

Les projections P(a) et P(b) seront très proches dans le plan choisi alors même que les points sources a et b sont éloignés dans l'espace.

3.1.3 *Apport des tableaux d'aide*

Ces tableaux indiquent la contribution de chacun des points à la définition des axes en décomposant l'inertie du point et sa position réelle dans l'espace par rapport à l'axe.

3.1.4 *Origine du repère*

Le point d'intersection des axes représente le centre de gravité du nuage, donc le point moyen.

3.2 Position des points

3.2.1 *Position des points par rapport au repère*

Plus un point est proche du centre de l'axe, moins il se distingue de la moyenne. La proximité du point 3 dans la figure de la page 269 signifierait que le public de cette chaîne est socialement proche de l'ensemble de la population.

3.2.2 *Position des points-modalités d'un même caractère*

♦ Proximité, éloignement

Si l'on étudie un seul caractère, la proximité de deux ou plusieurs points signifiera une similitude dans la distribution. Si, par exemple, deux points représentant des chaînes différentes sont proches l'un de l'autre, cela signifie que ces chaînes possèdent des publics similaires.

Remarque : *Il faut là aussi se méfier des déformations dues à la projection et avoir recours aux tableaux d'aide. Là encore, les informations concernant la position exacte d'un point par rapport aux axes contenue dans les tableaux d'aide permettent de repérer et de tenir compte des déformations.*

♦ Forme du nuage

Chaque particularité de la distribution des effectifs dans le tableau de contingence se traduira par une répartition spécifique des points. Par conséquent la physionomie du nuage permet en sens inverse de repérer des éléments caractéristiques de la distribution dans le tableau de contingence.

Exemple : *Ce que l'on nomme effet Guttman est à cet égard caractéristique.*

Lorsque l'on observe une répartition parabolique des points sur le premier plan.

⇒

Le tableau de contingence présente une forte concentration d'effectif sur la diagonale (après une éventuelle réorganisation des modalités).

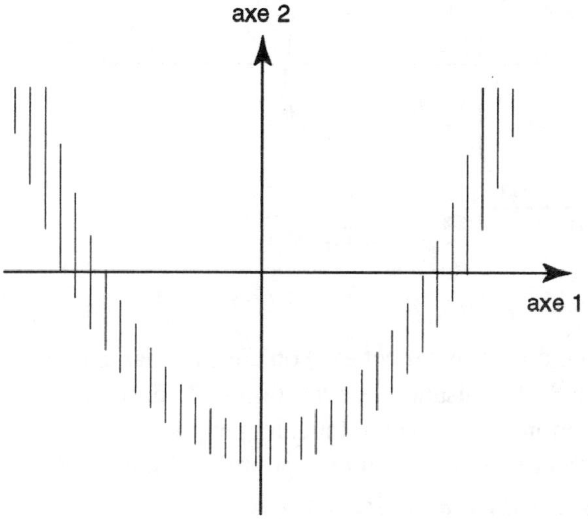

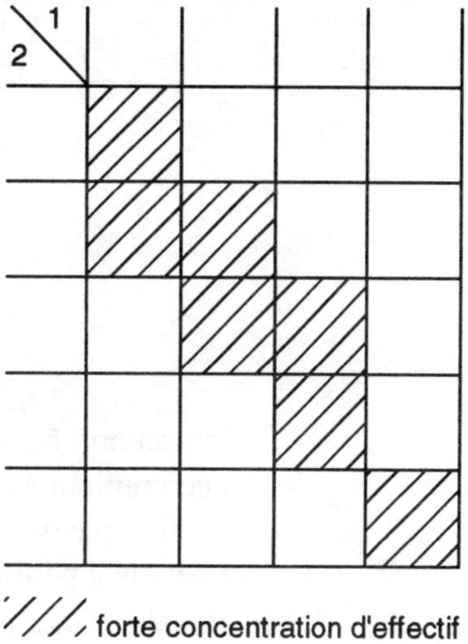

Remarque : *Cela permet de diagnostiquer*

① un facteur de dépendance entre les deux variables

② la signification

- de l'axe 1 qui oppose les modalités extrêmes entre elles.

- de l'axe 2 qui oppose les modalités moyennes aux modalités extrêmes.

Il existe un très grand nombre de configurations fréquemment rencontrées.

♦ Continuités-discontinuités

Les modalités de certains caractères sont naturellement ordonnées (exemples : niveau de vie, variables chronologiques).

Il est dans ce cas très intéressant de relier entre eux les points-modalités suivant leur ordre naturel. On pourra souvent observer alors des continuités par rapport à un axe traduisant une modification progressive de la structure ou des discontinuités traduisant des phénomènes accidentels.

***Exemple** : Évolution des échanges mondiaux de 1967 à 1986 par zone géographique et par type de produit. (Il s'agit d'un extrait d'un graphe qui est repris et développé en fin de chapitre.)*

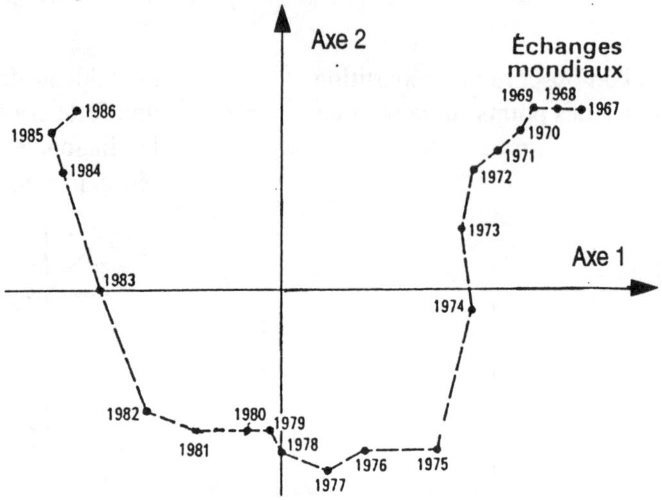

Par rapport à l'axe 1 (en projetant sur cet axe) on constate par exemple une continuité de 67 à 86 traduisant une évolution structurelle qui ne souffre que deux exceptions 74 et 86 qu'il faut alors expliquer. (Le premier choc pétrolier expliquera par exemple la première discontinuité.)

3.2.3 *Position des points-modalités de deux caractères*

L'interprétation est ici plus délicate. Si deux modalités de deux caractères différents jouent un grand rôle l'une sur l'autre, les deux points qui les représentent auront tendance à s'attirer. Pour autant, la proximité de deux points ne signifie pas automatiquement que les modalités correspondantes soient liées, comme l'illustre la figure suivante.

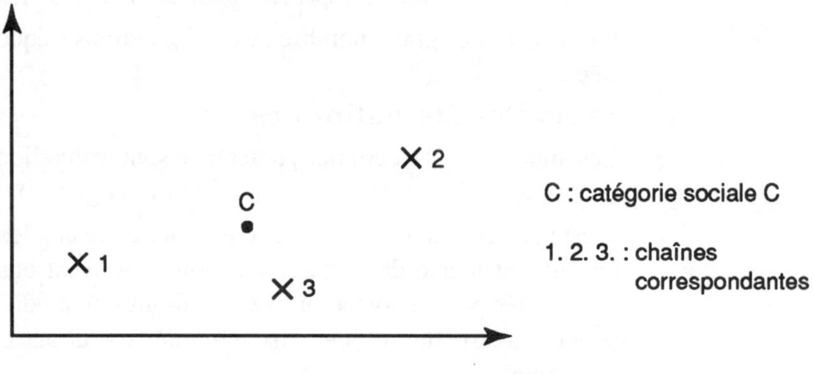

Si les individus constituant la catégorie sociale c se répartissent entre les chaînes 1 et 2, c se retrouvera attiré en sens contraire par les points 1 et 2. Sa position sur le graphe résulte de cette double attraction et aucunement de celle de 3, la proximité des deux points est alors fortuite.

3.2.4 Enrichissement du graphe (éléments supplémentaires)

On peut ajouter à la représentation graphique initiale des points ou un ensemble de points servant de témoins pour l'interprétation. Ces données n'ayant pas servi à la construction n'influencent pas les axes et ne doivent pas être utilisées pour les interpréter.

4. Élargissement et exemples

4.1 Élargissement : A.C.M.

L'analyse factorielle des correspondances a pris un intérêt considérable grâce à son extension à l'étude simultanée de plus de deux caractères, on parle alors d'analyse factorielle des correspondances multiples (AFCM ou ACM). De part leur richesse, ce sont essentiellement des ACM qui sont utilisées, notamment dans le dépouillement des enquêtes.

4.2 Exemples d'interprétation

Les principes d'interprétation présentés s'appliquent aussi à l'ACM, mais les précautions à prendre sont à la mesure de la richesse de ces graphes. Les rudiments présentés dans ce chapitre sont très largement insuffisants pour se prêter à un exercice que l'on qualifie souvent d'art. Ils peuvent juste permettre de faciliter la compréhension des analyses tirées de ces graphes. A cette fin, on pourra utiliser les deux analyses suivantes (extraits).

4.2.1 Exemple 1 : Échanges mondiaux

(Extrait d'un graphe, présenté dans le numéro 217-218 d'Économie et Statistique par N. Holcblat et J.-L. Tavernier)

Variables : (1) années
(2) zones géographiques
(3) produits

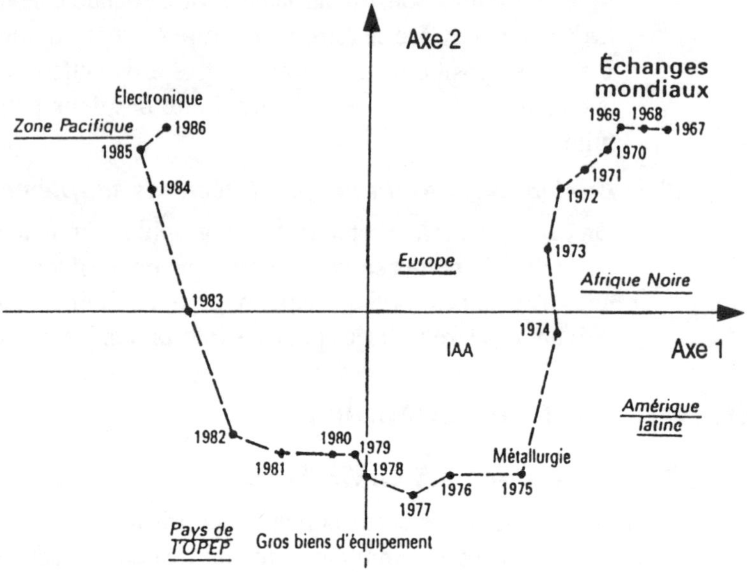

- **Signification des axes.**

  L'axe 1 oppose les années les plus anciennes aux plus récentes ; les zones Afrique Noire et Amérique Latine avec « OPEP et Pacifique » ; la métallurgie et l'électronique.

  L'axe 2 oppose les années moyennes et les années extrêmes.

- **Interprétation des points.**

  La continuité des points-années reflète une modification structurelle des échanges mondiaux.

- **Proximités**

  Celle des points Afrique Noire et Amérique Latine avec ceux des années soixante signifie que c'est sur cette période que la part de ces deux zones a été la plus importante (mais non qu'elle ait été la plus importante de cette période). De la même manière, on peut interpréter les proximités 84-85-86 – zone Pacifique ou les proximités avec les produits ; ainsi on remarque que c'est à la fin de la période que l'électronique est la plus importante dans les échanges.

  La proximité du point Europe avec le centre du graphe reflète une structure par produit de cette zone représentative de l'ensemble et un poids sensiblement constant sur la période.

- **Synthèse**

  Sur l'ensemble de la période, les échanges se sont modifiés au détriment de l'importance de l'Afrique Noire et de l'Amérique Latine d'une part et de la métallurgie d'autre part, au profit d'abord des pays de l'OPEP (73-82) sous forme de biens d'équipements, puis de la zone Pacifique et des échanges de produits électroniques.

4.2.2 *Exemple 2 : Étude sociologique des « RMISTES »*

(D'après l'étude de J.-P. Monsirmen : « Être RMISTE en Languedoc-Roussillon » publiée en 1991 dans la revue *Repères* de l'INSEE.)

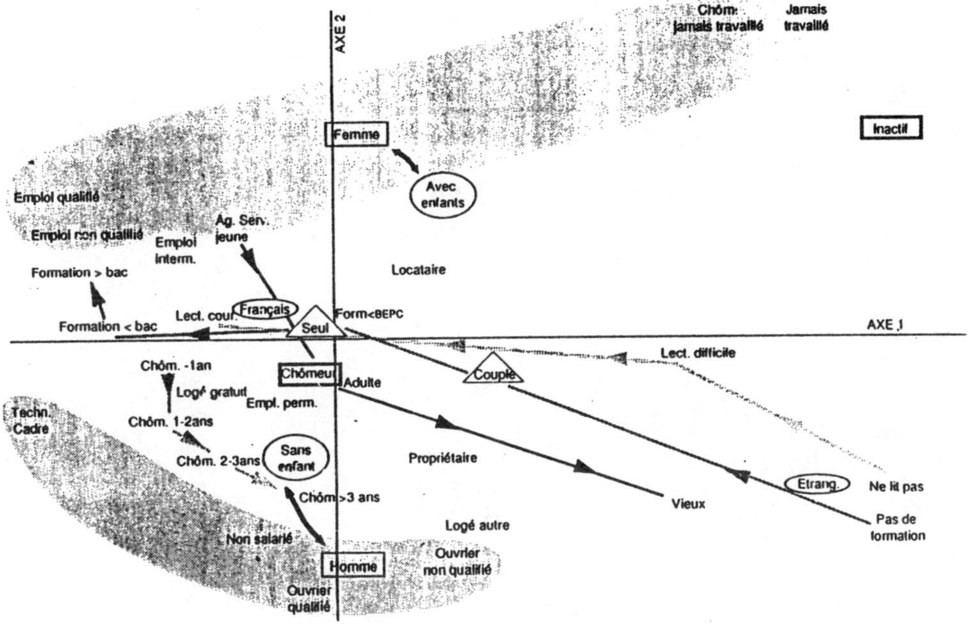

- **Signification des axes**

  L'axe 1 oppose à droite, une population âgée, peu formée, où la proportion d'étrangers est forte (proportionnellement à l'ensemble de la population), à gauche, une population jeune, mieux formée où la proportion de français est plus forte.

  L'axe 2 oppose en haut, des femmes avec enfants et inactive, en bas, des hommes chômeurs plus souvent sans enfant.

- **Profil moyen (proximité avec le centre du repère)**

  Seul, chômeur, français sont les attributs les plus fréquents du RMISTE.

- **Exemple d'interprétation de proximité**

  Proximité des points « homme » et « propriétaire » : cela ne signifie pas que les propriétaires sont majoritaires chez les hommes RMISTES mais seulement que la proportion de propriétaire chez les hommes est supérieure à celle qui prévaut sur l'ensemble de la population (8 % chez les RMISTES du Languedoc-Roussillon à cette époque).

[illegible] (G3 S4) sont formés de lignes d'équipement, [illegible] de la zone Pacifique et des colonnes de [illegible] électroniques.

4.3 [illegible] schéma sociologique des « [illegible] »

(D'après l'étude [illegible] : « Les RAIS [illegible] publiée en 19[illegible] [illegible] revue [illegible] de l'INSEE ».)

[illegible]

Les [illegible] (il [illegible] en [illegible], [illegible]) [illegible] [illegible] [illegible] la [illegible] [illegible] des plus [illegible].

[illegible] en haut [illegible] [illegible] et [illegible] [illegible].

« [illegible] » [illegible] [illegible] [illegible]

[illegible] de [illegible]

[illegible] ([illegible]) [illegible] [illegible] [illegible] [illegible] de la population [illegible] [illegible].

17

OPTIMISATION EN AVENIR CERTAIN - THÉORIE DES GRAPHES

Éléments de la théorie des graphes

1. Notion de graphe
- 1.1 Exemple
- 1.2 Définitions
- 1.3 Domaine d'utilisation
- 1.4 Objectif

2. Représentations d'un graphe
- 2.1 Représentation sagittale
- 2.2 Tableaux et matrices
- 2.3 Dictionnaires

3. Chemins d'un graphe
- 3.1 Définition
- 3.2 Chemins particuliers

4. Niveaux d'un graphe
- 4.1 Définition
- 4.2 Procédure
- 4.3 Exemple

5. Détermination d'un chemin optimal
- 5.1 Notion de chemin optimal
- 5.2 Chemin le plus long par marquage
- 5.3. Chemin le plus court

1. Notion de graphe

1.1 Exemple

Soient x_1, x_2, x_3, x_4, x_5 les cinq communes d'un canton de France et la représentation suivante des liaisons routières entre l'ensemble X de ces villes.

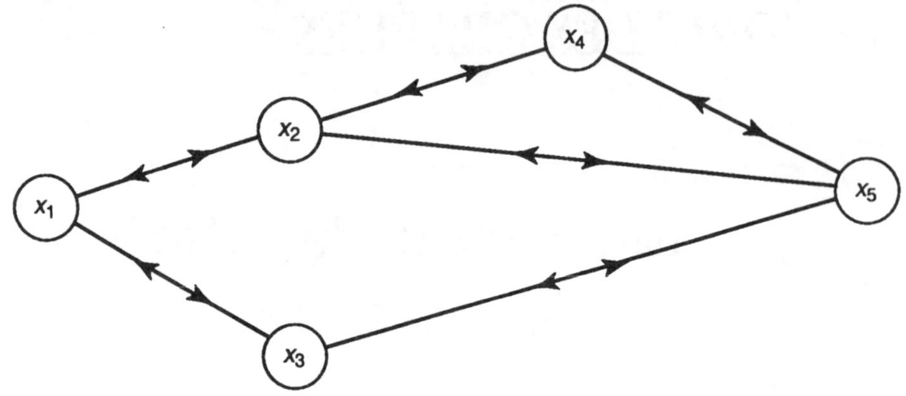

Ceci définit un graphe reliant les éléments de X entre eux par une relation *r* (liaisons routières).

1.2 Définitions

Une relation *r* liant entre eux des éléments d'un ensemble X définit un graphe.

– les éléments de X sont dit *sommets* du graphe,

– les relations entre les couples (x_i, x_j) sont nommées :

- arc si la relation est à sens unique

$$x_i \longrightarrow x_j$$

- arête dans le cas contraire

$$x_i \longleftrightarrow x_j$$

– Si toutes les relations sont des arcs, le graphe est dit orienté.

1.3 Domaine d'utilisation

De conception récente, la théorie des graphes s'applique à des domaines très variés. Exemples :

1.3.1 Circulation-communication

Les graphes de circulation peuvent permettre d'optimiser la circulation sur un réseau existant (logistique de transport) mais aussi d'améliorer ce réseau (plan de circulation des villes). Cela concerne tous les problèmes de circulation de flux quels qu'ils soient : routiers, d'informations, etc.

1.3.2 Structure

On les retrouve par exemple sous les formes suivantes :

- schémas électroniques ou mécaniques,
- organigrammes de fonctions dans l'entreprise.

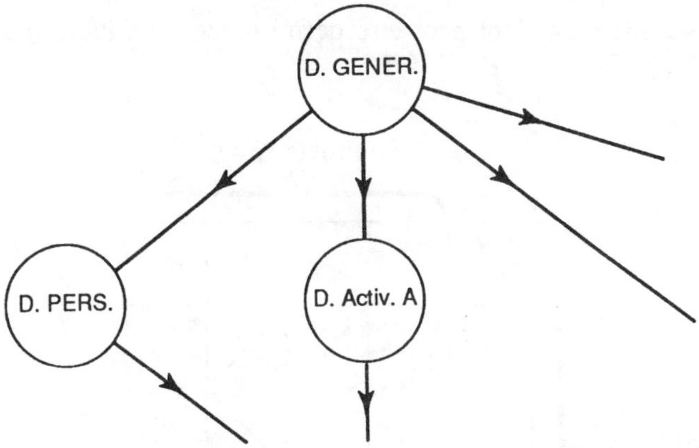

1.3.3 Réalisation de projet

Comme l'organisation de la succession de tâches en vue de la réalisation d'un produit ou d'une action, par exemple la réalisation d'une fusée pour laquelle les américains ont mis au point la méthode PERT (cf. chapitre suivant).

1.4 Objectif

Les graphes ont pour fonction première de donner la représentation la plus simple possible de la réalité, mais ils permettent aussi de simuler une organisation ou une modification projetée. Leur adaptabilité à la diversité et à la complexité en font de puissants outils d'aide à la décision.

2. Représentations d'un graphe

Celles-ci peuvent être multiples. Les exemples suivants sont donnés dans le cas d'un graphe orienté.

2.1 Représentation sagittale

Exemple :

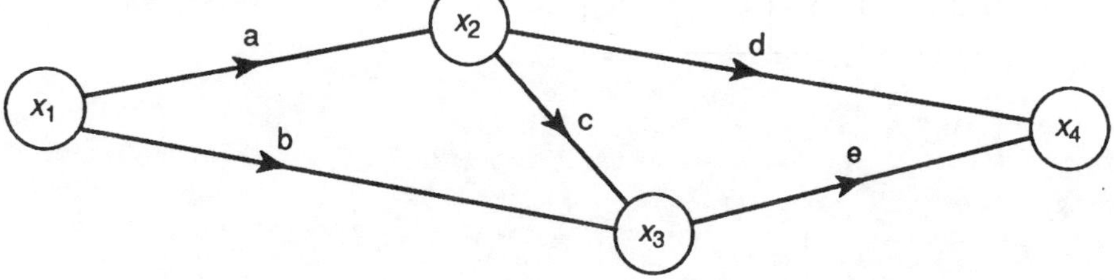

– Les sommets x_i correspondent aux éléments de X.

– Les relations sont symbolisées par des flèches notées ici *a*, *b*, *c*, *d*, *e*.

– Lorsque le graphe est orienté, les axes le sont également de gauche à droite.

2.2 Tableaux et matrices

Le graphe précédent peut être défini grâce à un tableau à double entrée du type suivant :

Sommets Arrivées

A / 0	x_1	x_2	x_3	x_4
x_1		X	X	
x_2			X	X
x_3				X
x_4				

Sommets Origines

→ correspond à l'arc *e*

On peut également définir une matrice carrée booléenne.

A / 0	x_1	x_2	x_3	x_4
x_1	0	1	1	0
x_2	0	0	1	1
x_3	0	0	0	1
x_4	0	0	0	0

Un 1 à l'intersection de x_i et x_j symbolise l'existence d'une relation de x_i vers x_j.

Un 0 signifie qu'il n'existe pas de relation de x_i vers x_j.

On peut de la même manière dresser un tableau ou une matrice à partir des arcs.

Tâches suivantes

A \ 0	*a*	*b*	*c*	*d*	*e*
a			X	X	
b					X
c					X
d					
e					

Tâches précédentes

b et *c* sont immédiatement avant *e*

2.3 Dictionnaires

Les dictionnaires représentent l'éclatement des tableaux à double entrée en deux parties.

On définit ainsi les dictionnaires :

- des sommets ou des arcs.
- des précédents « immédiatement avant » ou des suivants « immédiatement après ».
- des antérieurs « avant » ou des postérieurs « après ».

Par exemple, le graphe pourrait être ainsi défini par le dictionnaire des sommets suivants ou par celui des précédents :

Soit : x_i les sommets
$S(x_i)$ les sommets suivants
$P(x_i)$ les sommets précédents.

Dictionnaires des sommets :

Suivants	
x_i	$S(x_i)$
x_1	x_2, x_3
x_2	x_3, x_4
x_3	x_4
x_4	–

Précédents	
x_i	$P(x_i)$
x_1	–
x_2	x_1
x_3	x_1, x_2
x_4	x_2, x_3

Remarque : *Le dictionnaire des suivants correspond à une lecture en ligne du tableau et celui des précédents à une lecture en colonne.*

3. Chemins d'un graphe

3.1 Définition

Un chemin est une suite d'arcs adjacents telle que l'extrémité terminale de l'un corresponde à l'extrémité terminale du précédent.

Par exemple :

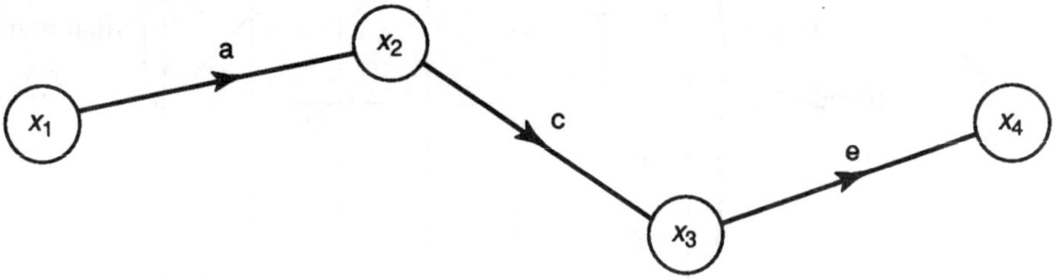

a, *c*, *e* est un chemin alors que *a*, *c*, *d* n'en est pas un.

3.2 Chemins particuliers

3.2.1 Par rapport aux sommets

- Chemin élémentaire : chemin passant une fois *au plus* par chacun des sommets. (*a*, *d*), (*b*, *e*), (*a*, *c*, *e*) sont des chemins élémentaires.
- Chemin pré-hamiltonien : chemin passant *au moins* une fois par chacun des sommets. Seul (*a*, *c*, *e*) est pré-hamiltonien.
- Chemin hamiltonien : chemin passant *une et une seule* fois par chacun des sommets (c'est-à-dire à la fois élémentaire et pré-hamiltonien). (*a*, *c*, *e*) est hamiltonien.

3.2.2 Par rapport aux arcs

- Chemin simple : chemin passant une fois *au plus* par chacun des arcs. (*a*, *d*), (*b*, *e*), (*a*, *c*, *e*) sont des chemins simples.
- Chemin pré-Eulérien : chemin passant *au moins* une fois par chacun des arcs. Aucun des chemins du graphe n'est pré-Eulérien.
- Chemin Eulérien : chemin passant *une et une seule* fois par chacun des arcs, c'est-à-dire chemin à la fois simple et pré-Eulérien.
- Circuit : chemin dans lequel l'extrémité terminale du dernier arc correspond à l'origine du premier. (On pourrait le qualifier de chemin fermé.)

***Exemple** : Soit le graphe suivant :*

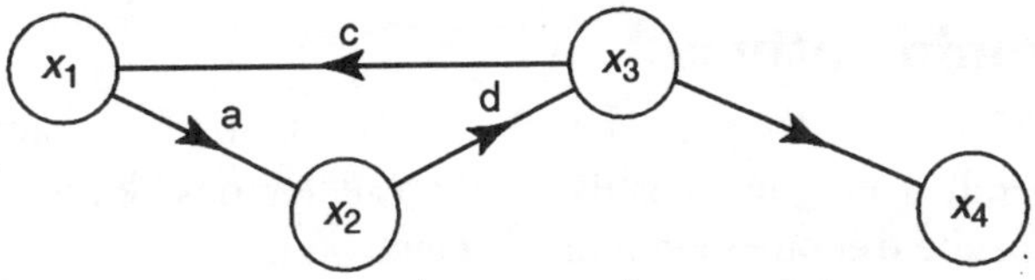

a, d, c est un circuit.

4. Niveaux d'un graphe (sans circuit)

4.1 Définition

Le niveau d'un sommet est le nombre d'arcs qui le séparent de l'origine du graphe par le chemin le plus long.

Le rangement sous une même verticale des sommets de même niveau aboutit souvent à une représentation plus simple du graphe.

4.2 Procédure (à partir du dictionnaire des précédents)

Les sommets de niveau 0 sont ceux qui n'ont pas de précédent. Leur ensemble sera noté N_0.

Pour déterminer l'ensemble N_1 des sommets du niveau supérieur, on barre dans les deux colonnes les sommets déjà classés. N_1 sera constitué des sommets non barrés de la première colonne pour lesquels tous les précédents (deuxième colonne) sont barrés.

On recommence pour chaque niveau cette procédure.

4.3 Exemple

x_i	$P(x_i)$
$\boxed{x_1}$	–
x_2	x_1
x_3	x_1
x_4	x_2
x_5	x_1, x_2, x_3
x_6	x_4, x_5

$N_0 = \{x_1\}$

x_i	$P(x_i)$
~~x_1~~	–
$\boxed{x_2}$	~~x_1~~
$\boxed{x_3}$	~~x_1~~
x_4	x_2
x_5	~~x_1~~, x_2, x_3
x_6	x_4, x_5

$N_1 = \{x_2, x_3\}$

x_i	$P(x_i)$
~~x_1~~	–
~~x_2~~	~~x_1~~
~~x_3~~	~~x_1~~
$\boxed{x_4}$	~~x_2~~
$\boxed{x_5}$	~~x_1~~, ~~x_2~~, ~~x_3~~
x_6	x_4, x_5

$N_2 = \{x_4, x_5\}$

x_i	$P(x_i)$
~~x_1~~	–
~~x_2~~	~~x_1~~
~~x_3~~	~~x_1~~
~~x_4~~	~~x_2~~
~~x_5~~	~~x_1~~, ~~x_2~~, ~~x_3~~
$\boxed{x_6}$	~~x_4~~, ~~x_5~~

$N_3 = \{x_6\}$

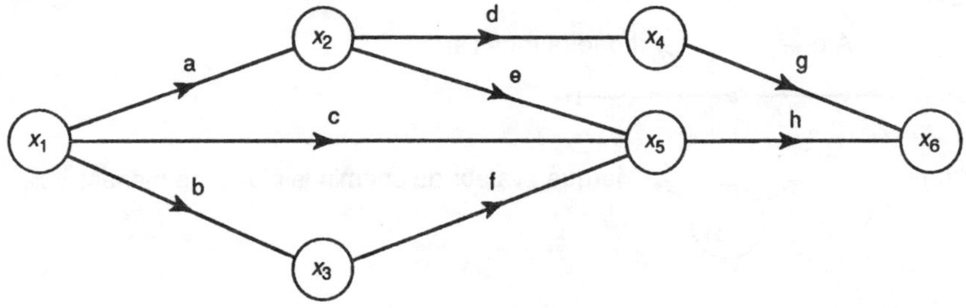

5. Détermination d'un chemin optimal

5.1 Notion de chemin optimal

Lorsque l'on affecte une longueur à chaque arc d'un graphe, on définit un graphe **valué**. De telles longueurs peuvent représenter des données aussi diverses qu'une capacité d'écoulement, une distance ou le temps.

Il peut être alors intéressant de déterminer :

- la longueur du chemin le plus long qui pourra par exemple correspondre à une durée incompressible de réalisation d'un projet,
- la longueur du chemin le plus court qui pourra correspondre à une distance minimale à parcourir pour aller d'un point (sommet) à un autre.

Il existe de très nombreuses méthodes de détermination d'un chemin optimum s'adaptant chacune tout particulièrement à une forme particulière de graphe mais toutes se caractérisent par des procédures itératives. La méthode présentée dans ce livre est celle du marquage des sommets d'une représentation sagittale.

5.2 Chemin le plus long par marquage

5.2.1 Exemple

Le graphe précédent a été valué

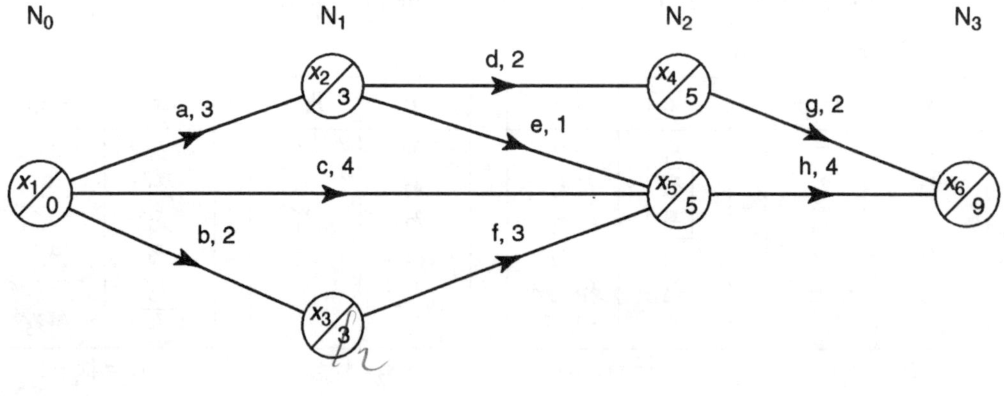

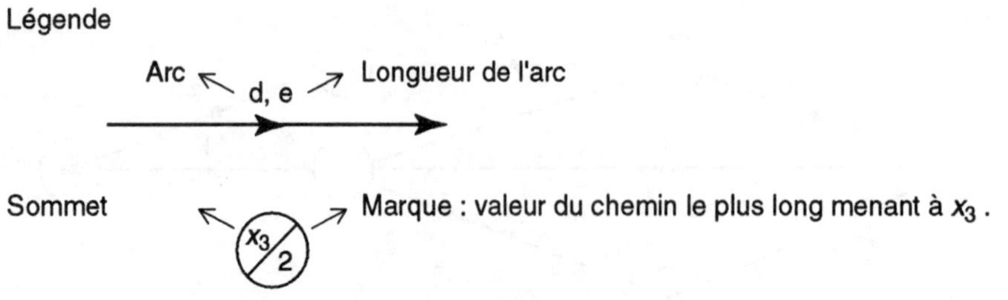

5.2.2 *Analyse de l'exemple*

On procède par marquage successif des sommets de niveaux croissants.

N_0 : x_1 est atteint immédiatement

N_1 : x_2 le seul chemin est égal à la longueur de a : 3

x_3 le seul chemin est b de longueur : 2

N_2 : x_4 le seul chemin (a, d) est de longueur 3 + 2 = 5

x_5 il existe trois chemins :

$(a, e) \rightarrow 3 + 1$

$(c) \quad \rightarrow 4$

$(b, f) \rightarrow 2 + 3$ le plus long : 5

N_3 : x_6, on pourrait étudier la longueur de chacun des quatre chemins qui mène à x_6.

(a, d, g) : 3 + 2 + 2

(a, e, h) : 3 + 1 + 4 — et sélectionner

(c, h) : 4 + 4 — la plus élevée.

(b, f, h) : $\boxed{2 + 3 + 4}$

Pour simplifier la procédure, il suffit de constater que les trois derniers chemins passent tous par x_5, qui est déjà marqué, auquel s'ajoute la valeur de h. Le plus long de ces trois chemins est donc directement

Marque de x_5 + longueur de h.

5 + 4 = 9

5.2.3 *Procédure*

Marquage successif des sommets de niveaux croissants. Pour marquer un sommet :

(1) On additionne la valeur de l'arc dont le sommet est la terminaison et la marque du sommet origine.

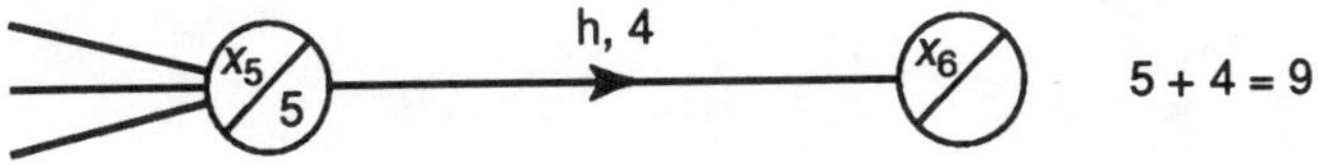

(2) On recommence cette procédure pour chacun des arcs dont le sommet est la terminaison.

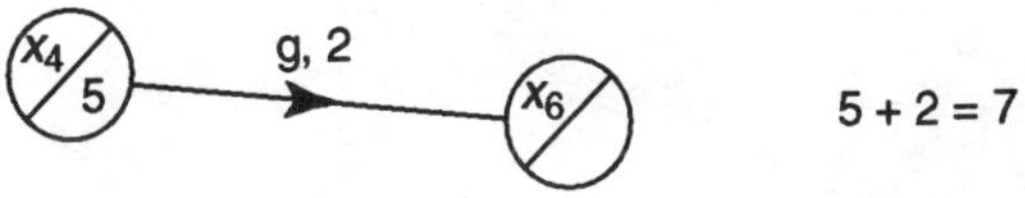

(3) On sélectionne le plus long :

5.3 Chemin le plus court

La procédure est identique à la précédente, à la différence que l'on sélectionne ici la valeur du chemin de longueur minimale.

Exemple :

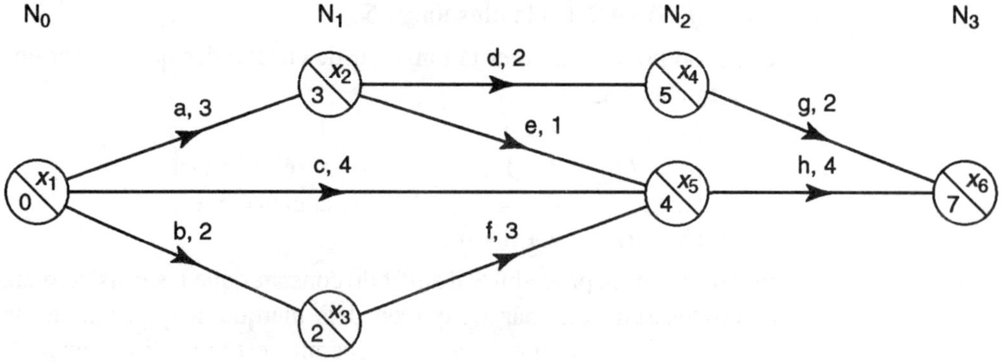

18

OPTIMISATION EN AVENIR CERTAIN - THÉORIE DES GRAPHES

Problèmes d'ordonnancement

1. Nature de l'ordonnancement

1.1 Exemple
1.2 Objet d'un problème d'ordonnancement
1.3 Méthodes de résolution

2. Méthode MPM

2.1 Principes de la représentation
2.2 Calendriers et chemin optimal
2.3 Marges

3. Amélioration du projet

3.1 Principes généraux
3.2 Optimisation à longueur constante du chemin critique
3.3 Optimisation par modification de la durée du projet

4. Méthode PERT

4.1 Principes de base
4.2 Éléments particuliers : tâches fictives
4.3. Comparaison MPM et PERT

1. Nature de l'ordonnancement

1.1 Exemple

On a décomposé la construction d'une nouvelle unité de production en sept opérations ou tâches élémentaires devant répondre à des contrainte de succession. On a ainsi pu établir le tableau suivant :

Opérations ou Tâches	Nature de la tâche	Durée (en mois)	Opérations Pré-requises
a	– Terrassement, assainissement	3	–
b	– Recrutement d'une équipe de sécurité	2	–
c	– Commande des machines	4	–
d	– Construction du bâtiment administratif	2	*a*
e	– Construction des ateliers	1	*a*
f	– Formation de l'équipe de sécurité	3	*b*
g	– Aménagement des bureaux	2	*d*
h	– Installation des machines	4	*e, c, f*

1.2 Objet d'un problème d'ordonnancement

Comme dans l'cxemple, le but est d'ordonner dans le temps un ensemble d'opérations ou tâches aboutissant à la réalisation d'un projet en fonction de contraintes.

Un problème de ce type se caractérise par trois éléments :

1. Toutes les opérations concourent à la réalisation d'un problème unique.
2. La réalisation du projet peut être décomposée en tâches parfaitement individualisées les unes par rapport aux autres.
3. L'exécution de ces tâches est soumise à des contraintes.

Ces contraintes sont de natures diverses ; on distingue notamment les contraintes de type :

– **Potentiel :** qui concernent le temps sous forme de :

- *date :* la tâche ne peut commencer avant une date précise (disponibilité d'un artisan par exemple).
- *d'antériorité :* une tâche ne peut commencer qu'après qu'une autre ait débuté depuis un certain laps de temps. (On ne peut plâtrer avant l'électricité par exemple.)

- **Cumulatif :** qui découlent de disponibilités limitées à partager. Par exemple, une main-d'œuvre en nombre limité ne permettra pas de tout faire en même temps.
- **disjonctif :** qui interdisent l'exécution simultanée de certaines tâches (si par exemple elles utilisent le même matériel).

1.3 Méthodes de résolution

Ce livre présente à titre principal la méthode d'origine française MPM, qu'à l'instar du BTS comptabilité-Gestion, les programmes privilégient de plus en plus. La méthode PERT, d'origine américaine, est présentée succinctement à titre de complément. Dans les deux cas, seules les contraintes de type potentiel sont prises en compte.

2. Méthode MPM (Méthode des Potentiels Metra)

Cette méthode a été développée en France par la SEMA à la fin des années 50.

2.1 Principes de la représentation

2.1.1 Principes de base

Les **sommets** du graphe représentent les diverses tâches à réaliser. Les **arcs** symbolisent les contraintes d'antériorité. Le graphe proposé en début de chapitre pourra être ainsi représenté.

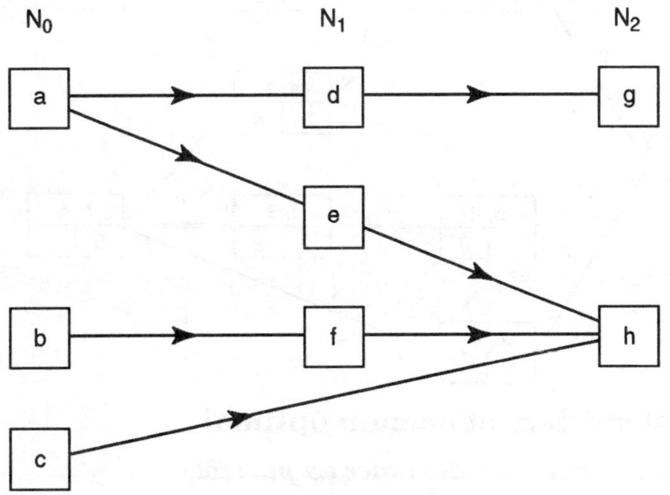

***Remarque** : en dehors des cas très simples, il est nécessaire de construire la représentation par ébauches successives afin d'aboutir à la forme la plus claire possible.*

2.1.2 Éléments complémentaires

– *Sommets :* on apporte généralement les indications suivantes :

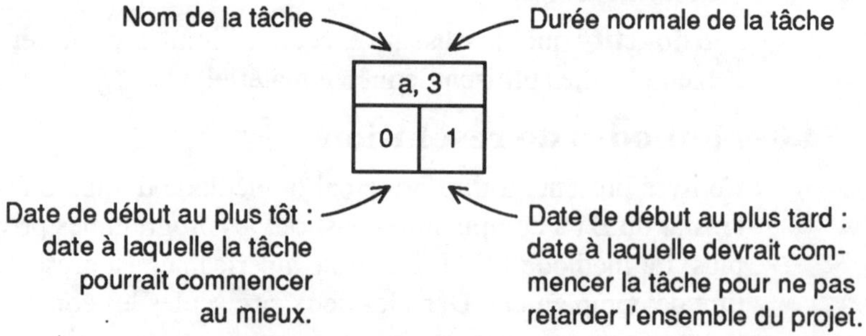

– *Arcs :* on peut y indiquer le temps séparant impérativement le début des deux tâches-sommets.

– *Graphe :* afin de faciliter la lecture et de marquer plus facilement les sommets, on peut introduire deux tâches théoriques de durée 0 :

- une tâche début qui initialise le projet ;
- une tâche fin qui termine de manière unique le projet.

Après détermination des dates de début (paragraphe suivant 2.2) on obtiendra :

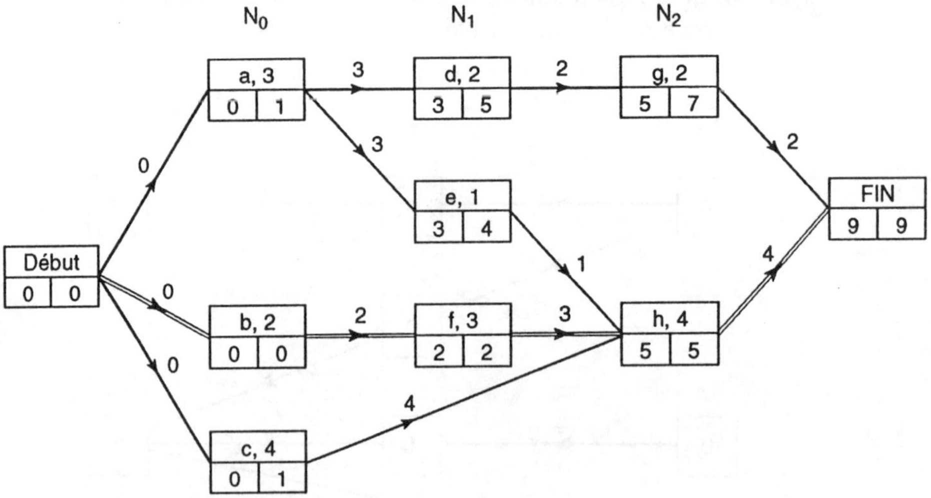

2.2 Calendriers et chemin optimal

2.2.1 Calendrier des dates au plus tôt

Au plus tôt on ne peut commencer une tâche que lorsque toutes les précédentes sont terminées. Cela correspond à la recherche du chemin le plus long dont l'algorithme a été donné au chapitre précédent.

On marque successivement les sommets de gauche à droite

$\boxed{N_0}$: *a, b, c* peuvent commencer immédiatement

$\boxed{N_1}$: *d* et e ne peuvent commencer qu'à la fin de *a* soit :

début de *a* au plus tôt + durée de *a*

0 + 3 = 3

f : début de *b* + durée de *b* = 2

$\boxed{N_2}$: g : début de *d* + durée de *d* = 5

h : début de e + durée de e = 4
et
début de *f* + durée de *f* = $\boxed{5}$
et
début de *c* + durée de *c* = 4

} Les trois contraintes devant être respectées on prend le maximum.

$\boxed{\text{Fin}}$: début de *g* + durée de *g* = 7
et
début de *h* + durée de *h* = $\boxed{9}$

Il s'agit de la fin au plus tôt du projet 9 mois après son début.

2.2.2 *Calendrier des dates au plus tard*

Une date au plus tard représente la limite maximum à laquelle la tâche doit commencer pour ne pas retarder l'ensemble du projet.

On les détermine en partant cette fois de la fin du graphe et en le balayant de droite à gauche.

$\boxed{\text{Fin}}$: en l'absence de retard, le projet se termine à sa date au plus tôt : 9

$\boxed{N_2}$: *g* et *h* doivent donc commencer en :

g : date fin – durée de *g* → 9 - 2 = 7

h : date fin – durée de *h* → 9 – 4 = 5

$\boxed{N_1}$: *d* : date de fin de *d* – durée de *d*.

or date de fin de *d* = date début de *g* → 7 – 2 = 5

e : date début *h* – durée de *e* → 5 – 1 = 4

f : date début *h* – durée de *f* → 5 – 3 = 2

$\boxed{N_0}$: *a* : date fin de *a* - durée de *a*

soit le *minimum* de

date début de *d* – durée de *a* 5 – 3
et
date début de *e* – durée de *a* $\boxed{4-3}$

} mini = 1

b : date fin *b* (début *f*) – durée de *b* 2 – 2 = 0

c : date fin *c* (début *h*) – durée de *c* 5 – 4 = 1

2.2.3 *Chemin critique*

Le chemin critique est constitué par l'ensemble des tâches critiques que l'on ne peut exécuter avec retard sous peine de différer la réalisation du projet lui-même.

Puisque leur exécution ne souffre aucun délais, on ne peut se permettre le moindre retard dans leur commencement soit :

date de début au plus tôt = date de début au plus tard.

> Le chemin critique passe donc par l'ensemble des tâches pour lesquelles :
> date de début au plus tôt = date de début au plus tard.

Il est le plus souvent symbolisé sur la représentation sagittale par un doublement des arcs reliant ces tâches.

***Exemple :** le chemin critique est constitué de {b, f, h}.*

***Remarque :** on peut également déterminer le chemin critique à partir des marges.*

2.3 Marges

Les marges évaluent les délais dont on dispose pour réaliser les tâches. On distingue notamment :

2.3.1 *Marge totale*

C'est le retard maximum que l'on peut prendre dans la mise en route d'une tâche *sans remettre en cause les dates au plus tard* des tâches suivantes et donc la date optimale de réalisation du projet.

Mathématiquement c'est donc pour chaque tâche la différence entre date au plus tard et date au plus tôt.

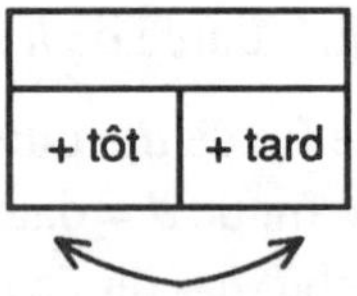

Δ = marge totale

Par exemple marges totales de a : $1 - 0 = 1$
b : $0 - 0 = 0$
c : $1 - 0 = 1$

2.3.2 *Marge libre*

C'est le retard maximum que l'on peut prendre dans la mise en route d'une tâche *sans remettre en cause les dates au plus tôt des tâches suivantes.*

Autrement dit, un retard égal à la marge libre n'a aucune répercussion sur la suite du projet.

On la détermine à partir de la (ou des) tâche(s) suivante(s).

Date au plus tôt de la tâche suivante (ou mini des tâches…)	–	Date au plus tôt de la tâche	–	Durée de la tâche

***Exemples :** Marges libres de*

e

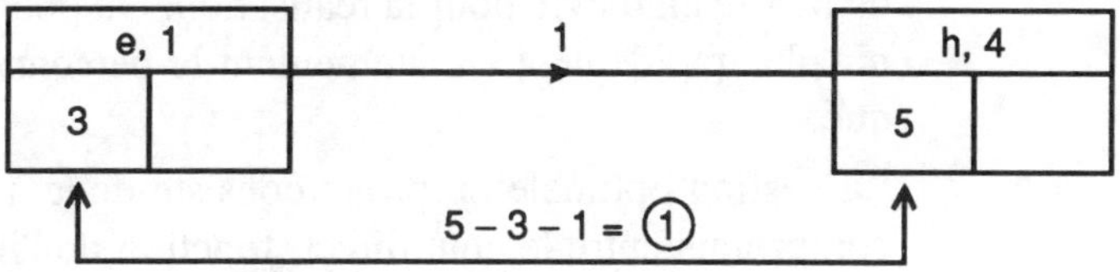

a

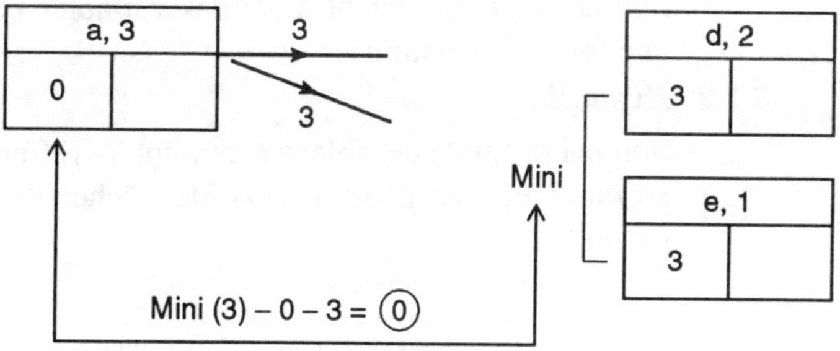

Soit le tableau récapitulatif des marges.

Tâches	Marge totale	Marge libre
a	1	0
b	0	0
c	1	1
d	2	0
e	1	1
f	0	0
g	2	2
h	0	0

On constate :

① Marge libre ≤ Marge totale

② Les tâches critiques ont une marge totale nulle.

3. Amélioration du projet

3.1 Principes généraux

3.1.1 Valeur relative d'un graphe

Jusque-là, on a considéré la durée d'une tâche comme une donnée fixe et on a cherché à trouver l'ordonnancement optimum correspondant. En fait, c'est souvent une variable fonction des moyens que l'on décide de mettre en œuvre pour la réalisation. On pourrait par exemple assainir plus rapidement en augmentant le personnel et le matériel impliqué.

La gestion optimale du projet consiste donc à rechercher le meilleur compromis entre le coût direct, fonction de l'importance des moyens mis en œuvre pour raccourcir le délai global de réalisation du projet, et les coûts indirects, générés par la longueur du temps de réalisation (coût de l'argent immobilisé, manque à gagner, etc.)

Les tâches représentent alors des variables et l'ordonnancement est une fonction à optimiser.

3.1.2 Exemple

Soit par exemple un tableau recensant les différentes options possibles en durée et coût pour chacune des tâches du projet de construction d'usine.

Coût en millions de francs

Tâches	Option courte		Option standard		Option longue	
	Durée	Coût	Durée	Coût	Durée	Coût
a	2	2,4	3	2	4	1,7
b			2	0,5		
c			4	3,5		
d			2	2	3	1,8
e			1	2	2	1,8
f	2	1,7	3	1,5		
g			2	1,7	3	1,3
h	2*	2,6*	4	1,8	5	1,5
Total				15		

* Chaque mois économisé par rapport à l'option standard génère un supplément de coût de 0,4.

On évalue à 400 000 F le coût indirect pour un mois.

Le graphe précédemment établi l'a été sur la base des options standards mais il peut être amélioré en ayant recours aux autres options.

3.1.3 Démarche d'optimisation

Pour améliorer le graphe de base on peut successivement :

1) diminuer les coûts directs sans modifier la longueur totale du projet, puis,
2) réduire le coût global de ce nouveau graphe en modifiant la durée du projet soit :
   a) en augmentant celle-ci pour diminuer les coûts directs,
   b) en diminuant celle-ci pour gagner sur les coûts indirects.

3.2 Optimisation à longueur constante du chemin critique

3.2.1 Objet

On dispose de marges pour les tâches non critiques. En utilisant celles-ci pour sélectionner des options longues on peut réduire les coûts directs d'exécution de ces tâches sans modifier la durée globale du projet.

3.2.2 Procédure

On devra procéder de manière itérative par améliorations successives en exécutant la séquence suivante :

1) Inventaire des tâches pouvant être allongées et des gains correspondants.
2) Élimination de celles qui constituent le chemin critique.
3) Sélection de celle qui présente le meilleur rapport gain/allongement.
4) Actualisation des calendriers au plus tôt et au plus tard.

On recommence la procédure jusqu'à ce qu'il n'existe plus de possibilité.

Exemple :

♦ **Boucle 1**

1) Inventaire et 2) Élimination			3) Sélection
Tâches	Allongement possible	Gain	Gain/Allongement
a	1	0,3	0,3
d	1	0,2	0,2
e	1	0,2	0,2
g	1	0,4	**0,4**
~~*h*~~	~~1~~	~~0,3~~	

4) Actualisation

Il faut considérer toutes les dates au plus tôt des tâches suivant celle que l'on modifie et toutes les dates au plus tard des tâches précédentes.

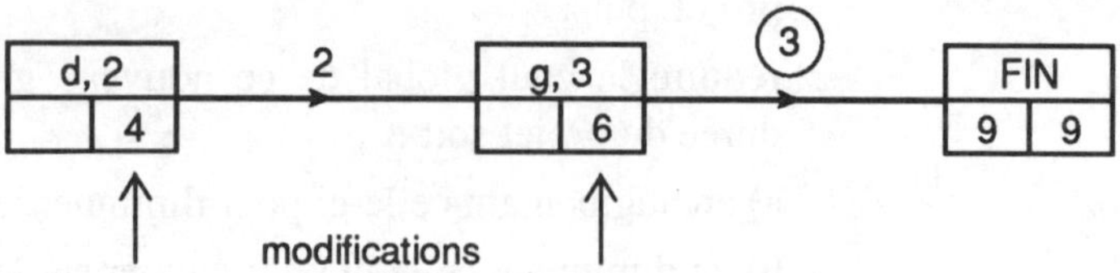

♦ Boucle 2

1) et 2)			3)
Tâches	Allongement	Gain	Gain/Allongement
a	1	0,3	0,3
d	1	0,2	0,2
e	1	0,2	0,2

4) Actualisation du calendrier

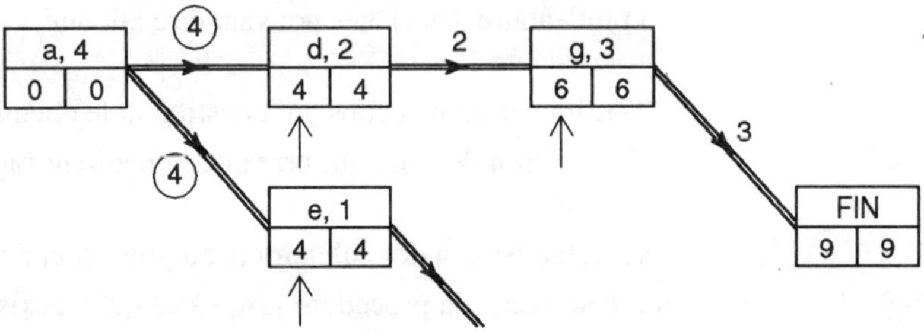

Ces changements de dates entraînent l'apparition de nouvelles tâches critiques.

♦ Boucle 3

1) et 2)		
Tâches	Allong.	Gain
d	1	0,2
e	1	0,2

Les modifications du calendrier à la boucle précédente ont rendu critiques les tâches encore modifiables. Aucune amélioration n'est donc plus possible sans allongement de la durée du projet.

Les options longues pour *a* et *g* permettent d'économiser 0,7 million de francs sans allongement de la durée du projet qui reste à 9 mois.

Remarque : *Ce type d'amélioration a pour effet de rendre critiques des tâches qui auparavant ne l'étaient pas et de rigidifier ainsi le projet.*

3.3 Optimisation par modification de la durée du projet

La procédure précédente permet d'aboutir au graphe optimum de durée de 9 mois mais pas nécessairement au meilleur des projets. En le prenant pour base, il faut mesurer l'impact d'une modification du délai.

3.3.1 Allongement de la durée

Un tel allongement a deux effets contradictoires :

1) diminution des coûts directs de réalisation ;

2) augmentation des coûts indirects.

Là aussi, on procède de manière itérative à partir de la séquence suivante :

1) Inventaire des tâches pouvant être allongées.

2) Sélection de celle présentant le meilleur rapport gain/allongement.

3) Actualisation des calendriers. Cela peut avoir pour effet de rendre non critiques des tâches qui l'étaient auparavant, ce qui oblige à reprendre la procédure 3.2.

4) Procédure 3.2.

5) Mesure de l'opportunité de la modification.

On recommence la séquence tant que les modifications s'avèrent opportunes.

Exemple :

♦ **Boucle 1**

1) et 2)

1)			2)
T	A	G	G/A
d	1	0,2	0,2
e	1	0,2	0,2
h	1	0,3	[0,3]

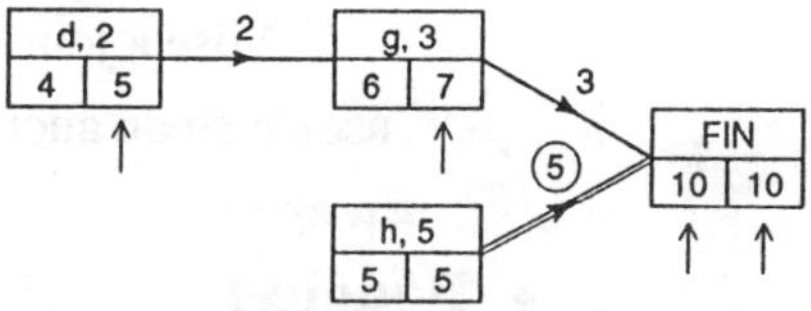

Remarque : *a et g qui viennent d'être allongées ne peuvent plus l'être.*

4) Du fait de l'allongement, les tâches *d* et *g* ne sont plus critiques et l'on peut modifier *d*. On obtient alors :

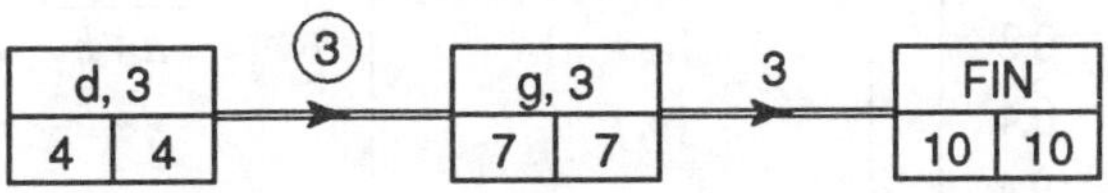

5) Opportunité :

Gains directs $h + d \rightarrow 0,3 + 0,2 =$ 0,5 million

Coût indirect + 1 mois = – 0,4 million

Gain net 0,1 million

la modification est opportune.

♦ Boucle 2

h et *g* ayant été allongées, la seule possibilité reste *e* qui apportera un gain direct de 0,2 pour un allongement de 1 mois qui coûtera 0,4, cette modification n'est manifestement pas opportune.

3.3.2 *Réduction de la durée au moindre coût*

Données :

Il s'avère que le coût indirect généré par un mois est en réalité 0,6 million. Non seulement l'allongement de la durée devient alors inopportune, mais de plus il faut rechercher l'amélioration dans la réduction de la durée.

En partant de la solution standard optimisée (page 296), on exécute de manière itérative les opérations suivantes :

1) Inventaire des tâches pouvant être raccourcies d'une unité.
2) Recensement des chemins critiques.
3) Recherche des combinaisons réduisant d'une unité le temps global d'exécution, c'est-à-dire tous les chemins critiques.
4) Sélection de la meilleure combinaison en fonction du coût direct.
5) Mesure de l'opportunité de la modification par comparaison entre le coût direct et le gain indirect.
6) Mise à jour du graphe.

Jusqu'à ce qu'aucune modification ne soit opportune.

Exemple :

♦ Boucle 1

1) Tâches réductibles		2) Chemins critiques	3) Combinaison	4) Sélection
			Par comparaison de 1) et 2)	Par calcul du coût
Tâches	Coûts			
a	0,3 *	{*a*, *d*, *g*}	[*a* + *f*] ⟷	[0,3 + 0,2]
f	0,2	{*a*, *e*, *h*}	*a* + *h* ⟷	0,3 + 0,4
g	0,4	{*b*, *f*, *h*}	*g* + *h* ⟷	0,4 + 0,4
h	0,4			

* *C'est le coût si l'on repasse de 4 semaines à la durée standard de 3*

5) Le gain indirect de 0,6 million pour une diminution de un mois du temps d'exécution est supérieur à l'augmentation du coût direct. La modification est donc opportune.

6) Mise à jour.

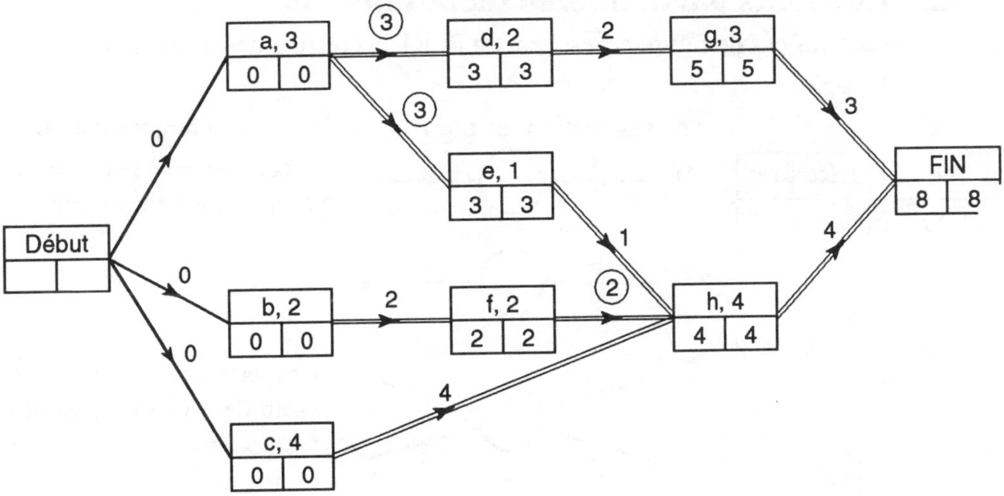

♦ **Boucle 2**

1)	2)	3)	4)
Tâches / Coûts: a 0,4; g 0,4; h 0,4	$\{a, d, g\}$ $\{a, e, h\}$ $\{b, f, h\}$ $\{c, h\}$	$a + h$ ◄——►	$0{,}4 + 0{,}4$
		$g + h$ ◄——►	$0{,}4 + 0{,}4$
a peut encore être réduite d'un mois	(un nouveau chemin apparaît)	Remarque : (le passage de 3 semaines à 2 de *a* coûte plus cher)	

5) Aucune modification n'est opportune, le graphe précédent est optimum.

4. Méthode PERT (Program Evaluation Research Task)

Cette méthode développée aux USA en 1958 pour la réalisation des fusées POLARIS n'est présentée, succinctement, qu'à titre de complément d'information.

4.1 Principes de base

Les tâches sont symbolisées par des arcs.

Les sommets correspondent à la fin des tâches et au début des suivantes. Ils représentent les étapes de l'avancement du projet.

4.2 Éléments particuliers : tâches fictives

Certains cas de figure nécessitent en PERT la création de tâches fictives.

Exemple :

dictionnaire

Tâches	Précédentes
a	–
b	–
c	*a*
d	*a*, *b*

représentations erronés — défaut de la représentation

1)

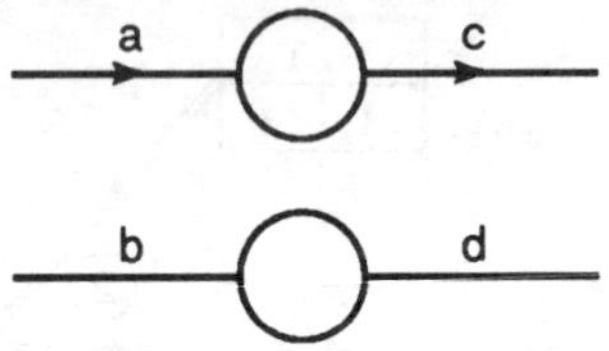

La contrainte *d* nécessite *a* n'est pas prise en compte.

2)

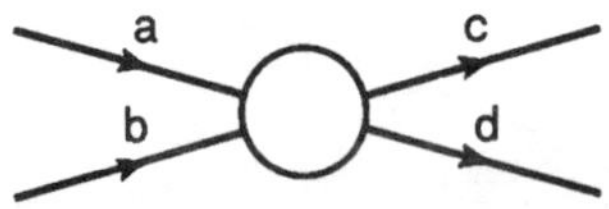

Dans la représentation *c* a besoin de *b* ce qui n'est pas vrai.

Le problème est résolu par un artifice de construction consistant à introduire une tâche fictive de durée 0 n'ayant d'autre réalité que d'assurer un lien de succession logique entre les tâches.

Représentation PERT

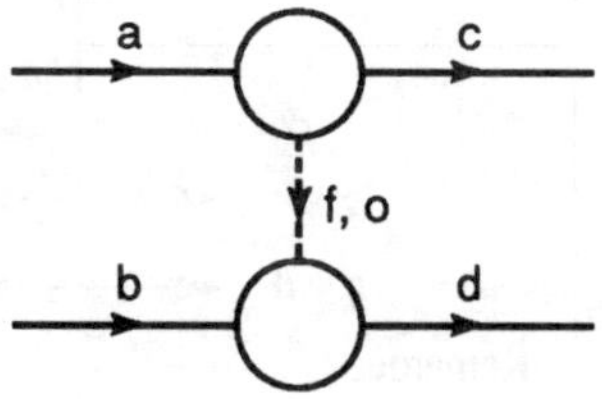

Pour bien visualiser le caractère fictif de la tâche *f* on la représente en pointillé.

Exemple :

La représentation sagittale du chapitre précédent (page 283) n'est autre que le PERT du problème d'ordonnancement proposé dans ce chapitre.

4.3 Comparaison MPM et PERT

La qualité de la méthode dépend des particularités du problème posé et du fonctionnement mental de la personne qui l'utilise. Mais la méthode MPM évite le recours à des tâches fictives. De plus, elle est généralement moins rigide et se prête donc mieux aux modifications intervenant en cours de projet.

Points clefs

- Ordonnancement

  Cela consiste à ordonner la réalisation des tâches concourant à la réalisation d'un projet en fonction des contraintes.

- Méthode MPM

  Principes généraux : - les tâches sont symbolisées par les sommets
  - les arcs représentent les relations de succession.

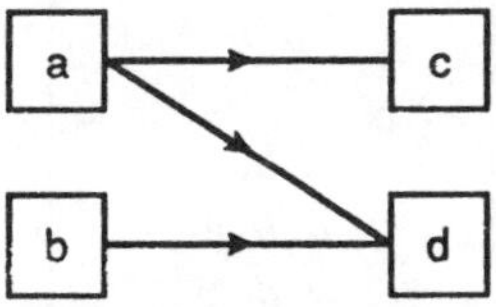

c nécessite d'avoir exécuté la tâche *a*

d nécessite d'avoir exécuté les tâches *a* et *b*

Calendriers : on construit deux calendriers qui marquent chaque sommet.

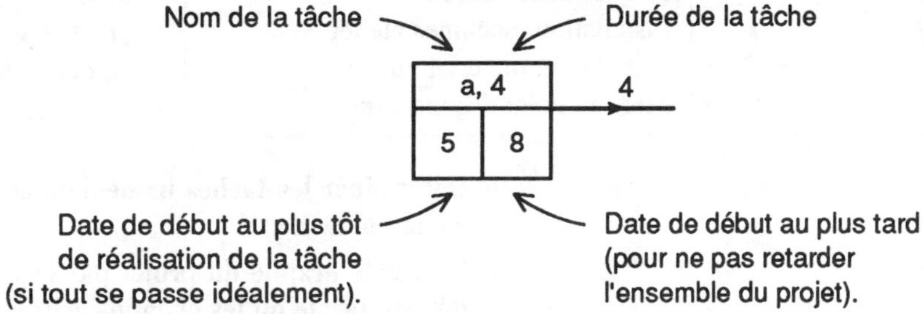

Le calendrier au plus tôt est établi en balayant de gauche à droite les sommets. Celui au plus tard en revenant de droite à gauche.

Chemin critique : c'est celui qui relie les sommets où date au plus tôt = date au plus tard, pour lesquels on ne dispose pas de marge d'exécution.

Marges : elles évaluent les délais dont on dispose pour réaliser les tâches.

- *Marge totale :* c'est le délai dont on dispose sans remettre en cause les calendriers au plus tard des tâches suivantes.
- *Marge libre :* c'est le délai dont on dispose sans remettre en cause le calendrier au plus tôt.

1 Il est décidé la construction d'une nouvelle usine. Les tâches nécessaires à l'aboutissement de ce projet sont décrites ci-dessous :

Codes tâches	Activités correspondantes	Tâches précédentes	Durée jours
a	Aménagement des voies d'accès	–	5
b	Fondations	*a*	10
c	Construction partie bureaux	*a, b*	20
d	Détermination des besoins et commande matériels atelier	–	10
e	Construction de l'atelier	*a, b*	25
f	Pose fenêtres et portes dans les bureaux	*a, b, c*	5
g	Électricité atelier	*a, b, e*	3
h	Délai livraison machines	*d*	15
i	Électricité bureaux	*a, b, c, f*	4
j	Peintures des sols et murs de l'atelier et des bureaux	*a, b, c, e, f, g*	3
k	Installation machines atelier	*a, b, d, e, g, h, j*	5
l	Installation matériel bureau	*a, b, c, f, i, j*	2
m	Mise au point des machines	*a, b, d, e, g, h, j, k*	4

a) Déterminer les tâches immédiatement antécédentes à chaque tâche.

b) Tracer le graphe du projet par la méthode MPM et déterminer le ou les chemins critiques en indiquant sur le graphe les dates au plus tôt et les dates au plus tard.

c) En quel temps minimum ce projet de construction sera-t-il réalisé ?

d) Donner, sous forme de tableaux, les marges totales, les marges libres.

e) Commenter les résultats du tableau précédant.

(D'après BTS informatique de Gestion 89)

2 Les tâches nécessaires au lancement de la combinaison de ski AMV « super confort » sont désignées par *a, b, c, d, e, f, g, h, i, j, k.*
Les conditions d'antériorité liant ces tâches sont représentées dans le tableau ci-après :

	a	*b*	*c*	*d*	*e*	*f*	*g*	*h*	*i*	*j*	*k*
a					1						
b										1	
c											
d											
e											
f				1							
g						1					
h	1		1	1							
i								1			1
j					1						
k						1					

Interprétation du tableau

	a	*b*	*c*	*d*	*e*	*f*	*g*	*h*	*i*	*j*	*k*
i								1			1

La tâche *i* ne peut débuter qu'après l'achèvement des tâches *h*, *k*.
Les temps opératoires des différentes tâches sont donnés (en semaine) dans le tableau suivant :

Tâche	*a*	*b*	*c*	*d*	*e*	*f*	*g*	*h*	*i*	*j*	*k*
Durée	4	6	12	14	8	2	10	6	8	12	2

a) Tracer le graphe des potentiels.

b) Déterminer le chemin critique. Quel est le temps minimum nécessaire pour réaliser ce projet ?

c) Calculer les marges (libres et totales) pour toutes les tâches.

(BTS Action commerciale 1982)

3 MANUPONT SA est implantée dans la région de M. depuis 1968. Depuis cette époque, elle a connu une croissance importante et régulière créant de gros besoins en locaux de production et en aires de stockage. Il en résulte une importante dispersion géographique des différents bâtiments de l'entreprise. La matrice ci-dessous indique le temps en mn (temps de trajet + temps d'arrêt aux stations) que mettent les navettes « aller » pour joindre les différents points appelés A, B, … J.

		ARRIVÉE									
		A	B	C	D	E	F	G	H	I	J
DÉPART	A		18		10	15					
	B					12					
	C								5		14
	D					8					
	E			7				9	13	14	
	F		5		6						
	G									4	
	H										2
	I										6
	J										

a) Établir le dictionnaire des précédents de chaque point.

b) Représenter le problème sous forme de graphe ordonnancé en niveaux.

c) Quel est le chemin que doit emprunter un employé désirant se rendre du point A au point J en un temps minimum ? Quel est ce temps ? Pour répondre à cette question, appliquer un algorithme de recherche du chemin minimal.

(Extrait BTS 84 Comptabilité-Gestion)

4 Une importante société de magasins alimentaires à grande surface diversifie son activité en créant des commerces dans de petites villes. La société crée le fonds de commerce qui est, ensuite, géré de façon autonome par un commerçant franchisé.
La société réalise tout d'abord une étude d'implantation : étude de marché sur un certain rayon d'action et choix de la localité où sera installé le commerce.

À partir du jour où l'étude d'implantation est terminée, les tâches suivantes doivent être exécutées :

Tâches	*Nature*	*Durée (en jours)*	*Tâches qui doivent être exécutées avant*
A	Recherche d'un local	50	
B	Recherche d'un franchisé	45	
C	Constitution du dossier bancaire du franchisé	15	A, B
D	Constitution du dossier à la Chambre de Commerce pour les inscriptions obligatoires	10	A, B
E	Formation du franchisé	30	B
F	Aménagement, plâtrerie, peinture du magasin	20	A
G	Réfection façade, enseigne	8	A
H	Équipement chambre froide	8	A, F
I	Équipement rayonnages	5	A, F
J	Implantation du magasin (disposition des articles…)	6	A, B, E, F, G, H, I
K	Tirage en imprimerie des feuillets publicitaires	6	A, B, D
L	Distribution de feuillets publicitaires	2	A, B, D, K
M	Liste et envoi des invitations pour l'inauguration	6	A, B, D
N	Inauguration du magasin	1	Toutes les autres

a) Représenter cette succession de tâches par un graphe.

b) Dire au bout de combien de jours, au minimum, le magasin peut être ouvert à la clientèle.

c) Indiquer quel est le chemin critique.

d) Préciser à quelles dates, au plus tard, devront commencer les tâches qui ne font pas partie du chemin critique.

(BTS CG 1986)

5 L'entreprise OMEGA a procédé à la définition d'un certain nombre de tâches à effectuer et à l'évaluation de leur durée. Le tableau suivant est l'aboutissement de ce travail.

Désignation des tâches	Tâches immédiatement antérieures	Durées en semaines
a	–	2
b	*a*	8
c	*b*	1
d	*c*	3
e	*d*	5
f	*c*	1
g	*f*	2
h	*c*	2
i	*h*	3
j	*i*	8
k	*e, g*	7
l	*k, j*	2
m	*l*	1
n	*k, j*	1
o	*b*	8
p	*m, n, o*	1

a) Déterminer les niveaux du graphe.

b) On utilise la méthode MPM. Tracer le graphe correspondant : on précisera les tâches, les dates au plus tôt, les dates au plus tard.

c) Déterminer les tâches constituant le chemin critique et sa durée Z.

d) Calculer les marges libres et les marges totales des tâches *d, i, o* (uniquement). Donner la signification des marges trouvées.

(Extrait BTS CGE 1988)

6 ORDONNANCEMENT DE L'AVANT-PROJET DU GRAND ENSEMBLE DE MONTRODAT (Lozère)

Des études ont été effectuées et ont abouti à l'obtention de l'accord préalable de l'Administration. Il convient dès maintenant de construire le graphe MPM des opérations constituant l'AVANT-PROJET, qui aboutissent à l'obtention du permis de construire.

Ces études mettent en jeu quatre équipes :

- la SUCRE (Société d'Urbanisme, de Construction et de Rénovation Économiques), promoteur ;
- l'ARCHITECTE ;
- le BETH (Bureau d'Études Techniques de l'Habitation) ;
- le Bureau du contrôle SCRUTAS.

Le BETH a déjà établi la liste des opérations à effectuer et des contraintes amont correspondantes.

Code de l'opération	Désignation de l'opération	Exécutants	Contraintes	Temps prévu
A	Reprise et étude du programme	SUCRE – ARCHI – BETH	(Accord préalable)	6
B	Établissement du plan topographique du terrain de MONTRODAT	SUCRE	A	25
C	Contacts avec l'Administration	ARCHI – SUCRE	A	30
D	Enquête auprès des compagnies cessionnaires des services publics	ARCHI – BETH	A	10
E	Désignation du bureau de contrôle (SCRUTAS)	SUCRE	A	1
F	Rassemblement des documents, enquêtes et études et établissement du plan de travail	ARCHI – BETH	BCD	4
G	Campagne de sondages	BETH (ou sous-traitant)	(Accord préalable)	16
H	Obtention des résultats de la campagne	BETH	G	4
I	Critique des sondages et résultats	SCRUTAS	EH	5
J	Esquisses des cellules, y compris équipements intérieurs, définitions techniques, élaboration des cellules	ARCHI – BETH	F	15

K	Accord sur les cellules	ARCHI – SUCRE	J	4
L	Esquisse des façades, y compris pignons et second œuvre, définitions techniques, élaboration des façades	ARCHI – BETH	F	12
M	Accord sur les façades	SUCRE – ARCHI	L	4
N	Établissement des plans généraux, y compris structure, ossature infra et superstructure	ARCHI – BETH	FI	20
O	Accord sur les plans généraux	SUCRE – ARCHI	N	4
P	Devis descriptif et notice technique	BETH	KMO	15
Q	Estimation du coût de la construction	BETH	P	6
R	Élaboration de l'avant-projet VRD (voirie et réseaux divers)	BETH	F	18
S	Élaboration du dossier espaces verts	ARCHI – BETH	R	3
T	Estimation VRD et espaces verts	BETH	RS	4
U	Accord sur les documents du BETH et établissement du dossier « permis de construire »	ARCHI BETII	PQT	12
V	Accord général du client	SUCRE	U	6
W	Transmission à l'Administration	SUCRE	C-U	2
X	Obtention du permis de construire	ADMINIST.	W	90
Y	Ordre du client SUCRE de démarrage des études d'exécution	SUCRE	X	0

a) Construire le graphe MPM.

b) Déterminer le chemin critique et le délai de l'ensemble de l'avant-projet.

(DECF 83)

Une société pétrolière décide de construire un nouveau pipeline au Moyen-Orient. Afin de pouvoir respecter des délais extrêmement serrés, elle fait appel à vous pour établir l'ordonnancement des travaux. L'analyse des tâches élémentaires et de leur interdépendance permet d'établir le tableau suivant :

Tâche	Nature	Durée (Jours)	Antériorités
1	Dossier	10	
2	Installation de chantier	20	1
3	Fabrication de canalisations	40	1
4	Fabrication de valves	28	1
5	Implantation du pipeline	8	2
6	Tranchées et fouilles	30	2-5
7	Mise en place des canalisations	24	1-3-6
8	Ancrage béton	12	6-7
9	Terrassements spéciaux	10	3
10	Chambre à valves	20	3-6
11	Mise en place des valves	10	4-9-10
12	Essai du pipeline	6	8-11
13	Remblais	10	8-11
14	Aménagement	4	12-13
15	Fin des chambres	6	8-11
16	Repli du chantier	4	14-15

a) Déterminez la durée totale du projet, ainsi que, pour chaque tâche, la date de début au plus tôt, la date de fin au plus tôt, la date de début au plus tard, la date de fin au plus tard.

b) Quelles sont les tâches critiques pour la réalisation du projet ?

(DECF 85)

8 Dans le cadre de son projet, la société MATINFO a procédé à la dé
d'un certain nombre de tâches à effectuer et à l'évaluation de leur duré
Les conditions d'antériorité liant ces tâches, et les durées en semain
celles-ci, sont rassemblées dans le tableau ci-dessous :

Tâches	Tâches antérieures	Durées
a	–	10
b	*d*	14
c	*b, h*	14
d	*a*	8
e	*a*	12
f	*d*	22
g	*f*	25
h	*i*	18
i	*d, e*	6

a) Représenter cette succession de tâches par un graphe (MPM).

b) En quel nombre minimum de semaines le projet pourra-t-il être réalisé ? Donner dans ce cas, pour chacune des tâches, les dates de début et fin au plus tôt, ainsi que les dates de début et fin au plus tard.

(D'après DECF 88)

La société CANDY RADIO SPOT (CRS) est la filiale régionale d'une grande entreprise de fabrication et de distribution de microprocesseurs et de micro-ordinateurs. Elle jouit d'une très large autonomie de gestion et ne dédaigne pas, à l'occasion, de compléter ses activités de base (montage et commercialisation de matériel électronique) par des travaux de conseil en informatique et de mise au point de logiciels.

La direction de la CRS a un objectif prioritaire : être présente sur le marché des micro-ordinateurs possédant un logiciel de comptabilité générale et analytique évolué dès le 1er janvier (N + 1).

OPÉRATIONS À RÉALISER POUR MENER À BIEN LE PROJET

Point de départ : 1er septembre (N – 1)
Fin prévue : 31 décembre (N).
Durée totale du projet : 455 jours de calendrier.

Opération	Description	Durée totale (1)	Opérations antécédentes
a	Premiers contacts avec le Conseil national de la comptabilité	3	*e*
b	Entrevue avec le président du conseil régional de l'Ordre des experts comptables	1	*e*
c	Séminaire de formation à l'Institut d'études politiques de Paris (initiation)	6	*e*
d	Séminaire d'approfondissement au CESA	14	*c*
e	Détermination des objectifs de la société dans le cadre de la politique à long terme	7	–
f	Autorisation de la maison mère après étude de rentabilité	25	*e*
g	Stage aux USA chez CRS Incorporated, initiation à la nouvelle gamme de produits du groupe et à leur technologie	95	*f*
h	Commande des microprocesseurs	51	*g*
i	Contrat d'approvisionnement disquettes	28	*f*
j	Impression des pochettes des disquettes de logiciel	15	*v, o*
k	Impression des brochures d'utilisation en Italie	45	*v, o*
l	Présentation du produit à la télévision régionale	14	*a, b, h, i*
m	Publicité dans les journaux spécialisés	50	*l*

n	Cocktail de présentation à la Chambre de commerce	7	[illegible]
o	Mise en place du service après vente	35	*h,* [illegible]
p	Formation des formateurs	25	*d*
q	Formation des vendeurs par les formateurs	15	*p*
r	Jeu d'essai	10	*j, q*
s	Analyse organique des traitements	40	*m, t*
t	Analyse fonctionnelle des traitements	10	*g*
u	Découpage modulaire des programmes	10	*s*
v	Rédaction des programmes en BASIC	30	*u, n*
w	Rédaction des routines en langage machine	65	*v, o*
x	Test général du logiciel	7	*w, k, r*

(1) Les durées sont exprimées en jours.

a) Pour le lancement de son nouveau modèle de machine, type PCRS 80, la direction envisage l'organisation des opérations selon le tableau précédent ; tracer le réseau MPM qui en découle.

b) Calculer le chemin critique associé à ce réseau.

c) Les dirigeants de la CRS ont-ils une marge de manœuvre dans la conduite de leur projet ? Si oui, calculer sa durée. Cette marge est-elle vraiment utile ? Pourquoi ?

d) Que se passerait-il si l'opération *k* (Impression des brochures en Italie) subissait un retard de 21 jours à cause de problèmes douaniers ?

(DECF 82 transformé PERT → MPM)

rojet informatique à l'étude pour l'atelier ALU-2 doit, pour des raisons nmerciales, être achevé dans un délai de 25 jours.
e responsable du projet a décomposé le travail en huit tâches et évalué leur durée en jours.
La matrice d'antériorité ci-dessous présente les données du problème.

Départ \ Arrivée	A	B	C	D	E	F	G	H	FF (fin)
DD début (tâche fictive)	0	0							
A Investigation et rédaction de l'analyse				9					
B Édition de l'analyse			5						
C Remarques générales					4	4			
D Corrections					2	2	2		
E Programmation								8	
F Essais								5	
G Simulation								4	
H Ouverture des fichiers									3

NB : La lecture des précédents d'une tâche s'effectue par colonne et la lecture des suivants d'une tâche s'effectue par ligne.

a) Établir le dictionnaire des précédents de chaque tâche.

b) Présenter le problème sous forme de graphe.

c) Dire si le délai de réalisation du projet pourra être respecté. Justifier votre réponse.

On a recensé, dans le tableau suivant, l'impact sur le coût direct d'une variation d'un jour dans l'exécution des tâches dont la durée peut être modifiée (la variation ne peut excéder 50 % du temps de base).

Tâches	B	D	E	F	G	H
Variation du coût*	2	2	6	4	3	3

* en milliers de francs supplémentaires pour une réduction d'un jour (en moins dans le cas contraire).

d) Sans modifier le délai trouvé en c), optim
gramme.

e) Sachant que la réduction d'un jour pour l'en
du programme génère un gain indirect de 5
déterminer le programme optimum.

(D'après BTS Informatique de gestion

Achevé d'imprimer en septembre 1993 dans les ateliers de Normandie Roto Impression s.a., 61250 Lonrai
N° d'imprimeur : I3-1749 - Dépôt légal : septembre 1993